洮河流域中下游地质灾害特征与风险评价

王立朝　冯　振　陈　亮等　著

科学出版社

北　京

内 容 简 介

本书系统呈现中国地质调查局“洮河流域中游灾害地质调查”项目核心成果，聚焦洮河中下游地质灾害特征与风险评价的关键技术和实践应用。书中详细阐明流域内崩滑流灾害主控地质环境条件，揭示地质灾害发育时空分布规律与周期性特征；重点构建适用于不同比例尺（1∶50000 至 1∶2000）和灾害类型（滑坡、泥石流）的风险评价技术方法体系，解决区域和单体滑坡风险评价关键问题；多角度评价机载 LiDAR 识别黄土滑坡隐患的适用性，展示多源遥感在重大工程沿线地质灾害识别中的应用，选取典型滑坡开展普适型监测设备野外验证，探索基于实时监测的滑坡灾害预警响应机制；提出小流域泥石流精细化风险评估流程，实现潜在经济损失定量评估与风险管理。

本书可为地质灾害调查评价和监测预警领域的科研与工程技术人员，以及自然资源管理、国土空间规划、重大工程建设部门的管理和技术人员提供参考，亦可供高校地质工程、环境工程等相关专业师生学习使用。

图书在版编目（CIP）数据

洮河流域中下游地质灾害特征与风险评价 / 王立朝等著. -- 北京 ：科学出版社，2025. 6. -- ISBN 978-7-03-080967-4

Ⅰ. P694

中国国家版本馆 CIP 数据核字第 20246BX216 号

责任编辑：韦　沁　张梦雪 / 责任校对：何艳萍

责任印制：肖　兴 / 封面设计：无极书装

科学出版社 出版

北京东黄城根北街 16 号

邮政编码：100717

http://www.sciencep.com

北京建宏印刷有限公司印刷

科学出版社发行　各地新华书店经销

*

2025 年 6 月第　一　版　开本：787×1092　1/16

2025 年 6 月第一次印刷　印张：16 1/4

字数：391 000

定价：248.00 元

（如有印装质量问题，我社负责调换）

作者名单

王立朝　冯　振　陈　亮　侯圣山　刘明学　万利勤
付东林　魏新平　刘德玉　王　猛　黄细超　李　松
连建发　张艳玲

主要研究人员名单

王立朝　冯　振　陈　亮　侯圣山　刘明学　万利勤
付东林　魏新平　刘德玉　王　猛　黄细超　李　松
连建发　张艳玲　田怡帆　刘军友　曹　鹏　李阳光
郑　浩　叶欣玲　邓淑君　游　杨　王玲强　廖　鑫

目　录

第1章　绪　　论

本书主要基于“洮河流域中游灾害地质调查”项目成果编写而成。“洮河流域中游灾害地质调查”是中国地质调查局按流域部署的地质灾害调查示范项目，通过各类技术手段的应用，取得了较好的成果。

1.1　主要研究内容与技术路线

1.1.1　研究内容

（1）开展洮河流域中下游地质灾害风险调查评价，查明孕灾地质环境背景和工程地质条件，研究成灾规律与机理，评价地质灾害重大隐患风险，提出地质灾害风险管控建议，为地方政府国土空间规划和地质灾害防治提供基础性地质依据。

（2）开展地质灾害监测预警普适型仪器设备应用示范，以及预警模型、阈值研究。

（3）开展黄土区滑坡灾害早期识别技术方法研究，开展小流域典型泥石流风险评价技术方法研究，开展洮河流域下游地貌演化及地质灾害形成机理研究。

（4）开展凤合高速沿线地质灾害隐患遥感调查，形成重大地质灾害隐患遥感解译报告，为重大工程建设地质安全提供技术保障。

（5）推动自然资源部与德国经济技术部合作项目“兰州市滑坡灾害风险评估与管理”研究，构建黄土滑坡灾害易损性评价指标体系，提出风险评价技术方法。

1.1.2　技术路线

基本工作流程包括资料收集、遥感调查、野外综合调查、测量测绘、工程地质勘查、机载激光雷达（light detection and ranging，LiDAR）航飞解译、ArcGIS 制图以及综合成果编制等，技术路线如图 1.1 所示。

（1）资料收集。收集流域内已有的地质调查成果，购置流域内高精度逷感影像数据和基础地理数据。

（2）现场踏勘。在全面掌握以往工作程度、系统分析已有资料的基础上，开展野外踏勘和检查核实，梳理和厘定工作目标、工作内容和工作重点，细化工作部署，编制工作部署草图。

（3）编写项目可行性报告。结合数字高程模型（digital elevation model，DEM）分析、地质灾害遥感解译，根据现场踏勘成果和对工作区的认识，明确重点工作区和典型勘查点，设计技术路线和方法，编写可行性报告，部署年度工作，编制工作部署图。

（4）野外调查。根据实施方案的时间安排，开展野外调查、测绘、勘探、试验测试与空间数据库建设等工作，做好野外调查、原始资料记录和整理；开展自检与互检，严格质量管理。

（5）结合工作区重大工程建设及地质灾害治理工程，以遥感调查为基础，开展地质灾害隐患点遥感解译、现场调查，核查机载 LiDAR 测量，就高速公路沿线存在的滑坡、崩塌以及泥石流灾害对线路施工及运营的影响，提出相应对策建议；以典型泥石流治理工程为案例，开展地质灾害防治工程效益评价。

（6）中-德“兰州市滑坡灾害风险评估与管理”研究项目开展第二阶段合作研究。

（7）资料整理。对室内资料进行分类，数据进行分析、整理，完善空间数据库，编制标准图幅地质灾害调查评价图件及说明书，编写二级项目成果图件及报告。

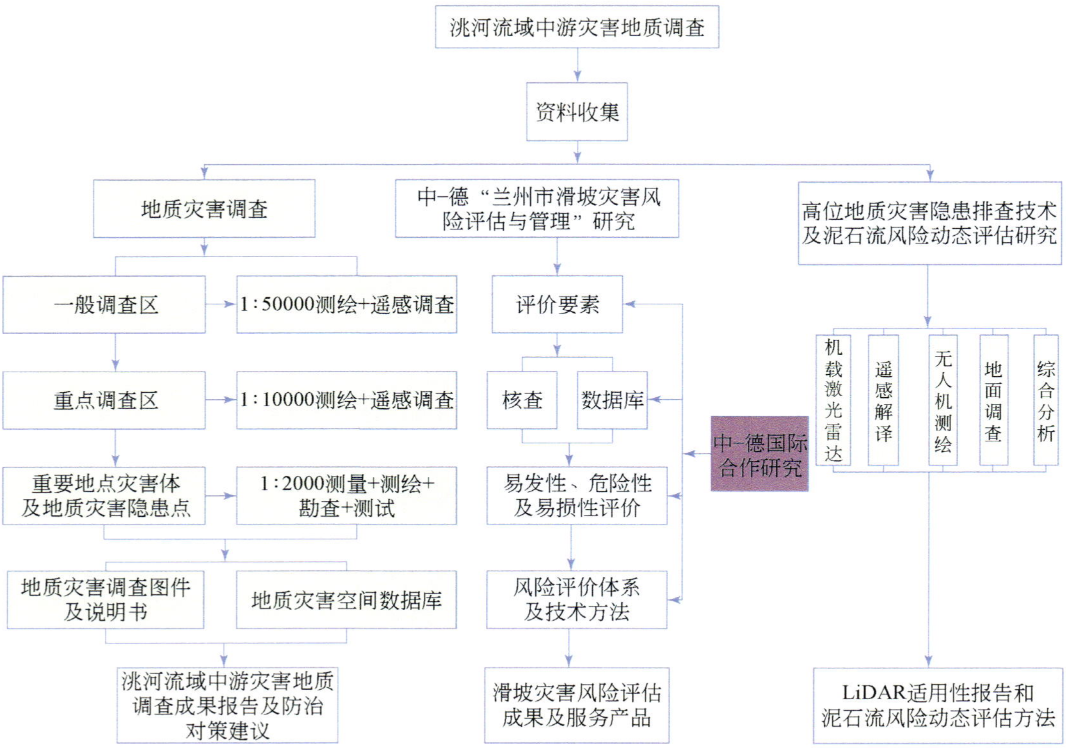

图 1.1　洮河流域中游灾害地质调查技术路线图

1.2　取得的主要成果

1）查清洮河流域中下游地质灾害发育分布特征以及孕灾背景条件

洮河流域下游以黄土-泥（砂）岩两种沉积物上下分布为主，对地质灾害发育具有主控作用，地质灾害以滑坡为主，类型分为黄土滑坡、黄土-泥（砂）岩滑坡、泥岩滑坡以及堆积层滑坡。

洮河流域中游地质构造与地层岩性复杂，共发现地质灾害 384 处，其中泥石流 240 处、滑坡（及隐患点）110 处、崩塌 34 处。泥石流主要沿洮河及支流两岸分布，但南北两岸泥石流分布不均，在北岸更为密集；从时间分布分析，滑坡、崩塌和泥石流的发生与降水周期基本一致。同时，地质灾害有周期性、反复性特征。按照组成斜坡的岩土体类型可将洮河流域中游成灾斜坡结构总结归纳为单一黄土斜坡结构、黄土-泥岩复合斜坡结构、阶地冲洪积层-基岩复合斜坡结构、残坡积层-基岩复合斜坡结构以及单一基岩斜坡结构。

2）滑坡年代学揭示巴谢河流域地质灾害演化与成因机理

巴谢河流域滑坡主要可以分为压裂型深层黄土-泥岩滑坡、滑移型深层滑坡-泥岩滑坡、蠕变型中浅层黄土-泥岩滑坡和塌滑型黄土滑坡四种主要类型。滑坡密集发育的原因主要在于岩土体条件，而地质构造控制了河流展布和滑坡多发区段分布。将巴谢河流域光释光和^{14}C测得的滑坡事件的年龄进行统计，晚更新世以来，巴谢河流域存在四次滑坡多发的时段，年龄分别为93～63ka BP（距今，before present）、45～31ka BP、22～15ka BP和8.4～3.5ka BP。滑坡年代学数据为研究该流域构造运动及气候变迁提供了新的证据。

3）构建不同比例尺下的滑坡风险评价技术方法体系

构建了不同尺度地质灾害评价模型，研发了自动化评价工具，提高了调查数据分析和挖掘能力。1∶50000地质灾害的易发性和危险性评价工具适用于全国不同类型孕灾背景条件的全覆盖；1∶10000地质灾害危险性评价工具主要用于黄土地区大量分布的顺层和土-岩接触面滑坡评价；1∶2000地质灾害危险性评价工具主要用于规模大、变形大的单体滑坡破坏失稳分析。

4）提出小流域泥石流风险评估技术流程

运用FLO-2D软件模拟重现了耳阳河“5·10”泥石流运动和堆积特征，得到了泥石流堆积范围、堆积深度、发展过程；划分了不同降雨频率条件下的泥石流危险区，并在此基础上圈定了易于受泥石流威胁的房屋、财产等潜在受灾对象；开展了承灾体的精细化调查和易损性评价，按照地形地貌，房屋、基础设施分布，泥石流状况，逐一进行实地调查，对房屋进行入户调查，填写调查表格，开展承灾体编目工作；根据致灾体（泥石流）威胁等级、范围，以及承灾体价值、坚固程度分别进行了定量赋值，获得了137处房屋遭受泥石流灾害的期望损失，并据此提出了风险管理措施建议。

5）分析机载LiDAR技术针对黄土滑坡隐患识别的适用性

采集点云密度和有效点云密度直接决定了机载LiDAR航测结果精度，变高飞行比平高飞行更有利于点云密度的均匀采集，也更有利于斜坡变形特征的解译；航飞高度（航高）越低，采集点云密度越高，考虑机载LiDAR的经济性与实用性，航飞高度设置在150～200m较为合适。在高密度植被覆盖区，从机载LiDAR技术获得的DEM山体阴影图可以清晰地识别一定规模的滑坡轮廓边界；在地表裸露区，无人机正射影像对浅表裂缝的识别效果要优于机载LiDAR航摄数据，同时其识别精度相对于机载LiDAR数据有明显的提高。机载LiDAR点云数据基于不同地物类型开展单独的滤波，能够有效规避整体滤波导致滤波不均匀的情况，更有利于拉裂缝或拉裂陡坎的解译识别。

6）完成地质灾害普适型监测设备试验应用

选取甘肃岷县梅川乡马场村滑坡、岷县文斗学校滑坡和兰州市城关区九州开发区石峡口滑坡，安装普适型全球导航卫星系统（global navigation satellite system，GNSS）、裂缝计、含水率监测仪、雨量计以及声光报警器，对滑坡形变及环境因素进行监测，实时上传监测数据，并验证了设备运行的可靠性；探索了普适型的地质灾害预警国家-省-县-群测群防员四级联动机制，探索了人防+技防的工作模式。

1.3 章节安排与编写分工

本书共十三章，其中第 1 章由王立朝、冯振编写；第 3 章由陈亮、刘德玉编写；第 3 章由刘明学、陈亮、万利勤编写；第 4 章由冯振、李松编写；第 5 章由冯振、付东林、魏新平编写；第 6 章由黄细超、王猛、王立朝编写；第 7 章由侯圣山、连建发编写；第 8 章由侯圣山、冯振编写；第 9 章由侯圣山、王立朝编写；第 10 章由刘明学、王立朝编写；第 11 章由陈亮、张艳玲编写；第 12 章由陈亮编写；第 13 章由王立朝编写。

野外调查和资料整理由王立朝、陈亮、冯振、侯圣山、刘明学、刘军友、曹鹏、李阳光、郑浩、叶欣玲、邓淑君、游杨、王玲强、廖鑫等完成；遥感数据处理，无人机、机载 LiDAR 航飞和测试由王猛、黄细超等完成；野外钻探工作由甘肃省地质环境监测院付东林、魏新平等组织专业技术工人完成，典型点勘查报告由付东林、魏新平编写完成；岩土测试由甘肃省第二地质矿产勘查院、中国地质大学（北京）、成都理工大学完成；基于混合现实（mixed reality，MR）技术的滑坡普适型监测三维动态展示由四川奥陶纪科技有限公司制作。图件编制由刘明学、冯振、陈亮等完成；数据库由陈亮、游杨、廖鑫、王玲强等完成；其他附件和附表由陈亮、刘德玉、魏新平、黄细超等完成。

本项目自立项论证到野外调查、室内资料整理、专题研究、成果总结等过程中，得到了中国地质调查局、中国地质环境监测院、甘肃省自然资源厅等各级领导，以及中国地质大学（北京）文宝萍教授、甘肃省科学院地质自然灾害防治研究所吴玮江研究员等专家的大力支持和指导，甘肃省地质环境监测院、岷县与卓尼县自然资源局领导对调查工作给予了直接的帮助。在此一并表示感谢！

第 2 章　自然地理与区域地质环境概况

2.1　气 象 水 文

2.1.1　气象

洮河中游与下游的分界点为康乐县海甸峡。下游区域位于陇中南部冷温带半湿润区，属温带半干旱气候，受南部太子山的影响，呈现出冬无严寒、夏季温凉、降水稀少、分布不均、日照丰富、日温差大、各地气候差异悬殊、山地气候明显等气候特征。中游区域则属于温带半湿润气候区向高寒湿润气候区过渡带，由东向西气温逐渐降低，受大陆性气团、副热带暖湿气团的交替作用和地形对大气抬升作用的影响，形成降水较丰富、气温低、无霜期短、多冰雹等高寒、阴湿气候特点。

下游流域内年降水量在 200～600mm，多年平均降水量为 544.6mm，自南向北降水量逐渐减少；年内降水主要集中于 6～9 月，占全年降水总量的 70.4%；日最大降水量为 64.7mm，小时最大降水量为 44.5mm。降雨多以暴雨和连阴雨的形式出现，年均暴雨天数达 2.9 天，最长连续降水天数为 15 天（1975 年 9 月 19 日—10 月 3 日），降水量达 61.9mm，一般连续降水天数为 2～5 天，最大连续降水量为 109.6mm（1979 年 7 月 26～30 日）；暴雨和连阴雨发生期一般多集中于 6、7、8、9 四个月。内年平均气温为 5℃，最冷为 1 月，其最低气温为-23℃，最热为 9 月，最高气温为 28.8℃。境内气温随海拔升高而降低，以董岭—龙泉—百和一线山梁地带最低，而向东西两侧逐步升高。多年平均蒸发量为 1421.2mm，是年均降水量的 2.6 倍，多年平均相对湿度为 63%，年均日照时数为 2500～3000h，无霜期为 138 天，最大冻土深度为 0.94m，最大积雪厚 0.19m。春季多东南风，秋冬季多北风或东北风。

中游流域内年降水量在 600mm 左右，其中恰盖乡的沼泽地一带年降水量可达 700mm。中部的洮河河谷地带，如临潭县城、卓尼县城、岷县县城，以及梅川、中寨、申藏、堡子等乡镇所在地，年降水量为 500～600mm。洮河以南地区因植被覆盖较好，年降水量均大于 600mm，其中卓尼县境内车巴沟、卡车沟、大峪沟的上游地区，年降水量在 700mm 以上，岷县大拉梁一带的高山区，降水量可达 875mm。受地形及海拔影响，降水的时空分布差异较大，多年平均降水量总体趋势是由高山区向河谷区递减，呈现出由山区向河谷地带，降水量逐渐减少的变化势态。降水年内分配不均，6～8 月降水占总降水量的 60%以上。从暴雨雨型来看，降水一般集中在 12h 甚至 6h 以内，并存在历时短、强度大的暴雨笼罩面积小，历时长、强度小的暴雨笼罩面积大的规律。多年平均蒸发量为 1200mm 左右，约为降水量的 2 倍（表 2.1）；年平均相对湿度为 65%左右；全年无霜期 90～120 天；最大冻土深度为 40～60cm；最大积雪厚度为 40cm。

表 2.1 洮河流域中游部分县区逐月气象特征表

县区	项目	逐月特征值												全年
		1 月	2 月	3 月	4 月	5 月	6 月	7 月	8 月	9 月	10 月	11 月	12 月	
岷县	多年平均降水量/mm	2.4	4.9	16.6	41.3	76.0	85.5	104.3	103.0	73.7	45.4	6.1	1.6	560.8
	≥25.0mm 降水天数/天				0	0.2	0.3	0.8	0.6	0.1	0			2.1
	≥50.0mm 降水天数/天							0.1	0	0				0.1
	最大连续降水量/mm	1.3	4.5	29.1	29.9	88.5	27.7	123.4	88.3	102.8	55.8	7.1	3.2	123.4
	多年平均蒸发量/mm	39.9	52.5	90.4	128.6	156.6	145.0	156.0	152.7	106.7	79.8	56.5	38.3	1203.0
	相对湿度/%	60	61	64	65	69	73	78	77	78	76	69	63	69
卓尼	多年平均降水量/mm	2.7	5.0	25.3	32.7	63.9	84.1	116.2	130.9	68.6	40.7	6.3	1.8	578.1
	多年平均蒸发量/mm	43.7	57.3	92.3	144.3	170.0	145.3	150.1	132.6	108.1	89.2	60.1	45.8	1238.3
	相对湿度/%	54	54	61	63	63	71	75	77	77	72	61	54	65
临潭	城关镇多年平均降水量/mm	2.1	3.5	12.8	33.8	66.0	63.8	101.6	104.1	80.8	39.9	7.8	1.3	517.5
	冶力关镇多年平均降水量/mm	2.5	3.9	14.4	37.9	74.1	71.4	114.0	116.8	90.7	44.3	8.7	1.6	581.0
	王旗乡多年平均降水量/mm	2.4	4.0	14.5	38.3	74.8	72.3	115.1	118.0	91.6	45.2	8.8	1.7	587.0
	洮滨乡多年平均降水量/mm	2.4	3.9	14.5	37.9	74.0	71.4	114.1	116.8	90.6	44.3	8.7	1.5	581.0
	新城镇多年平均降水量/mm	2.1	3.5	12.9	34.3	66.8	64.5	102.8	105.4	81.7	40.4	7.9	1.3	524.0

2.1.2 水文

洮河是黄河上游的第二大支流，发源于青海省河南蒙古族自治县西倾山，由卓尼县经岷县、临潭县、东乡族自治县（东乡县），在董岭乡后注入刘家峡水库，全长673km，流域面积为$2.55 \times 10^4 km^2$。根据洮河红旗站观测数据，多年平均径流量为$51.83 \times 10^8 m^3$，多年平均流量为163.8m^3/s，最大年流量为302m^3/s，最小年流量为98.6m^3/s，年平均输沙量为$2862 \times 10^4 t$，最小输沙量为$557 \times 10^4 t$，最大输沙量为$659 \times 10^4 t$。康乐县海甸峡以下为下游，河道长141km，平均比降为2.5‰，海甸峡至下堡子段，是谷宽滩多的临洮盆地，是洮河流域最主要的灌溉区，也是洮河流域农业的精华区；下堡子至河口段河床紧缩，呈两山夹河的“V”形河谷，没有河滩地。下游两岸为黄土丘陵，植被欠发育，只在两岸支流源头的露骨山、太子山和马衔山深山分布着少量森林，其他除河灌区的农田外都是裸露的黄土地，水土流失极为严重。

纳纳河与迭藏河均为洮河一级支流。其中，纳纳河发源于岷县中部班哈山西侧，全长28.8km，流域面积为279.8km^2；多年平均流量为$0.56 \times 10^8 m^3$，平均流量为1.77m^3/s，平均比降为20.8‰。迭藏河发源于分水岭大拉梁北侧，经麻子川、寺沟、秦许，于岷县城郊汇入洮河，河流全长为42.1km，流域面积为827.1km^2；年平均径流量为$2.26 \times 10^8 m^3$，平均流量为7.16m^3/s，平均比降为25.4‰。

巴谢河又称那勒寺河，属洮河二级支流，是一条季节性河流。发源于东乡县城锁南镇南部，全长44km，流域面积为388km^2，在广河县三甲湾汇入广通河。巴谢河径流由大气降水和泉水补给，河水暴涨、暴落，丰枯季流量变化大。据东乡县气象站和三甲集水文站资料，巴谢河年径流量为$2980.1 \times 10^4 m^3$，平均流量为0.94m^3/s，最大流量为3.5m^3/s（8 月），最大洪峰量为 400m^3/s。

东乡境内还有临夏州最大规模的水利建设项目——南阳渠。南阳渠源自太子山麓的牙塘河水，1995 年开工建设，2005 年全部完工，总投资 5.91 亿元。主要由牙塘水库枢纽、56.78km 总干渠、四条 40km 干渠、14 条 159km 支渠和田间配套设施组成。南阳渠既保障东乡县部分地区的农田灌溉，又供给人畜饮水，是东乡县的生命线工程。洮河中下游流域水系与地形地貌分布图如图 2.1 所示。

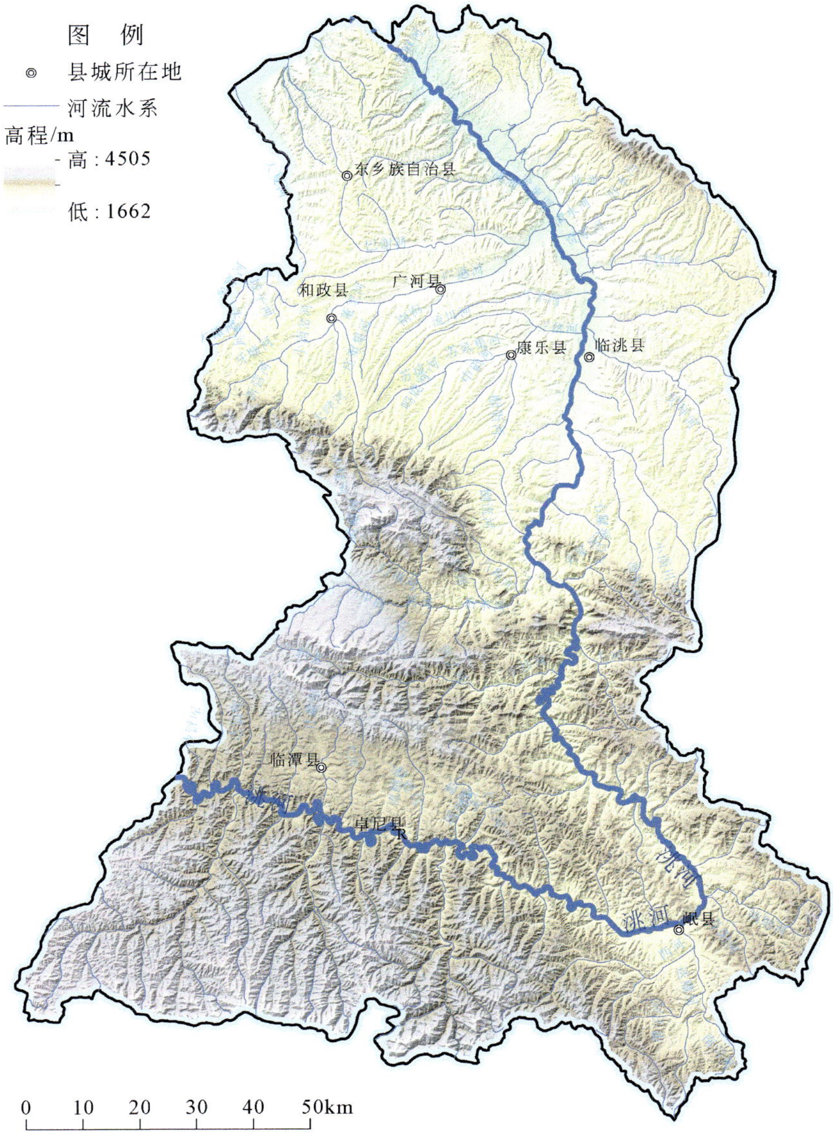

图 2.1　洮河中下游流域水系与地形地貌分布图

2.1.3 地形地貌

洮河流域中游位于甘南高原、陇南山地、陇西黄土高原等地貌单元交汇地带，地处西秦岭北支褶皱带上。区域新构造运动十分强烈，形成了以构造侵蚀山地、侵蚀堆积河（沟）谷为主的地貌类型，确立了流域内沟坡陡峻的地形特征。流域内地势总体西南部高、东北部低，最高点为流域内南部的迭山，海拔为4663m，最低点为流域内东北部洮河河谷的峡城乡，海拔为2080m左右。根据成因地貌类型及形态特征，洮河流域中游地貌类型可划分为以下三种类型：①构造侵蚀中山，主要分布于工作区西北部，海拔为2100～3500m，相对高差为500～1300m，沟谷深切呈“V”形谷；②构造剥蚀中低山，在流域内广泛分布，海拔为2200～3200m，相对高差小于500m，沟宽谷平，多呈“U”形谷，沟谷多沼泽、草地、湿地，顶部呈浑圆状和梁状，部分山坡较陡峻；③侵蚀堆积河谷平原，侵蚀堆积河谷平原区主要分布于洮河的Ⅰ～Ⅲ级阶地，地势平缓开阔，海拔为2300～3000m，宽100～2000m，相对高差为10～50m，阶地类型多为基座阶地。

洮河流域下游位于陇中黄土高原，主要是陇中黄土高原西南的临夏盆地，地貌上属深切割的黄土丘陵沟壑区，总体上呈现东西高、中部低，洮河东部各支流多发源于东部马衔山一带，自东向西汇入洮河；洮河西部各支流多发源于临夏盆地东部界山及盆内高地，自西向东流入洮河。洮河流域下游的南侧以太子山一带为界；除了有东西高、中间低的地貌特征外，还呈现南高、北低的特征，洮河干流从南向北流，流过海甸峡以后为下游，先后流经临洮、广河、东乡等县，在永靖境内汇入黄河刘家峡水库。流域内主要有低中山地貌和河谷地貌两种地貌单元：①低中山地貌，分布于流域内大部分区域，面积占总面积的96.1%，呈沟梁相间的地形特征。梁顶起伏不大，一般小于50m，宽度一般为40～100m，是当地居民的主要居住区。梁顶与沟底相对高差为150～300m，两侧坡度多在25°～35°。梁体延伸多垂直于大夏河、洮河及巴谢河河谷，并总体呈缓坡状的起伏形态。沟谷横断面多呈“V”形，部分较大沟谷（如大郭礼沟等）呈“U”形。②河谷地貌，工作区除低中山地貌外，其余地段河谷开阔，两侧阶地发育，是人口密度较大的区域，面积约占总面积的3.9%。不同河谷及同一河谷的不同地段其阶地分布及发育特征不同。河谷Ⅰ、Ⅱ级阶地发育，其阶面平坦，宽窄不一，一般在50～1200m，大部分为基座型，部分为内叠式，高出河床5～18m；Ⅲ级阶地在各河谷残缺不全，如巴谢河Ⅲ级阶地主要分布在右岸，高出河床78～81m，属基座阶地；Ⅳ、Ⅴ级阶地主要分布于大夏河两岸，均属基座型，其上为黄土覆盖，构成黄土台塬地形，塬面平坦开阔，塬边冲沟侵蚀切割强烈，主要分布于东塬乡。

2.2 地层岩性及工程地质岩组划分

洮河流域中下游地层岩性迥异。流域中游从上古生界的二叠系到新生界的第四系，均有出露。侏罗系以前的地层多为浅变质板岩、砂岩、灰岩等，仅在侵入体的边缘和断裂带的两侧有接触变质的黑云母片岩、绢云母、千枚岩和角砾岩，以及动力变质的糜棱岩、角砾岩等。流域下游出露的地层以第四系黄土和古近系—新近系紫红、橘红色砂质泥岩、砂岩为主，古近系零星分布于董岭、龙泉、唐汪、达板一带。

2.2.1　工程地质岩组

2.2.1.1　岩体

流域内岩体的工程地质类型可分为岩浆岩建造、沉积碎屑岩建造和变质岩建造。根据岩性组合、岩体结构及岩体工程地质性质划分岩组见图 2.2。

图 2.2　洮河流域中下游工程地质岩组示意简图

岩浆岩建造，流域内表现为块状坚硬侵入岩岩组，主要分布于闾井南大河沟、正沟和葱滩，以及教场坝、柏家村一带。岩性为海西中期和印支期辉长岩、闪长岩、斑状黑云母花岗岩、二云母花岗岩（$\gamma\delta$），呈整块状，致密坚硬。主要物理力学性质：干容重为 23～28kN/m^3，干抗压强度为 2.8～250MPa，软化系数为 0.80～0.92，黏聚力大于 30kPa。

沉积碎屑岩建造，中厚层软弱泥岩、砂岩岩组，分布于曹家河-李家庄、小寨、上马家、平地一带，以及白家湾等地。岩性为新近系（N）紫红色中-厚层含砾粗砂岩，夹砖红色泥岩和少量砾岩。主要物理力学性质：干容重为 22～25kN/m^3，干抗压强度为 21.5～60MPa，软化系数为 0.50～0.89，黏聚力为 47kPa，摩擦系数为 0.42～0.62。中厚层坚硬砾岩、砂岩岩组，流域内零星分布，岩性为古近系（E）紫红色厚-巨厚砾岩与细粒砂岩互层和侏罗系（J）灰白色砾岩、碳质页岩夹煤层。主要物理力学性质：干容重为 22～30kN/m^3，干抗压强度为 40～180MPa。

变质岩建造，中厚层坚硬砂岩、砾岩、板岩岩组，主要分布于洮河-迭藏河以西地带，岩性为石炭系（C）和三叠系（T）灰色、灰黑色厚层砂岩、粉砂岩、碳质板岩及少量灰岩。主要物理力学性质：干容重为 22～25.2kN/m^3，干抗压强度为 23.8～40.0MPa，软化系数为 0.33～0.68。薄-中厚层较坚硬板岩、砂砾岩、灰岩岩组，主要分布于流域内中部，分布范围较广，岩性为泥盆系（D）和二叠系（P）砂砾岩、硅质岩、灰岩。主要物理力学性质：干容重为 22～25.2kN/m^3，干抗压强度为 23.8～40.0MPa，软化系数为 0.33～0.68。

2.2.1.2　土体

1）砂砾石土

砂砾石土主要为砾砂、圆砾土、卵石等，中砂、粗砂呈零星分布。砂土分选性、磨圆度均较好。潜水面以下呈饱和状态，但绝大部分高于潜水面，一般为湿-稍湿，密实，压缩系数为 0.1～1MPa，属低压缩性土，个别地段和表层为中密、松散。对一般工程而言，卵石、圆砾土、砾砂、粗砂、中砂地基承载力较高，可作为天然地基；粉砂、细砂地基承载力则偏低，通常不被采用。砂砾卵石土分布于河谷区，地势开阔、低缓，一般不易产生地质灾害。

2）黄土

黄土主要覆盖于洮河及其支流的高阶地上，厚度一般为 8～15m，局部达 20m。颗粒成分以粉粒为主，矿物成分主要为石英、长石，黏土矿物含量少。黄土的原生结构为均质结构，疏松，大孔隙发育。在黄土湿度变迁、收缩作用影响下，产生垂直节理，形成了柱状体块裂结构。在斜坡地带，受风化、卸荷或滑移变形作用，产生“X”形剪节理，局部形成楔形体块裂结构。天然状态下土体力学强度较高，但遇水后强度急剧降低，具崩解性和湿陷性。黄土湿陷引起变形破坏，形成陷穴、落水洞等喀斯特地貌，为降水的汇集和快速入渗提供了通道，切坡后易形成不稳定斜坡，如图 2.3 所示。

3）残坡积土

残坡积土广泛分布于流域内斜坡坡脚部位。由于地形的不同，其厚度变化大，新近堆积的坡积土，土质疏松，压缩性较高。它一般分布在坡腰或坡脚，其上部与残积物相接，因此残坡积土成分复杂、结构杂乱，如图 2.4、图 2.5 所示。

图 2.3　梅川镇黄土斜坡

图 2.4　岷阳镇坡脚堆积物

图 2.5　茶埠镇坡脚堆积物

2.3　地质构造

流域内受秦岭东西复杂构造带和祁（祁连山）、吕（吕梁山）、贺兰（贺兰山）山字型前弧的共同影响，地质构造活动强烈，断裂、褶皱十分发育，构造形迹主要呈北西西向、北北西向展布。流域内主要的构造有以下几个。

2.3.1　秦岭东西复杂构造带

秦岭东西复杂构造带在流域内为被断裂破坏了的复向斜构造，复向斜核部大致位于岷县县城南-寺沟一带，但由于断裂破坏，仅保留复向斜南翼，成为倾向北北东的复杂单斜，该单斜次一级褶曲发育。

该构造带内的断裂，由北向南有八岔沟-新城子等三条断裂，断裂走向与褶皱轴向一致。

2.3.2　祁、吕、贺兰山字型构造体系

岷县-凤凰梁-新城子断裂的东北地区，属祁、吕、贺兰山字型构造体系前弧西翼的一

部分，总体上为向正南方向突出的弧向构造，但由于该构造体系内部各部位所受应力的差异和各处地质体的特殊性，在不同地方产生了不同形式的构造，由南向北依次有各老里-碌礴坝-大庄一带正弧状或反“S”状构造；茶埠-沟脑里-凤凰山一带帚状构造；老幼店-砖头寨-郭家沟弧形构造。

2.3.3　褶皱

流域内的褶皱主要有白依-桑坝背斜、洮河复式向斜、腊利山头向斜及羊沙复背斜。

白依-桑坝背斜：该背斜位于流域内南部尼巴镇杂日纳至木耳乡的色树纳，由中生界三叠系组成，轴部在兹宰卡至瓦惹沟一线，长约 50km，轴部总体呈东西向展布。

洮河复式向斜：该向斜位于白依-桑坝背斜以北，向斜轴部分布于洮河南岸拉力沟-拉路一线，由石炭系、二叠系、三叠系组成，轴部宽 50 余千米，向斜走向大体呈东西向。

腊利山头向斜：该向斜位于流域内完冒镇的拉尔代至曲纳，由石炭系、三叠系组成，轴向北西，长约 4km。

羊沙复背斜：该背斜位于流域内洮砚镇的贡群至藏巴哇镇的恰布，全由石炭系组成，轴向北西西，长约 11km。

2.3.4　断裂

流域内较大规模的断裂有 11 条，各断裂的规模、性质、延伸方向等特征见表 2.2。

表 2.2　洮河流域中游主要断裂基本特征一览表

序号	名称	位置	规模/km	产状/(°)	特征
1	光盖山北坡逆断层	尼巴镇至木耳乡	74	270～315∠65	断层延伸方向为近东西向，发生于三叠系与白垩系，属压性断层
2	汪国寺-新抽村逆断层	完冒镇至申藏镇	23	285～305∠70	断层延伸方向为北北西向，发生于三叠系，属压性断层
3	新城北-长川北逆断层	申藏镇日格至木耐纳	35	290∠50～60	断层延伸方向为北北西向，发生于古近系和新近系，属压性断层
4	严家寺-格里纳逆断层	完冒镇贡恰至申藏镇出麻塘	75	290∠50～60	断层延伸方向为北北西向，发生于二叠系、三叠系和古近系，属压性断层
5	柏林口-哈马沟逆断层	恰盖乡至洮砚镇	76	275～285∠50～70	断层延伸方向为北北西向，主要发生于石炭系和二叠系，属压性断层
6	柏林口-斜藏大山逆断层	恰盖乡至洮砚镇	58	275∠73	断层延伸方向为北北西向，主要发生于上石炭系之中，为压性断层
7	力士山-围当山逆断层	恰盖乡贝隆多至热高纳	40	270～310∠50	断层延伸方向为北北西向，发生于石炭系与二叠系，为压性断层
8	下巴都-围当山逆断层	恰盖乡萨色尔至柏林乡白土窑	64	270～310∠35～60	断层延伸方向为北北西向，发生于石炭系，为压性断层

续表

序号	名称	位置	规模/km	产状/(°)	特征
9	力士山-章西西卡逆断层	藏巴哇包舍口至哪怕村	74	270～315∠65	断层延伸方向为北北西向，发生于石炭系，为压性断层
10	九甸峡逆断层	藏巴哇扎尕吉至奴主塔	17	285∠75	断层延伸方向为北北西向，发生于石炭系与二叠系，为压性断层
11	康多逆断层	康多乡	9.5	300∠75	断层延伸方向为北北西向，发生于石炭系与上第三系，为压性断层

2.4　新构造运动与地震

2.4.1　新构造运动

新生代以来，流域内新构造运动以垂直升降运动为主，明显具有继承性、差异性、间歇性的特点。活动断裂和上升幅度最强烈的地带仍沿中、古时期的断裂、褶皱展布，但其幅度具明显的差异性，流域内南部和北部上升最为强烈，而中部相对略有下降之势。因地壳间歇性上升，流域内形成了Ⅰ～Ⅳ级河谷阶地，阶地相对高差较大；茶埠-堡子一带洮河两岸发育有Ⅳ级阶地，阶地相对高差为30～80m；尤其中寨-堡子一带Ⅰ、Ⅱ阶地相对高差在10～20m，沟谷切割深，多呈“V”字形。

2.4.2　地震

流域内属地震活动强烈区，根据甘肃省地震区（带）划分，流域内处于青藏高原东北地震区的甘南地震带，其地震烈度为Ⅴ～Ⅷ度区。

据资料统计，流域内自公元839年以来，曾多次发生较大级别的地震，有记载公元839年：“岷州地震，水泉涌，岷山崩，洮水逆流三日，鼠食稼、人疫疾、死者至众”。1572年、1837年、1879年均发生地震，造成人员伤亡。1920年，岷县地震，死亡700多人、2000多头牲畜，40%的房屋倒塌，余震达13次。1961年10月1日，闾井、申都、马坞一带地震，震级5级，震中烈度Ⅶ度，震中区在锁龙、古素、新庄、包家山一带。1976年，松潘7.2级地震，在流域内的破坏程度十分严重，使流域内中部大面积边坡失稳，形成滑坡，如柳林镇东十沟村尼格隆黄土滑坡。2013年7月22日7时45分，甘肃省定西市岷县、漳县交界处发生里氏6.6级地震，震中位于34.5°N，104.2°E，震源深度为20km，地震极震区烈度为Ⅷ度。此次地震造成95人死亡、2114人受伤，使岷县、漳县等14个县受灾。

根据《中国地震动参数区划图》（GB 18306—2015），流域内抗震设防烈度为Ⅶ度，地震基本动峰值加速度为0.10*g*～0.20*g*（图2.6）。

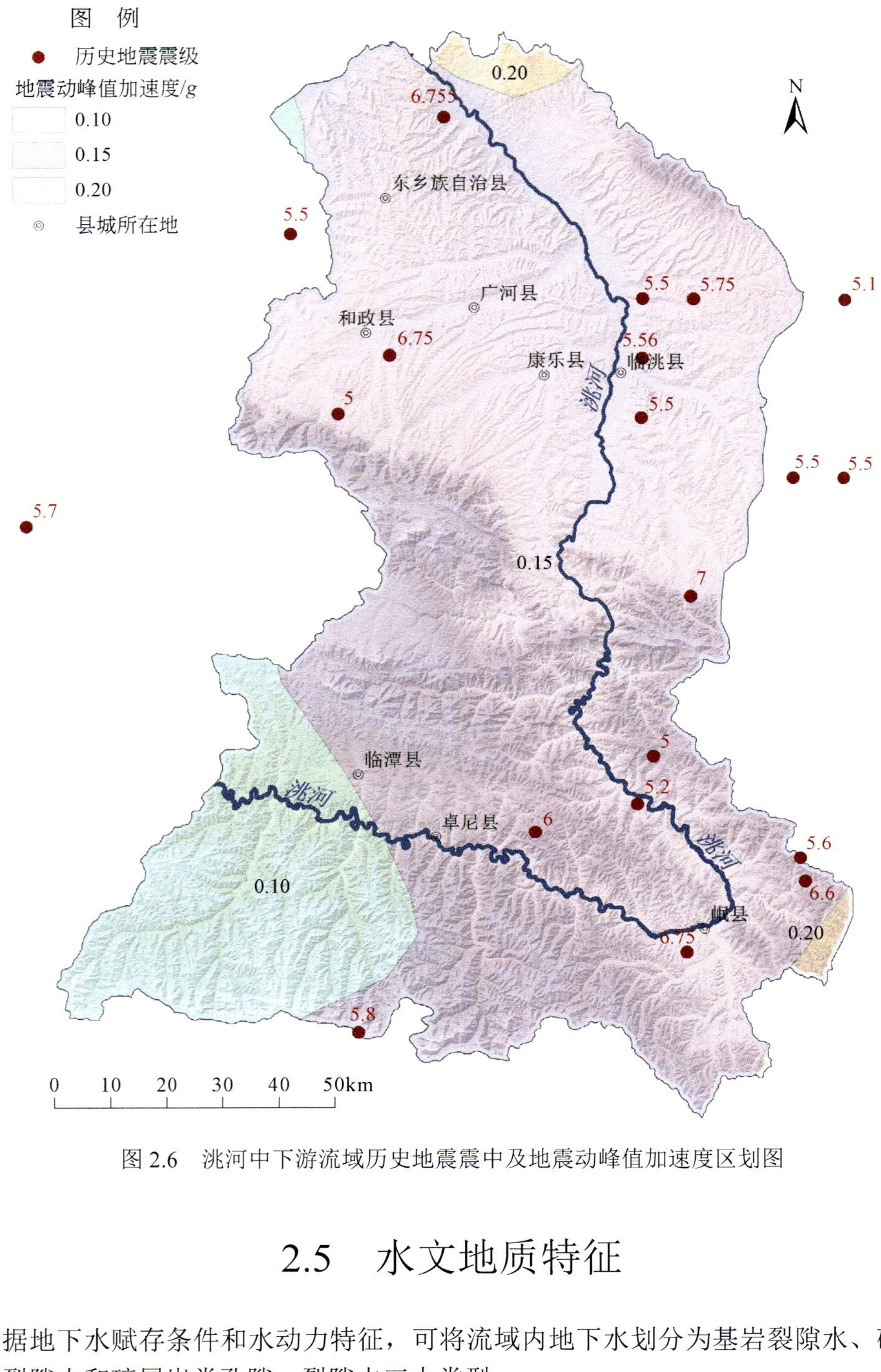

图 2.6　洮河中下游流域历史地震震中及地震动峰值加速度区划图

2.5　水文地质特征

根据地下水赋存条件和水动力特征，可将流域内地下水划分为基岩裂隙水、碳酸盐岩类岩溶裂隙水和碎屑岩类孔隙、裂隙水三大类型。

2.5.1 基岩裂隙水

该类地下水主要分布于寺沟、申都、梅川、中寨，以及十里、秦许等地的山区地带，地下水赋存于二叠系变质板岩和印支期火山岩的裂隙中。泉流量为 0.01～0.1L/s，枯水期径流模数小于 0.01L/(s·km^2)；局部碳酸盐岩分布区泉流量较大，为 20～100L/s，枯水期径流模数为 3～6L/(s·km^2)，主要接受降水入渗补给，以泉或地下径流的形式排泄。

2.5.2 碳酸盐岩类岩溶裂隙水

该类地下水分布于月亮崖-寨子山一带，受岩性、地势及地质构造控制，形成复杂的地下水系统，含水层为石炭系、二叠系、三叠系中厚层灰岩。地下水储存于碳酸盐岩裂隙中，埋藏深度一般为 50～100m，地下水赋存、运移于溶隙、溶洞及裂隙之中，径流速度快，泉流量为 0.01～0.1L/s，地下水径流模数为 1～3L/(s·km^2)，主要接受降水入渗补给，以泉或地下径流的形式排泄。

2.5.3 碎屑岩类孔隙、裂隙水

该类地下水主要分布于洮河干流及其支流迭藏河、秦许河河谷，以及渭河支流榜沙河、山丹河河谷。

洮河干流及其支流迭藏河、秦许河河谷地带地下水埋深小于 20m，含水层主要为砂砾卵石层，厚 4～9m，富水性为中等-丰富，单井涌水量为 1000～5000m^3/d。河谷边缘地带为 500～1000m^3/d。接受河水入渗、降水入渗补给和丘陵区地下水侧向补给，向河谷及其下游排泄。

榜沙河、山丹河河谷地下水埋深小于 20m，含水层为砂砾卵石层，厚度小于 5m，富水性为贫乏-中等，单井涌水量为 500～1000m^3/d，河谷边缘地带为 100～500m^3/d。接受河水入渗、降水入渗补给和山区地下水侧向补给，向河谷及其下游排泄。

2.6 人类工程活动

随着社会经济的不断发展，流域内人类工程活动的强度不断加大，不合理的经济与工程活动时有发生，人类工程活动对地质环境的破坏程度逐步加深，直接造成或诱发地质灾害。流域内人类工程活动概括为以下几个方面。

2.6.1 切坡建房

因受地形地貌条件制约，村民修建房屋时，对山坡坡脚或高阶地前缘地带削坡建房，形成高陡边坡，紧邻村民房屋，进而形成崩塌、潜在滑坡或滑坡隐患，严重威胁坡下居民的生命财产安全。

2.6.2 开垦坡地

流域内山多川少，随着人口数量的不断增加，垦荒活动不断向山区陡坡延伸。过度开

垦荒山、荒坡，超载放牧，破坏了原有的林草植被，加速了水土流失，以及滑坡、崩塌等地质灾害的暴发强度和频率。经调查，大量的坡耕地在夏收以后，被耕翻疏松，雨季极易造成坡面侵蚀，形成大面积的水土流失和泥石流灾害，如 1988 年卓尼县上卓沟、古牙川沟暴发的泥石流，就是此类人类工程活动长期作用的结果。

2.6.3 基础工程建设

基础工程建设对地质环境的影响有正反两个方面，一方面，在建设过程中，充分利用工程建设的机会，工程设施可以预防地质灾害的发生，如原引洮工程在中寨乡塔儿沟修建的土坝，拦住大量的泥石流固体物质，避免了泥石流对中寨乡政府驻地的危害。另一方面，在工程修建过程中，如果大量开挖坡体，削坡过陡，不注意对边坡合理设计，往往会诱发滑坡、崩塌的发生，如原引洮工程在堡子乡的徐家寨一带，由于削坡、垫方时未对斜坡坡度进行设计，如今造成大面积的滑坡和坡面性泥石流，贻害严重；柳林镇的多架山电站输水隧洞出水洞口崩塌，自 2000 年 6 月 28 日发生变形破坏以来，已累计发生四次规模不等的崩塌，累计崩塌方量（体积）约 $1\times10^4m^3$，直接威胁多架山电站的安全运行。

2.6.4 采石开矿工程

由于流域内经济欠发达，且有大面积灰岩、砂岩地层出露，是良好的建筑材料。露天开采成本较低，采石开矿过程中产生的废土弃石堆放在沟道及山坡，为泥石流的形成提供了松散固体物质。

2.6.5 地质灾害集中治理

近年来，甘肃省持续推进地质灾害综合防治体系建设，中央与地方汇集人力、财力对流域内部分重大地质灾害进行了集中治理，如卓尼县藏族中学不稳定斜坡治理工程、柳林镇唐尕川巴那沟崩塌应急治理工程、上城村不稳定斜坡治理工程等，这些治理工程的竣工，阻断了大中型地质灾害的发生条件，保障了人民群众的财产安全。

第 3 章　地质灾害发育特征与分布规律

洮河流域中下游地跨三大地貌单元，即甘南高原、陇南山地、陇西黄土高原，涉及甘南州卓尼县、临潭县，定西市岷县、渭源县、临洮县，以及临夏州康乐县、和政县、广河县、东乡县。

洮河流域中游地区西部为降水丰富、植被完好的甘南高原，是青藏高原的东北边缘部分，主要为高山剥蚀平原、丘陵与中低山地貌；中游地区东部为陇南山地，受地质构造影响，褶皱严重，河道弯曲多峡谷，干流两岸山势陡峭，形成“V”形河谷，只有少量小型河川地，居民多生活在两岸高山平台和支流沟谷中，生态破坏严重；下游地区为干旱、少雨、水土流失严重的陇西黄土高原，河道平均纵坡降为 2.5‰，是谷宽、滩多的临洮盆地，两岸为黄土丘陵，植被很差，水土流失极为严重。

在构造活动、地形地貌、岩土体类型、人类工程活动等因素的控制影响下，洮河流域中下游地质环境脆弱、地质灾害发育，灾害类型以泥石流及堆积层滑坡为主，具有群发、多发且危害严重的特征。

3.1　地质灾害基本类型

资料收集与调查确定，洮河流域中下游发育地质灾害共 1696 处（图 3.1），其中，滑坡（及隐患点）821 处，占地质灾害总数的 48.4%，泥石流 816 处，占地质灾害总数的 48.1%，崩塌 59 处，占地质灾害总数的 3.5%。

3.1.1　泥石流

洮河流域发育泥石流共 816 处。根据物质组成分类，泥石流数量为 779 处，占泥石流总数的 95.48%；泥流和水石流的数量较少，分别为 27 处和 10 处，分别占泥石流总数的 3.28% 和 1.24%。

泥石流固体物质来源以沟岸崩塌-滑坡、坡面侵蚀和沟床侵蚀为主。由沟岸崩塌-滑坡提供主要固体物质的泥石流数量为 14 处，占泥石流总数的 1.72%；由沟岸崩塌-滑坡、沟床侵蚀提供主要固体物质的泥石流数量为 46 处，占泥石流总数的 5.64%；由沟床侵蚀提供主要固体物质的泥石流数量为 17 处，占泥石流总数的 2.08%；由坡面侵蚀提供主要固体物质的泥石流数量为 50 处，占泥石流总数的 6.13%；由坡面侵蚀、沟岸崩塌-滑坡提供主要固体物质的泥石流数量为 46 处，占泥石流总数的 5.64%；由坡面侵蚀、沟岸崩塌滑、沟床侵蚀提供主要固体物质的泥石流数量为 267 处，占泥石流总数的 32.72%；由坡面侵蚀、沟床侵蚀提供主要固体物质的泥石流数量为 376 处，占泥石流总数的 46.08%。

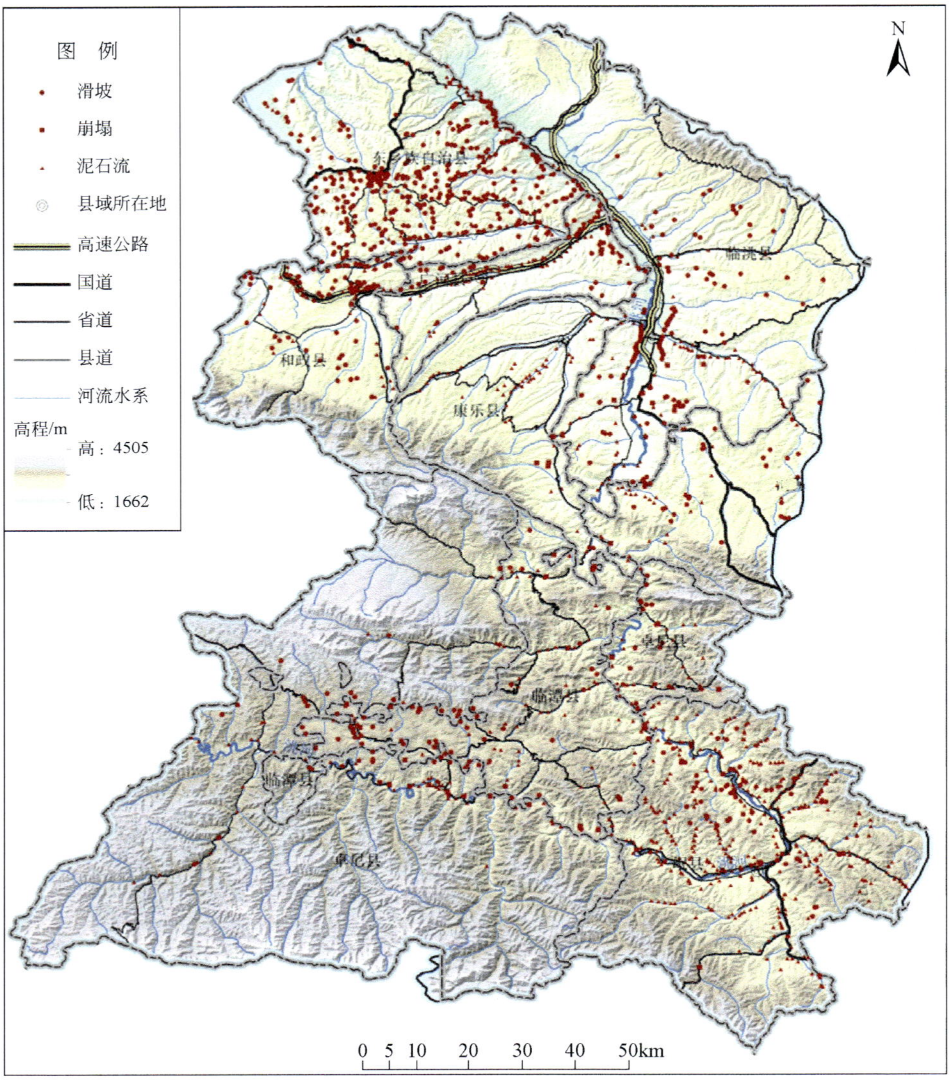

图 3.1　洮河流域中下游地质灾害分布图

表 3.1　泥石流按固体物质来源统计一览表

固体物质来源	数量/处	占比/%
沟岸崩塌-滑坡	14	1.72
沟岸崩塌-滑坡、沟床侵蚀	46	5.64
沟床侵蚀	17	2.08
坡面侵蚀	50	6.13
坡面侵蚀、沟岸崩塌-滑坡	46	5.64
坡面侵蚀、沟岸崩塌-滑坡、沟床侵蚀	267	32.72
坡面侵蚀、沟床侵蚀	376	46.08
总计	816	100

通过野外调查按照调查规范填写泥石流综合评判表进行打分，得分≥114 分的泥石流为易发泥石流，得分在 85～113 分的为中等易发泥石流，得分≤84 的为不易发泥石流。流域内的易发泥石流数量为 6 处，占全部泥石流的 0.74%；中等易发泥石流数量为 441 处，占全部泥石流的 54.04%；不易发泥石流数量为 369 处，占全部泥石流的 45.22%（表 3.2）。

表 3.2　泥石流按易发程度统计一览表

易发程度	数量/处	占比/%
不易发	369	45.22
易发	6	0.74
中等	441	54.04
总计	816	100

根据泥石流所处的发育阶段划分，处于发展期的泥石流有 487 处，占全部泥石流的 59.68%；处于活跃期的泥石流有 209 处，占全部泥石流的 25.62%；处于衰退期的泥石流有 91 处，占全部泥石流的 11.15%；处于停歇期的泥石流有 29 处，占全部泥石流的 3.55%（表 3.3）。

表 3.3　泥石流按发育阶段统计一览表

发育阶段	数量/处	占比/%
发展期	487	59.68
活跃期	209	25.62
衰退期	91	11.15
停歇期	29	3.55
总计	816	100

从规模看，流域内小型泥石流有 652 处，占泥石流总数的 79.90%；中型泥石流有 143 处，占泥石流总数的 17.52%；大型泥石流为 17 处，占泥石流总数的 2.08%；特大型泥石流为 4 处，占泥石流总数的 0.49%（表 3.4）。

表 3.4　泥石流按规模统计一览表

规模	数量/处	占比/%
小型	652	79.90
中型	143	17.52
大型	17	2.08
特大型	4	0.49
总计	816	100

按照造成的险情等级划分，险情等级为小型、中型的泥石流占大多数，分别为 486 处、280 处，占泥石流总数的比例分别为 59.56%、34.31%；险情等级为大型和特大型的泥石流

分别有 33 处和 17 处，占泥石流总数的 4.04%和 2.08%（表 3.5）。

表 3.5　泥石流按险情等级统计一览表

险情等级	数量/处	占比/%
小型	486	59.56
中型	280	34.31
大型	33	4.04
特大型	17	2.08
总计	816	100

3.1.2　滑坡

洮河流域中下游发育滑坡 821 处。根据滑坡体物质组成划分，土质（黄土、粉土）滑坡 290 处，占滑坡总数的 35.32%；岩质滑坡 65 处，占滑坡总数的 7.92%；堆积层滑坡 466 处，占滑坡总数的 56.76%（表 3.6）。

表 3.6　滑坡按物质组成统计一览表

物质组成	数量/处	占比/%
土质	290	35.32
堆积层	466	56.76
岩质	65	7.92
总计	821	100

按照滑体厚度划分，流域内滑坡主要为浅层滑坡，有 503 处，占滑坡总数的 61.27%；其次为中层滑坡，有 272 处，占 33.13%；深层滑坡较少，有 21 处，仅占 5.60%（表 3.7）。

表 3.7　滑坡按滑体厚度统计一览表

滑体厚度	数量/处	占比/%
浅层	503	61.27
中层	272	33.13
深层	46	5.60
总计	821	100

根据滑坡的扩展方式划分，流域内滑坡大部分为牵引式，数量为 553 处，占滑坡总数的 67.34%；其次为推移式滑坡和复合式滑坡，分别有 190 处和 78 处，数量分别占滑坡总数的 23.14%和 9.50%（表 3.8）。

表 3.8 滑坡按扩展方式统计一览表

扩展方式	数量/处	占比/%
牵引式	553	67.36
推移式	190	23.14
复合式	78	9.50
总计	821	100

按照滑体体积规模划分，流域内滑坡以小型和中型为主，数量分别为 572 处、147 处，分别占滑坡总数的 69.67%、17.91%；大型和特大型滑坡分别为 80 处、22 处，分别占滑坡总数的 9.74%、2.65%（表 3.9），主要分布在和政、广河、岷县等。

表 3.9 滑坡按滑体体积规模统计一览表

滑体体积规模	数量/处	占比/%
小型	572	69.67
中型	147	17.91
大型	80	9.74
特大型	22	2.68
总计	821	100

按诱发因素划分，流域内自然滑坡数量为 664 处，占滑坡总数的 80.88%；工程滑坡数量为 157 处，占滑坡总数的 19.12%（表 3.10）。

表 3.10 滑坡按诱发因素统计一览表

诱发因素	数量/处	占比/%
工程	157	19.12
自然	664	80.88
总计	110	100

按滑坡形成年代划分，流域内发育古滑坡数量为 22 处，占滑坡总数的 2.68%；老滑坡数量为 443 处，占滑坡总数的 53.96%；新滑坡数量为 356 处，占滑坡总数的 43.36%（表 3.11）。

表 3.11 滑坡按形成年代统计一览表

形成年代	数量/处	占比/%
新	356	43.36
老	443	53.96
古	22	2.68
总计	821	100

3.1.3 崩塌

洮河流域中下游发育崩塌59处。根据崩塌体物质组成划分，流域内发育的土质崩塌，物质组成为黄土、粉土，有18处，占崩塌总数的30.51%；其他为岩质崩塌，物质组成为灰岩、砾岩、泥岩、板岩或砂岩，有41处，占崩塌总数的69.49%（表3.12）。

表3.12 崩塌按物质组成统计一览表

物质组成	数量/处	占比/%
土质	18	30.51
岩质	41	69.49
总计	59	100

按照崩塌破坏方式划分，倾倒式崩塌有21处，占崩塌总数的35.59%；滑移式崩塌有28处，占崩塌总数的47.76%；拉裂式崩塌数量为10处，占崩塌总数的16.95%（表3.13）。

表3.13 崩塌按破坏方式统计一览表

破坏方式	数量/处	占比/%
倾倒式	21	35.59
滑移式	28	47.46
拉裂式	10	16.95
总计	59	100

根据崩塌体积规模划分，小型崩塌占多数，有29处，占崩塌总数的49.15%；其次为中型崩塌，有27处，占崩塌总数的45.76%；大型崩塌最少，仅3处，占崩塌总数的5.08%（表3.14）。

表3.14 崩塌按体积规模统计一览表

体积规模	数量/处	占比/%
小型	29	49.15
中型	27	45.76
大型	3	5.08
总计	59	100

3.2 地质灾害分布规律

洮河流域中下游地质灾害分布较为广泛，类型较为齐全，每个地貌单元均有地质灾害发育，空间上具明显的普遍性、多发性，主要沿河流沟谷、地质构造、脆弱地貌单元、人类工程活跃区等地带集中分布，时间上表现为群发性，在暴雨多的年份、月份各类地质灾害往往一起发生。

3.2.1 空间分布规律

1）沿河流沟谷带状分布

洮河流域中下游地质灾害与河流侵蚀具有显著的相关性，地质灾害沿河流两岸呈明显的带状分布。洮河流域中下游位于青藏高原东北缘，受到构造抬升的直接影响，河流为了适应不断抬升的地形，加速侵蚀，形成了一系列深切的峡谷和阶地，使得河岸斜坡变得陡峭，增加了地质灾害发生的概率。此外，河流水动力条件，如流速、流量和流向的变化，会影响斜坡的稳定性。例如，河流在洪水期间的侵蚀作用可能会削弱斜坡的稳定性；而在枯水期间，沉积作用可能会增加斜坡的负载，这些变化都可能诱发地质灾害。

调查统计发现，位于河流沟谷岸坡的滑坡、崩塌数量分别为 594 处、39 处，占两类灾害总数的比例分别为 72.37%、65.31%。以巴谢河为例，那勒寺至果园村一带长约 44km，南北两岸发育大中型滑坡 50 多处（曹炳兰等，1990）。1983 年 3 月发生的洒勒山滑坡作为该流域的典型滑坡，滑坡体积为 $3.1\times10^7m^3$，以极快的速度淹没了洒勒村、新庄村和苦顺村，滑体穿过巴谢河河谷，直至对岸，阻塞了河道，造成了 237 人死亡，500 余间房屋被毁，2000 余亩[①]耕地被淹没（王士天等，1988）。

河流下切在洮河中游表现更为显著。由于青藏高原的持续隆升和南北构造带的活动，山脉快速隆起，褶皱严重，河流深切，河道弯曲且多峡谷，地质灾害在岷县区域密集分布。

2）沿断裂带线性分布

断裂、褶皱等地质构造能使岩体破碎、地形突变、地应力集中、地下水作用活跃，为滑坡、崩塌、泥石流的发育创造了充分的条件。因此，地质构造常常是地质灾害密集分布的地带，尤其是在断裂的支、叉、拐、端部位，以及褶皱核部等区域更为集中。

洮河流域中游东部地区，尤其是岷县一带，受到地质构造的强烈影响，断裂密集、褶皱严重，发育岷县-凤凰梁-新城子断裂、八岔沟-新城子断裂等。上述断裂带多为压扭性质，呈舒缓波状，水系在断层附近沿同一方向偏移。断层面两侧挤压破碎强烈，破碎带宽度为 120～340m，角砾岩化、糜棱岩化明显，伴生的次级断裂及构造裂隙发育，层理和构造裂隙的相互交切形成极为发育的构造结构面，造成流域内岩体严重破碎，为滑坡、泥石流的形成提供了大量松散物源。因而沿断裂带附近发育一系列滑坡、崩塌、泥石流等地质灾害（图 3.2）。

3）受人类活动影响

滑坡、崩塌、泥石流沿居民点、厂矿、交通干线、水库等密集分布。人口密集、经济活动强度大的地段是滑坡、崩塌、泥石流地质灾害频繁暴发的地段。流域内地质灾害明显受到人为工程活动的影响，例如，爆破震动、灌溉渗漏、蓄水位变化、边坡开挖等工程引起的滑坡、崩塌分别占到滑坡、崩塌总数的 82.37%、42.8%。泥石流中有少数受到人类工程活动的影响，采矿、修路建房等生产活动产生的松散堆积物成为泥石流的潜在物源。

① 1 亩≈$666.67m^2$。

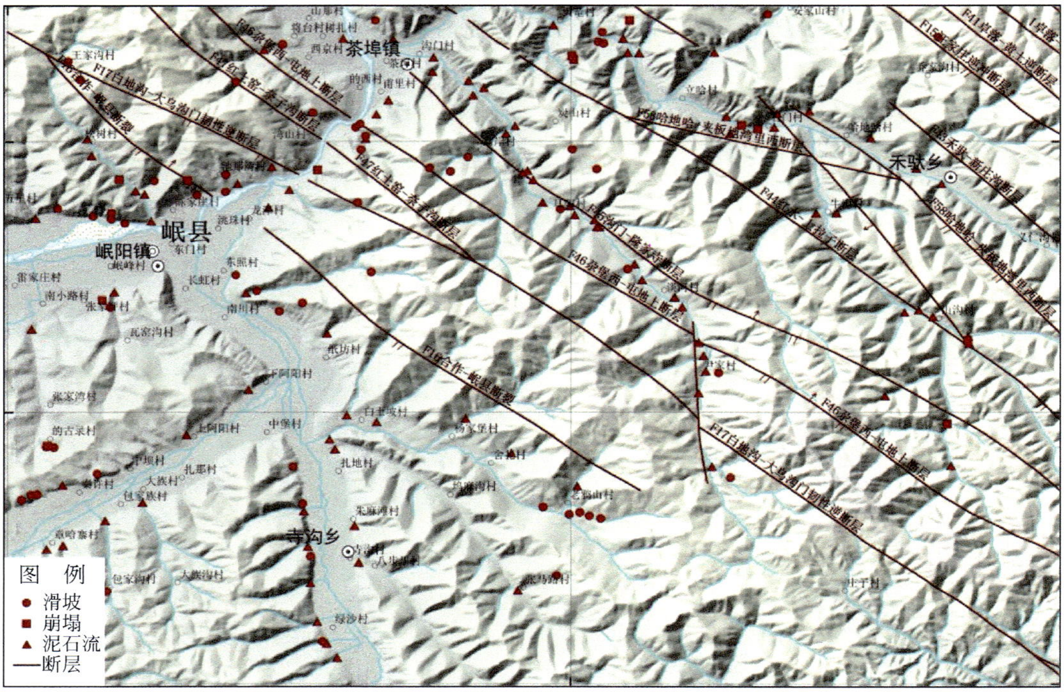

图 3.2　地质灾害与断层关系示意图

4）受地形地貌影响

洮河流域中下游地跨甘南高原、陇南山地、陇西黄土高原，其中陇南山地、陇西黄土高原是显著的地质灾害高易发区。流域中游岷县一带的陇南山地，构造强烈、山势陡峻、岩体破碎，加之降水量大，地质灾害易发。流域下游陇西黄土高原地形破碎，沟壑纵横，黄土墚峁相接，岩性脆弱，植被稀疏，突发性暴雨或集中暴雨往往诱发群发性地质灾害。

3.2.2　地质灾害时间分布规律

1）地质灾害发生有明显的季节性

流域内滑坡、崩塌和泥石流的发生与降水周期基本一致，降水多的年份、月份，地质灾害的发生频率明显偏高。一年中，大气降水多集中于 5～10 月，局地短时强降雨、连阴雨也集中在这一时段（表 3.15），超过 95%的地质灾害发生在每年的 5～10 月，如造成重大损失的岷县“5 • 10”与“8 • 16”两次泥石流灾害就发生在这一时段。

冻融期也是一个滑坡高发的时间段，流域冬季寒冷，冰冻期多为 12 月至次年 2 月，热融期多为 3 月和 4 月。季节性冻融作用对斜坡稳定性产生一定影响，尤其是含有相对隔水层的斜坡。

表 3.15　岷县气象站逐月气象特征表

项目	逐月特征值												全年
	1 月	2 月	3 月	4 月	5 月	6 月	7 月	8 月	9 月	10 月	11 月	12 月	
多年平均降水量/mm	2.4	4.9	16.6	41.3	76.0	85.5	104.3	103.0	73.7	45.4	6.1	1.6	560.8
≥25.0mm 的降水天数/天				0	0.2	0.3	0.8	0.6	0.1	0			2.1
≥50.0mm 的降水天数/天							0.1	0	0				0.1
最大连续降水量/mm	1.3	4.5	29.1	29.9	88.5	27.7	123.4	88.3	102.8	55.8	7.1	3.2	123.4
地质灾害数量/处	4	2	55	86	504	184	273	229	186	152	21	0	1696
地质灾害数量占比/%	0.23	0.12	3.24	5.07	29.72	10.85	16.10	13.5	10.97	8.96	1.26	0	100

2）地质灾害有周期性、反复性特征

流域内滑坡、崩塌和泥石流的发生与降水周期基本一致。通过地质灾害发生时间与各年降水量比照发现，地质灾害发生时间上与降水量和月降水量呈正相关关系，丰水年滑坡、泥石流灾害暴发多，枯水年灾害发生少。例如，1976 年、1986 年、1996 年、1997 年、2000 年、2004 年、2008 年和 2013 年降水多，地质灾害频发。与降水的丰、枯质期相对应，群发频率亦有 9～11a 的长周期和 3～4a 的短周期。

此外，调查发现流域内泥石流沟普遍具有反复多次发灾、成灾的特征，如茶埠镇的耳阳河流域分别于 1970 年 5 月、2011 年 7 月、2012 年 5 月发生泥石流，多次冲毁沟口房屋、212 国道及农田，均给当地造成不同程度的财产损失。

3）地质灾害有突发性、群发性特征

流域内滑坡、崩塌、泥石流灾害突发性强，人员往往来不及撤离，易造成灾害。经调查发现，流域内的暴雨多集中于傍晚或午夜，因而使得崩塌、泥石流暴发时往往难以预防，致灾严重。例如，2012 年 5 月 10 日下午 5 时许，茶埠、梅川等乡镇降特大暴雨夹冰雹，特别是茶埠镇周围 10km 以内地方，局部降雨量达到 69.2mm，引起多条泥石流暴发，造成 40 余人死亡，18 人失踪。往往一次强降雨过程会造成工作区普遍发灾，在时间上也有群发性的特点。

3.2.3　巴谢河流域古滑坡复活周期

2016～2018 年，现场采集了 90 组古滑坡样品开展电子自旋共振（electron spin resonance，ESR）、光释光（optically stimulated luminescence，OSL）和 ^{14}C 同位素年代学测试，获取了巴谢河流域滑坡事件的测年数据。测试数据显示，晚更新世以来，巴谢河流域存在四次滑坡多发的时段，年龄分别为 93～63ka BP、45～31ka BP、22～15ka BP 和 8.4～3.5ka BP。这些滑坡多发时段可以较好地与其他代用指标恢复的过去构造运动与气候变化的格局相对应，滑坡主要多发于气候温暖、构造活跃的时段。

3.3 地质灾害危害特征

调查统计发现，洮河流域中下游暴雨多集中于傍晚或午夜，人员往往来不及撤离，滑坡、崩塌、泥石流等地质灾害突发性强，灾害发生往往难以预防，成灾严重，对人民群众和社会经济带来极大的影响，社会经济发展受到非常严重的制约。根据变形破坏与危害特征，可将洮河流域中下游地质灾害分为快速破坏型与缓慢破坏型。

3.3.1 快速破坏型

1）黄土滑坡、崩塌

流域内大范围分布马兰黄土，黄土斜坡在长期风化和降水的作用下，发育多组垂向节理（裂隙）及落水洞，再加之人类切坡修路建房等工程活动扰动，导致边坡失稳发生滑塌。

由于黄土表面裂隙及落水洞广泛发育无法作为群测群防的预警依据，而斜坡内部裂隙贯通的过程难以被有效观测到，一旦内部裂隙贯通，滑体碎裂崩滑的时间极短。因此，此类滑坡、崩塌突发性很强，往往没有预警时间，加之滑坡影响区多有居民房屋及道路，一旦灾害发生，很难避免人员伤亡和财产损失。

2）黄土-泥岩切层滑坡

黄土-泥岩切层滑坡一般发育在近水平层状或小角度反倾、泥（砂）岩上覆黄土及坡积物的高陡斜坡，有高大而开阔的临空面。斜坡岩土体在重力及降水的作用下，剪切卸荷最终形成完全贯通的滑动面，发生滑动。滑体重心或剪出口位置高，具有较大的重力势能，滑体滑出滑动面后快速运动，形成高速远程滑坡。

此类滑坡虽然流域内发育较少，以巴谢河流域的古滑坡为典型，但由于滑坡体积巨大、距离受灾地较远且运移速度较快，会造成巨大危害。

3）岩质崩塌

崩塌多为泥岩、板岩、砂岩互层，岩层产状多小于5°，近水平状。泥岩与泥质砂岩互层的这种软硬相间岩性组合特征使得斜坡遭受风化剥蚀作用的影响不同，泥岩较砂岩抗风化能力弱，差异性风化导致泥岩表面疏松破碎，易于掉落，泥质砂岩则相对坚硬，发育的节理将其切割成块体状或者板柱状。

此类岩组分布的地区在修建公路切坡时如果削坡过陡并未做有效的防护措施，极易发生崩塌落石，对公路及路过行人、车辆造成危害。

4）泥石流

流域内泥石流沟众多，泥石流一旦暴发，位于流通区和堆积区的村落、道路和农田等会受到泥石流的威胁。流通区的威胁主要来自于泥石流的冲击和卷带，堆积区的威胁主要来自于泥石流冲出物质的掩埋。此外，极少部分沟口距离河道较近的泥石流如果发生较大规模的暴发，有堵塞河道造成堰塞湖的可能。

2012 年 5 月 10 日，甘肃岷县近 1h 大范围冰雹及强降雨诱发耳阳河流域发生特大型泥石流，冲击沟口及河道两侧村落、公路、输电设备，造成 18 人死亡，直接损失 4800 余万元。

3.3.2　缓慢破坏型

1）黄土-泥岩顺层滑坡

洮河流域中下游的黄土-泥岩顺层滑坡通常表现为滑坡体蠕滑变形，具有滑动速度低、滑动距离短、滑体稳定性差、复活滑动易等特点。泥岩滑带土的应变软化特征决定了滑体的蠕变特性，随着剪切应变的增加，滑带土的抗剪强度分为增加、减小和稳定三个阶段，对应滑坡的时效变形初始蠕变、衰减蠕变和稳态蠕变三个阶段（王玠佳等，2017），其中大部分变形发生在初始蠕变阶段，随后进入稳态蠕变阶段。黄土-泥岩顺层滑坡的形成和运动受到多种因素的影响，主要包括地质结构的双层异质性、地下水作用以及降水等自然因素，人类工程活动（如开挖、加载等）也可能诱发或加剧滑坡的变形和运动。

2）复活古滑坡

流域内发育的古（老）滑坡，原本滑体已趋于稳定，但在人类工程活动开挖及降水的影响下，滑体稳定性降低，容易再次发生局部复活和滑动。此类滑坡多为蠕滑缓变形。

缓慢破坏型滑坡由于前期处于缓变状态，滑坡变形迹象较为明显，包括地表裂缝、树木歪斜、房屋或路面开裂等，有利于监测预警、群测群防等工作的开展；滑坡一旦形成，并发生房屋及路面开裂，会造成一定经济损失。

第 4 章　地质灾害孕灾条件分析

4.1　地形地貌与地质灾害

地形地貌控制着地质灾害的发育与分布，适合的地形是泥石流、滑坡、崩塌形成的必要条件，所以地形地貌是地质灾害发育的重要影响因素之一。

4.1.1　地形地貌对泥石流的影响

地形地貌是形成泥石流的内因和必要条件，它制约着泥石流的形成和运动，影响着泥石流的规模和特性。地形地貌对泥石流灾害的控制影响主要表现在主沟纵坡降、沟岸山坡坡度、泥石流流域面积等三个方面，下面就从这三个方面分别进行叙述。

4.1.1.1　主沟纵坡降

主沟纵坡降是泥石流物质由势能转化为动能的基础条件，也是影响泥石流形成和运动的重要因素。主沟纵坡降既表现沟谷坡面侵蚀与沟道侵蚀的相互关系，又反映出泥石流沟的发育状况。当沟谷处于发展期时，沟床强烈下切且极不稳定，常具有猛冲、猛淤的特点，往往在较短的时间运移大量的固体物质，使主沟纵坡降不断进行调整。当主沟纵坡降变小，沟内所提供的固体物质无力输送到沟口以下的主河谷地时，主沟处于不冲、不淤的均衡剖面状态，此后泥石流活动将发生显著变化，其间歇期增长、易发性减小，直至衰亡，即由泥石流沟谷变成非泥石流沟谷。通过对流域内 816 条泥石流沟谷的主沟纵坡降进行统计发现，沟谷平均主沟纵坡降在 50‰～400‰的泥石流沟谷数量为 737 条，占总数的 90.32%，尤以 100‰～300‰占比最大，达 67.03%（图 4.1，表 4.1），说明在此区间的主沟纵坡降对泥石流的形成和运动最为有利。对泥石流沟内松散固体物质来说，主沟纵坡降为它提供了

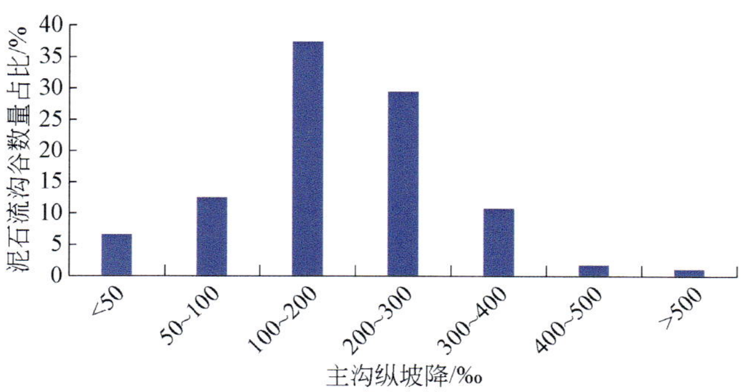

图 4.1　不同主沟纵坡降泥石流沟谷数量占比

表 4.1　不同主沟纵坡降泥石流沟谷数量及占比统计表

序号	主沟纵坡降/‰	泥石流沟谷数量/条	占比/%
1	＜50	54	6.62
2	50～100	102	12.50
3	100～200	306	37.50
4	200～300	241	29.53
5	300～400	88	10.78
6	400～500	15	1.84
7	＞500	10	1.23

一定的势能，纵坡降越大，松散固体物质越不稳定，但这并非代表泥石流的易发性越强。泥石流的形成不仅要求一定的势能和松散物质的不稳定性，同时也需要一定的物质储集过程。若主沟纵坡降大于松散物质的休止角，坡面入沟松散物质难以积累，不会形成泥石流；若主沟纵坡降小于沟谷侵蚀下限，沟内松散物质处于稳定状态，也不会形成泥石流。因此，形成泥石流的主沟纵坡降，存在上、下限值和适宜范围，其下限值为泥石流的自然停止角；上限值取松散物质的休止角，它因固体物质的性质不同而异，最有利于泥石流形成的沟床纵坡降应在松散物质饱水后的休止角附近，饱水休止角也随物质性质而异。

4.1.1.2　沟岸山坡坡度

沟岸山坡坡度对泥石流沟谷的影响主要表现在以下两方面：第一，流域两侧岸坡的陡、缓直接影响泥石流的规模，以及固体物质的补给方式、补给数量；第二，流域的沟岸山坡坡度越大，坡面流速和沟道汇流速度越快，降水形成洪峰所需的时间越短，从而使泥石流具备成灾的水动力条件。通过对流域内泥石流沟谷的沟岸山坡坡度统计发现，流域内沟岸山坡坡度呈近似对称分布，发育泥石流沟谷最多的优势区间为 25°～55°，共发育 791 条，占总数的 96.94%；不同类型和易发程度泥石流沟谷数量的沟岸山坡坡度均在 35°～45°区间内达到峰值，该区间内发育泥石流沟谷共计 435 条，占总数的 53.31%（图 4.2，表 4.2）。

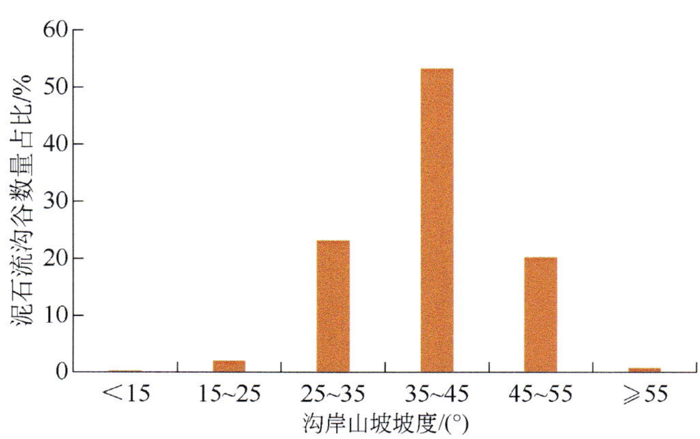

图 4.2　不同沟岸山坡坡度泥石流沟谷数量占比图

表 4.2　不同沟岸山坡坡度泥石流沟谷数量及占比统计表

序号	沟岸山坡坡度/(°)	泥石流沟谷数量/条	占比/%
1	＜15	1	0.12
2	15～25	17	2.08
3	25～35	190	23.28
4	35～45	435	53.31
5	45～55	166	20.34
6	≥55	7	0.86

结合野外调查情况分析，沟岸山坡坡度对泥石流的固体物质的补给方式、补给数量有着至关重要的作用，沟岸山坡坡度在 25°～35°，固体物质的补给方式以沟蚀、面蚀和局部崩滑为主；沟岸山坡坡度在 35°～55°，固体物质补给方式大多以滑坡、崩塌等为主。

4.1.1.3　流域面积

泥石流大多形成于流域面积较小的沟谷，一般来说较小的集水区面积易于泥石流的形成和活动。流域面积在 0.1～10km^2 的泥石流沟谷共有 731 条，占总数的 89.58%（图 4.3，表 4.3）。当泥石流流域面积到达一定峰值后，其易发性会随着流域面积的增大而不断减弱。这主要是由于随着流域面积的增大，流域的不均匀性增加，流域内松散固体补给物质分散，沟谷宽度增大、纵坡降减小，沟道长度增大，支沟发育，各支沟出口处的沟道汇流产生不同程度的干扰作用，对泥石流的活动起到了一定的限制。随着流域面积的不断增大，泥石流活动趋于衰弱，当流域面积达到某一临界值时，泥石流沟谷就发展演变为一般的洪水沟谷。同样，泥石流沟谷流域面积也存在一个下限值，即泥石流不具备固体物质累积条件的最小流域面积。考虑到泥石流沟谷流域面积的临界值受地质构造、地层岩性、气候、水文、植被等多方面因素的影响，因此只能根据调查结果大致确定岷县内沟谷型泥石流发育的流域面积上、下界限值分别为 10km^2 和 0.1km^2。

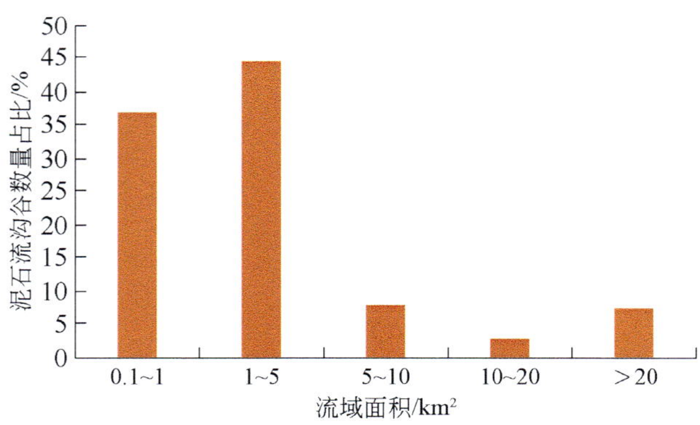

图 4.3　不同流域面积泥石流沟谷数量占比图

表 4.3　不同流域面积泥石流沟谷数量及占比统计表

序号	流域面积/km^2	泥石流数量/条	占比/%
1	0.1～1	302	37.01
2	1～5	364	44.61
3	5～10	65	7.97
4	10～20	24	2.94
5	＞20	61	7.48

4.1.2　地形地貌对滑坡、崩塌的影响

4.1.2.1　坡面形态

流域内斜坡坡面形态可以划分为凸形、阶梯形、直线形和凹形，前两类属正向类型，后两类属负向类型。对流域内 821 处滑坡（包括滑坡隐患）和 59 处崩塌的统计分析表明，凹形及阶梯形斜坡发育的滑坡最多，共占滑坡总数的 72.72%，凸型及直线型斜坡发育的滑坡共占滑坡总数的 27.28%；流域内直线形斜坡发育的崩塌最多，占崩塌总数的 50.85%，其次为阶梯形斜坡发育的崩塌，占崩塌总数的 28.81%，凸形和凹形斜坡发育的崩塌最少，共占崩塌总数的 20.34%（图 4.4，表 4.4）。滑坡及不稳定斜坡成群出现的地带多分布于天然坡度较大的地区，这里沟谷多呈“V”形，相对切割深度大，斜坡高、陡，临空面条件好；从形态上看，斜坡整体呈凹形或阶梯形，坡脚处又多无原生土体支撑。稳定的斜坡多分布

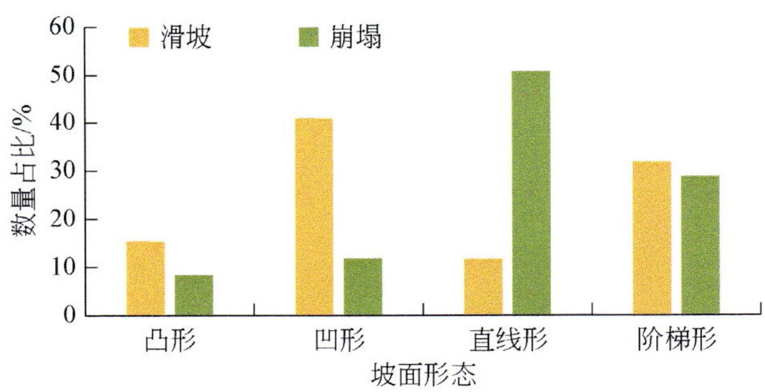

图 4.4　不同坡面形态滑坡、崩塌数量占比图

表 4.4　不同坡面形态滑坡、崩塌数量及占比统计表

序号	坡面形态	灾害数量/处	灾害数量占比/%	滑坡数量/处	滑坡数量占比/%	崩塌数量/处	崩塌数量占比/%
1	凸形	132	15.00	127	15.47	5	8.47
2	凹形	343	38.98	336	40.93	7	11.86
3	直线形	127	14.43	97	11.81	30	50.85
4	阶梯形	278	31.59	261	31.79	17	28.81

在开阔的“U”形沟谷两侧和丘陵斜坡上，其天然坡度一般小于 30°，斜坡形态多呈直线形或凸形，有时这种斜坡即使高差和坡度较大，但由于坡体内无地下水活动，底部基岩完整且产状近水平，也表现得较稳定。

4.1.2.2　坡度

流域内位于小于 30°缓坡的滑坡占滑坡总数的 39.22%，位于 30°～45°陡坡的滑坡占滑坡总数的 45.31%，仅有 15.47%的滑坡位于大于 45°的陡崖。随着坡度的减缓，由陡坡转变为缓坡，滑坡发生概率也逐渐降低，当坡度降至 15°以下时，发生滑坡的概率很小。崩塌则大部分发生在陡崖地段，仅少量发生在陡坡地段（图 4.5、图 4.6，表 4.5）。分析斜坡应力分布状况，在斜坡坡面、坡顶的某些部位，可能因水平应力降低而出现拉应力，形成拉张应力带，随着坡度逐渐增大，拉张应力区的范围也越大，坡脚附近形成的最大剪应力集中越明显，斜坡也就越容易产生变形破坏。

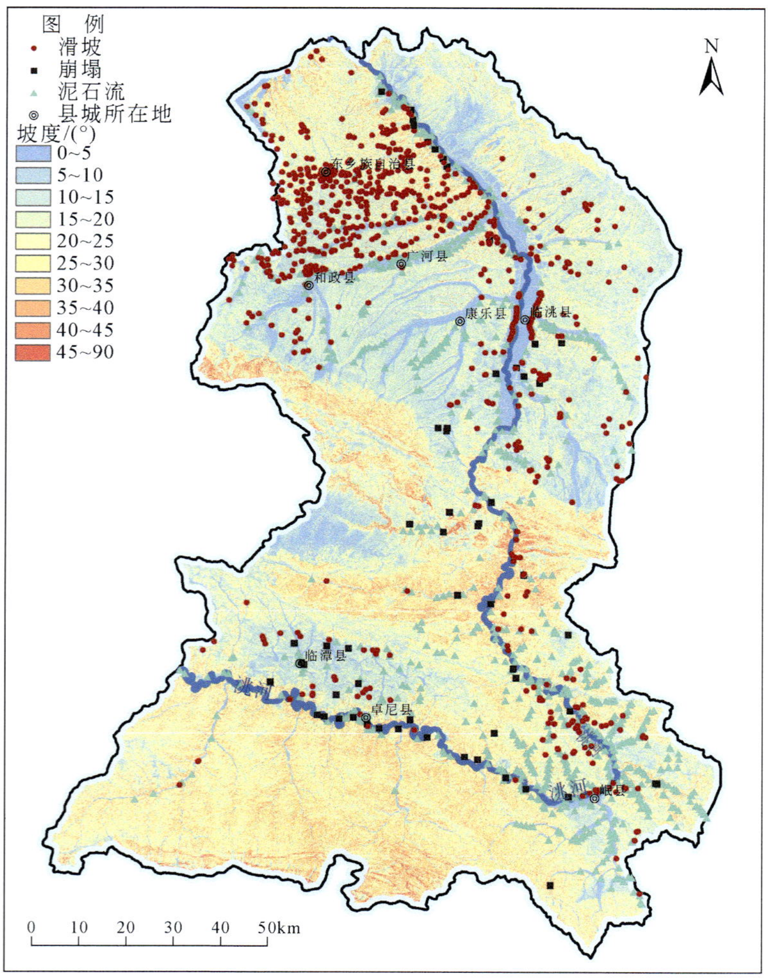

图 4.5　不同坡度区间地质灾害分布图

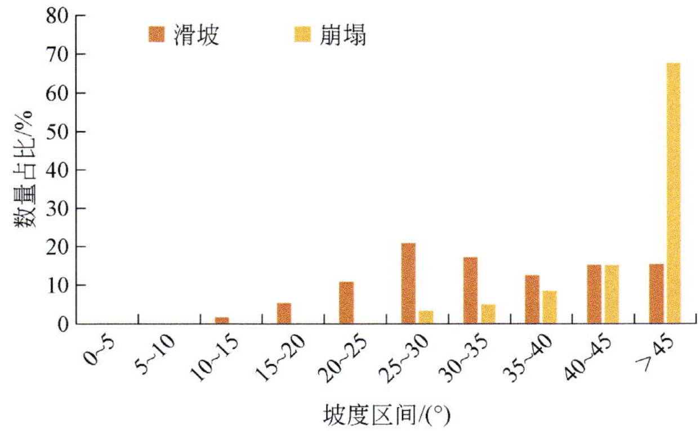

图 4.6　不同坡度区间滑坡、崩塌数量占比

表 4.5　不同坡度区间滑坡、崩塌数量及占比统计表

序号	坡度区间/(°)	滑坡数量/处	滑坡数量占比/%	崩塌数量/处	崩塌数量占比/%
1	0～5	0	0	0	0
2	5～10	0	0	0	0
3	10～15	15	1.83	0	0
4	15～20	45	5.48	0	0
5	20～25	90	10.96	0	0
6	25～30	172	20.95	2	3.39
7	30～35	142	17.30	3	5.08
8	35～40	104	12.67	5	8.47
9	40～45	126	15.35	9	15.25
10	＞45	127	15.47	40	67.80

4.1.2.3　坡向

流域内滑坡、崩塌在各个坡向均有发生，其中西北向、北向、东北向斜坡发育的滑坡、崩塌数量较少，南向、东向、东南向、西南向斜坡发育的滑坡、崩塌数量较多，属于滑坡发生的优势坡向（表 4.6，图 4.7、图 4.8）。

表 4.6　不同坡向滑坡、崩塌数量及占比统计表

序号	坡向（区间）	坡向占比/%	滑坡数量/处	滑坡数量占比/%	崩塌数量/处	崩塌数量占比/%
1	北（337.5°～22.5°）	5.91	58	7.06	7	11.86
2	东北（22.5°～67.5°）	6.11	78	9.50	9	15.25
3	东（67.5°～112.5°）	6.14	124	15.10	7	11.86
4	东南（112.5°～157.5°）	5.43	114	13.89	16	27.12
5	南（157.5°～202.5°）	58.55	153	18.64	6	10.17
6	西南（202.5°～247.5°）	5.44	119	14.49	9	15.25
7	西（247.5°～292.5°）	6.26	102	12.42	4	6.78
8	西北（292.5°～337.5°）	6.16	73	8.89	1	1.69

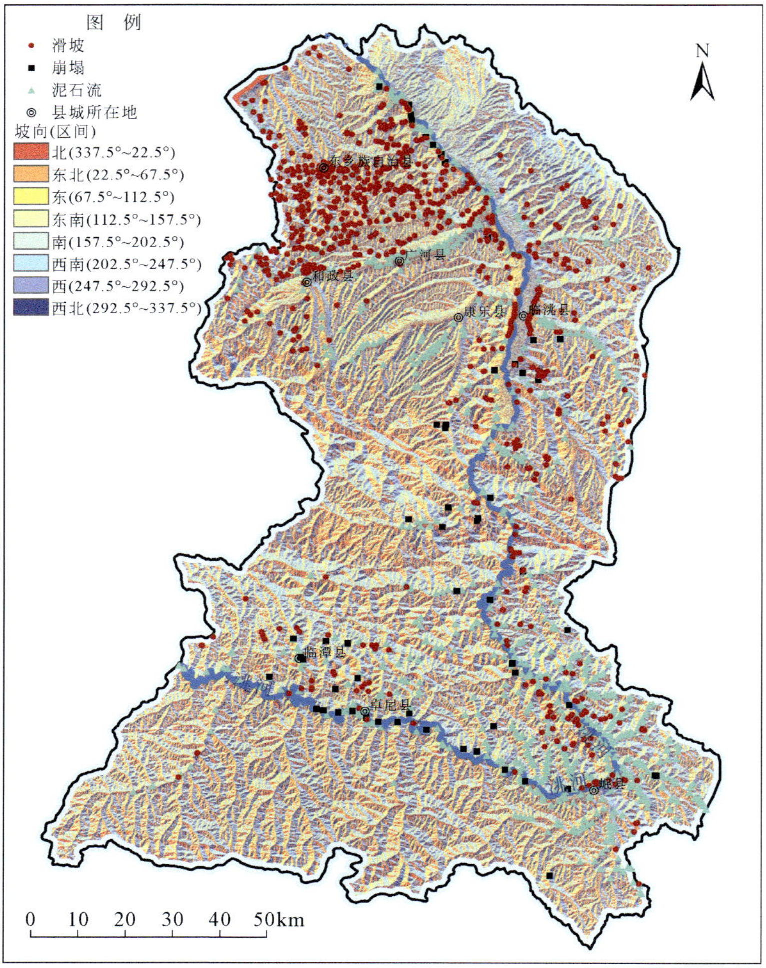

图 4.7　不同坡向地质灾害分布图

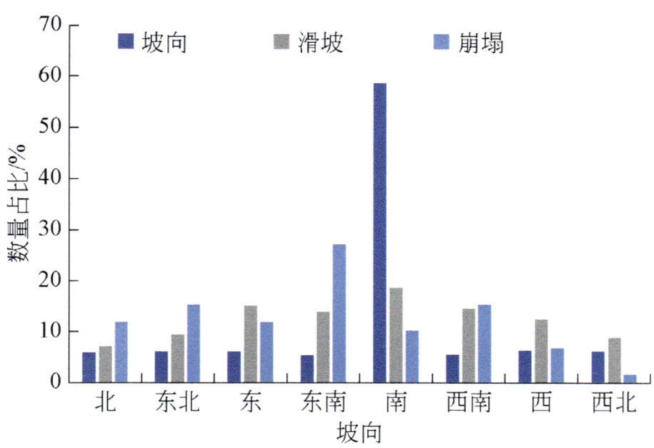

图 4.8　不同坡向滑坡、崩塌数量占比

4.2　地质构造与地质灾害

地质构造对地质灾害的发育及分布有着重要的影响，主要包括构造、断裂、地震等对地质灾害的控制。

4.2.1　构造控制地质灾害的总体分布

流域内在地质构造体系中属东西向构造带西秦岭褶皱的北部，其核部由岷县县城南-寺沟一带通过，在其基础上又发育祁、吕、贺兰山字型构造与陇西旋卷构造体系，它们的发育与演变，控制着岷县地质灾害发育与分布的格局。

岷县-凤凰梁-新城子断裂的东北地区，属祁、吕、贺兰山字型构造体系前弧西翼的一部分，总体为一近于向正南方向突出的弧形构造，弧顶位于兴化一带。构造弧内正常褶皱或倒转褶皱发育，形态呈正弦曲线状辗转弯曲，断裂极其发育，呈舒缓波状，属压扭性断裂，破碎带宽一般为数十米，沿断线多为负地形。

据区域性地质构造研究成果及流域内地质灾害点分布规律，流域内发育的泥石流、滑坡和崩塌，其分布明显受祁、吕、贺兰山字型构造体系控制，滑坡、崩塌发育带的总体方向与构造带方向一致。按照构造应力场与河谷延伸方向的关系，流域内主要河谷延伸方向与现代构造应力场方向基本呈正交或斜交，受其影响各河谷区斜坡稳定性较差，容易形成滑坡、崩塌。新构造运动使得流域内岩土体构造裂隙发育，破坏了岩体的应力平衡，发生滑坡、崩塌的概率增大。

4.2.2　断裂对滑坡、崩塌的控制

断裂，特别是深大断裂和活动断裂对滑坡、崩塌的控制非常明显。断裂构造能使岩体破碎、地形突变、地应力集中、地下水作用活跃，为滑坡、崩塌的发育创造良好条件，极易形成高陡边坡，且岩土体松散。因此，断裂带常常是滑坡、崩塌密集分布的地带，尤其是在断裂的支、叉、拐、端部位集中分布。

断裂活动使得断裂带及其周围地质体的完整性被破坏，岩体力学强度降低，这是易于产生滑坡、崩塌等地质灾害的物质条件。断裂运动的影响，使岩体产生多组构造节理，破坏岩体的完整性，各种结构面成为滑坡、崩塌产生的可能滑面。断裂的长期活动对断裂带及其周围的地质体来说，是一个持续不断的动力源，在一定的条件下，斜坡岩土体的应力超过其强度，就会产生斜坡变形破坏，促使滑坡、崩塌的发生。

流域内滑坡发育与上述规律相吻合，断裂带附近滑坡均呈现集中分布的特征。流域内主要活动断裂有岷县-凤凰梁-新城子北西向断裂带、八岔沟-新城子北西向断裂等，上述断裂延伸长度均大于 20km，呈舒缓波状，多为压扭性质，水系在断层附近沿同一方向偏移。断层面两侧挤压破碎强烈，破碎带宽度为 120～340m，角砾岩化、糜棱岩化明显，伴生的次级断裂及构造裂隙发育，层理和构造裂隙的相互交切形成极为发育的构造结构面，造成流域内岩体严重破碎，为滑坡、泥石流的形成提供了大量松散物源。因而沿断裂带附近发育有规模较大的滑坡，形成一个滑坡密集带，这与其他地段形成鲜明对比，由此可见断裂

对滑坡发育的控制性影响。

断裂构造不仅对滑坡的分布、发育有一定的控制作用，而且对滑坡的特征产生很大影响。根据断裂走向与主滑方向的相互关系，将受断裂控制和影响的滑坡分为两大类：一类是滑动方向与断裂走向一致或接近一致的滑坡；另一类是滑动方向与断裂走向正交或接近正交的滑坡。两类滑坡形态上后者一般较长，呈凹槽状，两侧为陡壁或冲沟，后壁低矮，以牵引式为主；前者呈等长或横宽型，剖面形态为台阶状，以推移式为主。流域内崩塌分布受断裂控制不明显。

4.2.3 地震对滑坡、崩塌的影响

流域地处我国著名的南北地震带临潭-岷县-宕昌地震亚带上，属地震烈度Ⅶ度区，历史上曾多次发生过破坏性地震；邻区中强地震常波及流域范围，造成严重伤亡损失的地震有八次之多。每次大地震诱发的滑坡、崩塌地质灾害都非常严重，是造成流域内地震灾害损失的重要部分，由于年代久远，大部分地震形成的滑坡造成的损失无法统计。

地震引发的滑坡一般具有规模大、滑速快、滑距远、滑动面缓、呈群分布等特点，往往一次大的地震可同时诱发数百甚至上千个滑坡。据收集资料统计，在极震流域内每平方千米的滑坡面积高达 0.45～$0.9km^2$。一般从震中向外围，地震引发的滑坡、崩塌发育密度逐渐减少，但也受地形地貌和地质条件等的控制，有时可形成不连续的几个地震滑坡、崩塌密集区。

地震对边坡岩土体的破坏作用产生了三个效应：累进破坏效应、启动效应与启程加速效应。

4.3 工程地质岩组与地质灾害

工程地质岩组类型是泥石流、滑坡、不稳定斜坡、崩塌等地质灾害发生、发展的重要内因和物质基础。不同类型的岩土体具有不同的物理力学性质，组成的斜坡具有不同的稳定性，可见地层岩性对泥石流、滑坡、不稳定斜坡、崩塌的发育有着明显的控制作用。

4.3.1 对泥石流的控制

调查发现，地层岩性对泥石流发育类型及易发程度的控制非常明显，下面将从两个方面进行阐述。

4.3.1.1 对泥石流类型的控制

流域内的泥石流主要分为两种类型：泥流和泥石流。在不同地区泥石流类型的变化与地层分布有着直接关系。泥流主要发育于洮河下游泥盆系砂岩、板岩以及花岗岩岩组中，上部分布黄土类土与全新统沼泽相砂、砾及粉质黏土；泥石流主要发育于洮河中游新生界—古生界软硬相间的碎屑岩岩组及碳酸岩岩组中，表层覆盖第四系松散堆积物，在茶埠镇及梅川镇地区局部黄土覆盖。

流域内泥流发育区域的下伏地层岩性主要为由泥盆系—三叠系砂岩、板岩以及花岗岩

组成的岩组，上部覆盖有黄土类土与全新统沼泽相砂、砾及粉质黏土，以及新生界古近系紫红色粉砂岩、泥岩、砾岩等，节理较为发育，泥岩抗风化能力弱、抗水性能差、风化强烈，上部覆盖有第四系松散堆积物，其母岩为主要来自古近系粉砂岩、泥岩风化剥蚀物，颗粒细小，局部覆盖有第四系黄土。流域内地层岩性特征决定了整个区域松散堆积物中块石、碎石含量很少，以细颗粒的泥沙为主，受泥石流松散固体物质成分的制约，发育的泥石流类型主要为泥流。

泥石流发育区沿洮河多呈线性展布，地层成岩较早，经过漫长地质年代演化和多次地质构造运动，新构造运动强烈，断裂发育，致使岩体非常破碎。因地壳强烈上升，沟谷下切，地层内软弱夹层的存在以及山体卸荷、物理风化作用，沟谷两岸极易产生崩塌、滑坡，为泥石流的形成提供了丰富的松散固体物质。形成的含有大量碎、块石的流体流动时的冲蚀、携带能力极强，一旦形成泥石流，很容易发生连锁反应，造成沟岸坍塌和滑坡的重新活动，为泥石流的形成提供更多可补给的松散固体物质。地层岩性对泥石流类型的控制作用在岷县县城至中寨段表现得非常突出，泥石流灾害发育，沟口具有典型泥石流堆积扇。

4.3.1.2　对泥石流易发程度的控制

流域内泥石流易发区分布的地层岩性主要有第四系松散堆积物、黄土，以及新近系、二叠系、三叠系和泥盆系泥岩、砂岩、板岩、千枚岩。

在二叠系及侵入岩的主要分布段，地层岩性为砂岩及花岗岩，上部覆盖层多为风化坡积物，以细颗粒为主，多为黏土和粉细砂，该区地貌类型为中山丘陵，地形较缓，泥石流类型主要为泥流，以中低易发为主。

迭藏河流域及洮河上游段为粉质黏土分布区，下伏地层为三叠系及新近系砾岩、砂岩及灰岩，地貌类型为侵蚀构造中山和构造剥蚀中低山区，覆盖层黄土结构较松散，孔隙发育，遇水易软化，是典型的易滑、易崩地层；下伏基岩风化后形成的碎石，为泥石流的发育提供了物质基础。黄土覆盖区发育密集的冲沟说明它的易冲性，黄土区各支沟向源侵蚀十分迅速。黄土的这些不稳定性为泥石流发育提供了大量的松散固体物质，从补给方式看，面状侵蚀、重力堆积、沟道再搬运等各种方式的补给都表现得非常活跃，因此，在地形条件适宜的条件下泥石流灾害发育，以中易发为主。

岷县以北流域内县城—维新段出露的地层主要为泥盆系、二叠系，地貌类型属于构造剥蚀中低山，是流域内泥石流灾害最易发的地区，这完全是由流域内岩土体结构、构造与岩土的物理力学性质决定的。流域内地层岩性主要为泥岩、板岩、砂岩及灰岩，软硬相间，构造运动对地层岩体完整的影响非常强烈，发育的构造及次级构造形迹使岩体十分破碎，岩层中存在的软弱夹层使得斜坡稳定性较差，容易发生滑坡、崩塌，且风化作用使得表层松散物堆积较厚，松散固体物质储量非常丰富。同时，粗粒物质一旦起动，携带能力很强，容易下蚀沟床加大泥石流规模，这也是此类地层分布区泥石流发育的主要原因，且多以中高易发为主。

4.3.2 对滑坡的控制

易滑岩土体是指那些强度低、遇水易软化，由于其组成的斜坡稳定性差而容易发生滑坡的岩土体，如黄土、泥岩、板岩、千枚岩等。经对大量滑坡形成地质环境背景的调查分析，结合前人研究成果，认为流域内与滑坡活动关系密切的易滑岩土体主要有第四系黄土、中—古生界板岩岩体等。

4.3.2.1 第四系黄土

从调查结果看，流域内黄土滑坡占滑坡总数的25.21%，滑体为第四系晚更新统风成黄土（Q_3），呈浅灰黄色，质地均匀，结构疏松，孔隙发育，具垂直节理，有较强的湿陷性或自重湿陷性。

1）黄土的组成

黄土的物质成分包括矿物成分、化学成分及一些特殊成分。

已经发现的矿物成分达60余种，石英、长石、云母约占碎屑矿物总量的80%～90%，构成黄土的骨架颗粒。黄土的黏粒部分（粒径＜0.005mm）基本上由黏土矿物组成，主要为伊利石、高岭石和蒙脱石等。

黄土中的碳酸钙含量较高，对黄土强度的影响较大，其可溶性很低，能够在黄土中长期保留下来。干旱地区黄土中的碳酸钙，常呈零星小片或小块黏附在颗粒表面，但当孔隙水溶液中游离二氧化碳增加时，碳酸钙溶解沉淀与黏粒的富集相互结合，往往形成集粒，分布于粗颗粒之间的孔隙中。

2）黄土的物理力学性质

受特殊成因和干燥赋存环境的影响，黄土的结构强度性质非常明显，即在干燥条件下具有保持土的结构不被破坏的能力，表现为压缩性较低、强度较高的特性。但结构一旦遭到破坏时，其力学性质呈现出屈服、软化、崩解及湿陷等特征；同时，黄土沉积过程一般比较缓慢，其上覆压力的增长速率比颗粒间固化联结键强度的增长速率要慢很多，颗粒接触点间的结构强度始终高于上覆荷重，使得黄土颗粒间保持着比较疏松的高孔隙结构，在上覆荷重作用下未被固结压密；在力或水的作用下黄土的结构性将遭受破坏而使强度降低。

黄土的抗剪强度与滑坡关系密切，不同时代黄土的抗剪强度有所差异，同时含水量对黄土抗剪强度的影响很大。黄土黏聚力随含水量的增高而显著减小，大部分相差在三倍左右；内摩擦角也随含水量的增高而减小，但其降低的幅度较小，与此同时其抗剪强度随着重度的增大，黄土的黏聚力也有增高的趋势。

黄土的特殊物理力学性质为滑坡的发育提供了基本条件，疏松、不稳定的结构，决定了其黏聚力较低；以粉粒、黏粒为主的均匀细粒成分，使黄土内摩擦角较小，易软化的性质使其遇水后强度迅速变低；而且当含水量接近饱和时，在蠕滑、振动作用下产生液化的可能性较大。黄土中发育的各类孔隙、垂直节理和落水洞使其结构完整性遭到强烈破坏，为水体入渗提供良好通道。黄土的崩解性很强，易被水流侵蚀切割，形成良好的临空面条件。因此，由黄土地层构成的斜坡，在地震、降水、河流侵蚀等不利外部因素的作用下，容易发生黄土滑坡。

4.3.2.2　中—古生界板岩岩体

地层岩性是滑坡变形破坏的重要内因和物质基础，流域内另外一种广泛分布的滑坡，其滑体由堆积物碎石土组成，其结构松散、工程地质性质较差；而滑床则由风化程度较高、透水性差的板岩组成，外部降水自碎石土入渗至基岩覆盖面处，形成相对隔水层，使接触带上的岩土体饱水后抗剪强度降低，斜坡沿此面滑动，形成滑坡。

4.3.3　对崩塌的控制

流域内易发生崩塌的岩土体类型包括第四系黄土及碎石土，以及泥盆系与三叠系砂岩、灰岩岩体。

第四系黄土及碎石土为流域内崩塌发育土体，流域内此类崩塌较少，往往形成较陡的斜坡，特别是在河流转向的坡岸、各种工程的人工边坡上可见土质崩塌形成，诱发因素主要由人类活动及地震引发。

泥盆系与三叠系砂岩、灰岩岩体是流域内基岩崩塌分布最多的岩体类型，由于此类岩体容易形成高陡边坡，这为崩塌的形成创造了有利的地形条件，而板岩和砂岩、灰岩相间的地层结构特征是该地层崩塌较为发育的主要内在因素，板岩和砂岩、灰岩抗风化能力存在明显差异，在新构造运动、地震及风化作用下易形成裂隙，致使岩体较为破碎，在降水和地震等诱发条件下容易发生崩塌，流域内此类崩塌在锁龙—马坞段的沟谷及 210 省道两侧陡崖地段较为发育，诱发因素多为地震、降水及人类工程活动。

其他硬质基岩也有崩塌发育，由于形成较早，经过后期多次构造运动的影响，岩体节理十分发育，当地形条件适宜时，在降水、地震和风化等共同作用影响下容易发生崩塌。这种情况在流域内洮河上游及下游山区深谷中经常见到，常以落石的形式崩落于沟谷之中。

4.4　斜坡结构与地质灾害

通过研究分析已调查的滑坡、崩塌灾害的分布特点及发育规律，总结归纳了流域内典型成灾斜坡结构类型。

按照组成斜坡的岩土体类型可将成灾斜坡结构总结归纳为以下五类（表 4.7）：黄土斜坡结构、黄土-泥岩复合斜坡结构、阶地冲洪积层-基岩复合斜坡结构、残坡积层-基岩复合斜坡结构以及单一基岩斜坡结构。流域内的崩塌、滑坡灾害集中发育在这五类典型斜坡结构中。

表 4.7　典型斜坡结构类型失稳模式统计表

典型斜坡结构类型	崩塌及滑坡类型	典型灾害点名称
黄土斜坡结构	黄土层内崩塌	台子村二社崩塌、台子村小学南侧崩塌、寺上村一社崩塌、上庄村二社崩塌、周家山村二社崩塌、下三族村四社崩塌

续表

典型斜坡结构类型	崩塌及滑坡类型	典型灾害点名称
黄土斜坡结构	黄土层内滑坡	大龙村四社滑坡、泥地族村九社滑坡、泥地族村十三社滑坡
黄土-泥岩复合斜坡结构	黄土-泥岩接触面滑坡	上庄村二社滑坡
阶地冲洪积层-基岩复合斜坡结构	土质崩塌	中寨村五社崩塌
残坡积层-基岩复合斜坡结构	堆积层崩塌	郭哈村四社崩塌、板达沟村崩塌、西峰村一社崩塌、下巴杰村崩塌
	堆积层滑坡	刘家浪滑坡、百花村四社滑坡、司日纳村滑坡、郎家村滑坡
单一基岩斜坡结构	基岩崩塌	坎丰村一社崩塌、上崖寺村三社崩塌

4.4.1　黄土斜坡结构对滑坡、崩塌的控制

黄土斜坡结构对应的灾害类型为黄土层内滑坡和黄土层内崩塌。流域内的黄土为第四系上更新统马兰黄土，主要分布于流域内的西寨镇下三族村、清水乡上跌马村、清水乡下跌马村、十里镇大龙沟附近以及秦许乡西河北岸泥地族村一带，黄土层厚度为3～35m。

4.4.1.1　黄土层内滑坡

流域内发生黄土层内滑坡的斜坡坡度多在40°左右，黄土层厚度大于10m。垂直节理发育的黄土斜坡在长期风化和降水的作用下，多组节理贯通造成斜坡土体呈碎裂状塌滑。

主滑面发生在均质的黄土中，滑动面一般近似于圆弧形，受黄土垂直节理控制，后壁一般较陡且滑面较平直、光滑，如泥地族村十三社滑坡和泥地族村九社滑坡就属于典型的黄土层内滑坡（图4.9、图4.10）。

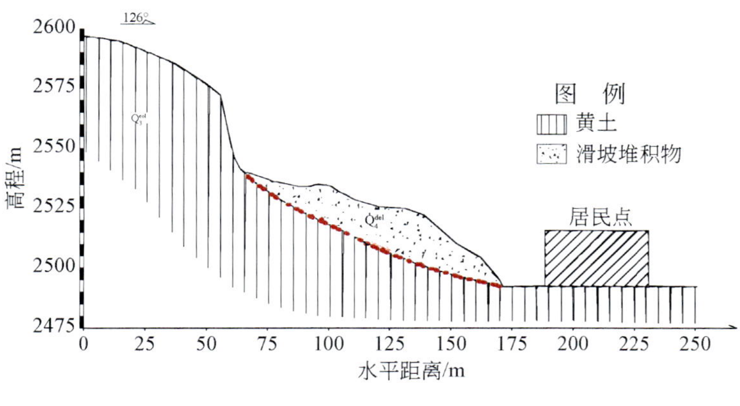

图4.9　泥地族村十三社滑坡工程地质剖面图

图4.10　泥地族村九社滑坡

4.4.1.2　黄土层内崩塌

一般来讲，黄土层厚度越大，坡度越陡，临空面条件越好，垂直节理和落水洞越发育，越有利于黄土层内崩塌的发生。流域内发生黄土层内崩塌的斜坡坡度多大于 70°，部分斜坡近直立，厚度大于 10m。该类斜坡变形失稳过程一般为坡体内部沿着垂直节理发育的拉张裂缝使得部分土体脱离原坡体，形成崩塌。流域内寺上村一社崩塌属于典型的黄土层内崩塌（图 4.11、图 4.12）。

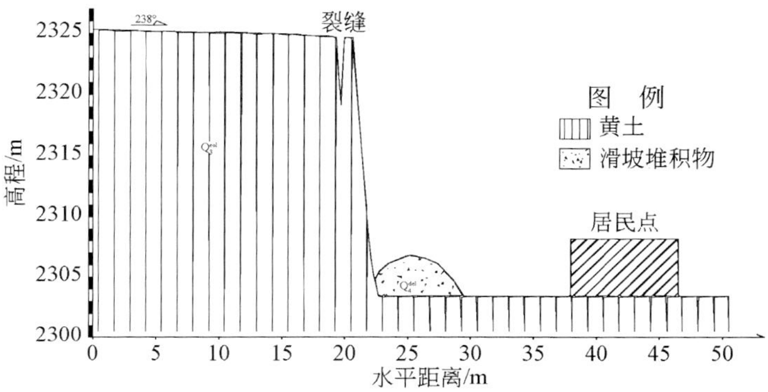

图 4.11　寺上村一社崩塌工程地质剖面图

图 4.12　寺上村一社崩塌

4.4.2　黄土-泥岩复合斜坡结构形成基覆界面滑坡

流域内黄土-泥岩复合斜坡结构孕育的灾害类型为黄土-泥岩接触面滑坡。经调查，流域内发育有三处黄土-泥岩接触面滑坡，占滑坡总数的 2.7%。流域内新近系砖红色泥岩零星分布于工作区东北部一带。

黄土-泥岩接触面滑坡发育的斜坡结构类型为上部披覆马兰黄土，下伏新近系泥岩。上部黄土的渗透性较好，而下部泥岩的渗透性很差，为不透水岩层，从而构成了双层异质斜坡结构。降水在斜坡体上沿黄土的大孔隙、垂直节理等垂直入渗，到相对隔水层的泥岩顶面聚集，随着降水时间的延续，相对隔水层附近的黄土和泥岩在水的作用下逐渐软化甚至泥化，降低摩擦阻力，并起到润滑作用，形成软弱带。

该种类型的斜坡变形模式为滑移-拉裂型，即具备良好临空面条件的斜坡在自身重力作用下，坡体开始发生缓慢蠕动变形，在前缘首先形成蠕变区，前部形成潜在滑面，后缘出现拉裂缝。在降水、地震、风化等外界因素作用下，后缘拉裂缝逐渐加深拓宽，降水通过裂缝进入接触面，软化软土体，降低抗剪强度，潜在滑面向后扩展。随着坡体继续向前蠕滑，后缘拉裂缝与潜在滑面贯通，滑面完全贯通，坡体发生滑动，该类滑坡厚度一般较小。流域内上庄村二社滑坡属于典型的黄土-泥岩接触面滑坡（图 4.13、图 4.14）。

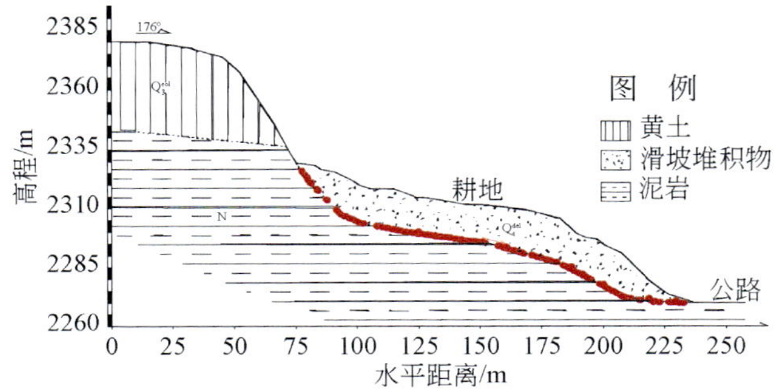

图 4.13　上庄村二社滑坡工程地质剖面图

图 4.14　上庄村二社滑坡后缘陡坎

4.4.3　阶地冲洪积层-基岩复合斜坡结构形成冲洪积层崩塌

阶地冲洪积层-基岩复合斜坡结构孕育的灾害类型为土质崩塌。目前，流域内有该类型的土质崩塌三处，占崩塌总数的 8.8%。此类崩塌发育于洮河南岸十里镇一带的Ⅱ级阶地前缘，阶地类型为基座阶地。斜坡整体坡度约为 70°，三叠系板岩构成阶地基座，相对隔水，渗透性差；板岩以上为具二元结构的第四系全新统冲洪积砾卵石及粉土，渗透性较好。崩塌物质主要为顶部的粉土层，厚度为 3～5m。该类斜坡变形失稳过程一般为坡体顶部粉土层在房屋等建筑物加载以及降水入渗影响下，逐渐发育拉张裂缝并直至贯通使得部分土体脱离原坡体，形成崩塌，故变形破坏方式主要为拉裂-倾倒式崩塌。流域内中寨村五社崩塌属于该种变形模式（图 4.15）。

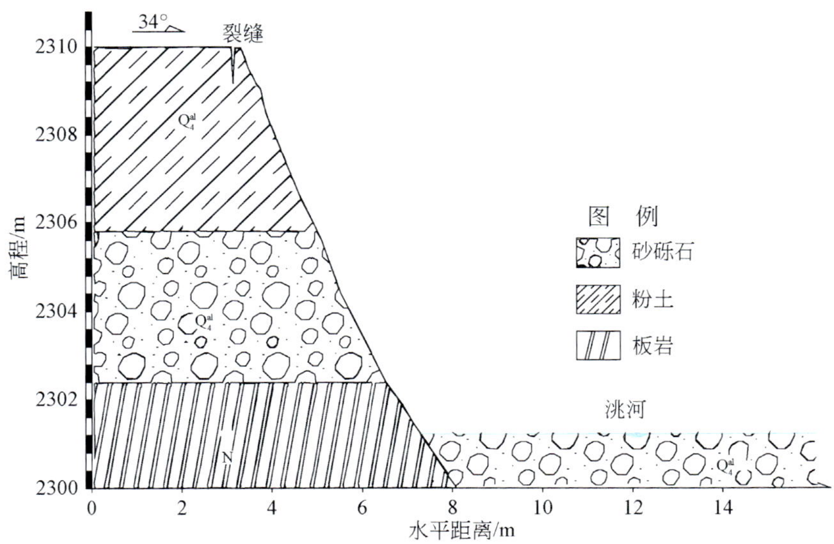

图 4.15　中寨村五社崩塌工程地质剖面图

4.4.4　残坡积层-基岩复合斜坡结构形成堆积层滑坡和堆积层崩塌

残坡积层-基岩复合斜坡结构孕育的灾害类型为堆积层滑坡和堆积层崩塌。经调查，流域内共发育有 25 处堆积层滑坡和 4 处堆积层崩塌，分别占滑坡及崩塌总数的 22.7%和 11.8%。该结构类型的斜坡在流域内广泛发育，基岩主要为三叠系板岩、砂质板岩，堆积层主要为板岩、砂质板岩风化碎屑。

4.4.4.1　堆积层滑坡

流域内残坡积层斜坡的物质主要为板岩、砂质板岩的风化碎屑，风化作用导致坡体表面变形而产生微裂隙和拉张裂缝，有利于降水下渗。在水的作用下，碎石土体颗粒间的黏聚力减弱、基质吸力降低，抗剪强度下降引发裂缝扩展；含水量升高使滑体饱水区扩大，下滑力增大而抗剪强度衰减，剪应力向邻近土体转移形成剪胀区；土体剪缩排水产生超孔隙水压力，促使破坏面贯通并触发滑坡。流域内百花村四社滑坡属于该种变形模式（图 4.16、图 4.17）。

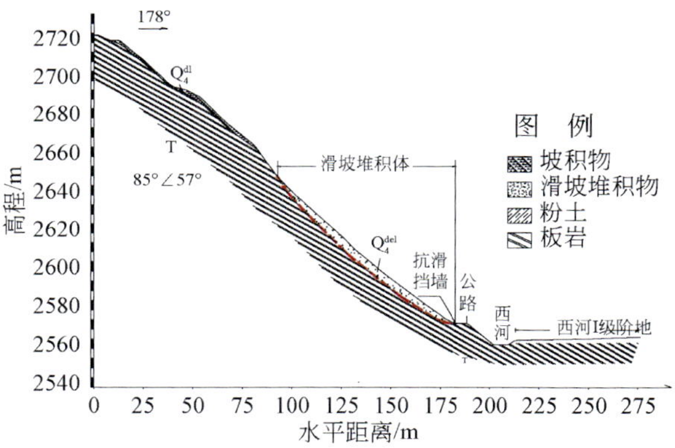

图 4.16　百花村四社滑坡工程地质剖面图

图 4.17　百花村四社滑坡

4.4.4.2　堆积层崩塌

残坡积层-基岩复合斜坡演化为堆积层崩塌的机理与演化为堆积层滑坡的机理基本一致，不同之处在于形成堆积层崩塌的斜坡坡度陡峭，多大于 70°，具备良好的临空面条件，而且陡峻斜坡的形成多与人类工程活动有关，如开挖坡脚建房、切坡修路等。坡脚开挖引发应力集中与蠕滑，导致坡顶拉张裂缝扩展；锁固段受压积累弹性应变能，降水促使孔隙水压力剧增剪断锁固段，最终形成崩塌。流域内西峰村一社崩塌和郭哈村四社崩塌属于该种变形模式（图 4.18、图 4.19）。

4.4.5　单一基岩斜坡结构形成基岩崩塌

单一基岩斜坡结构孕育的灾害类型为基岩崩塌。经调查，流域内有该类型崩塌共两处，占崩塌总数的 5.9%。坎丰村一社崩塌的地层岩性为三叠系厚层砂质板岩，上崖寺村三社崩塌的地层岩性为新近系巨厚层砂砾岩。

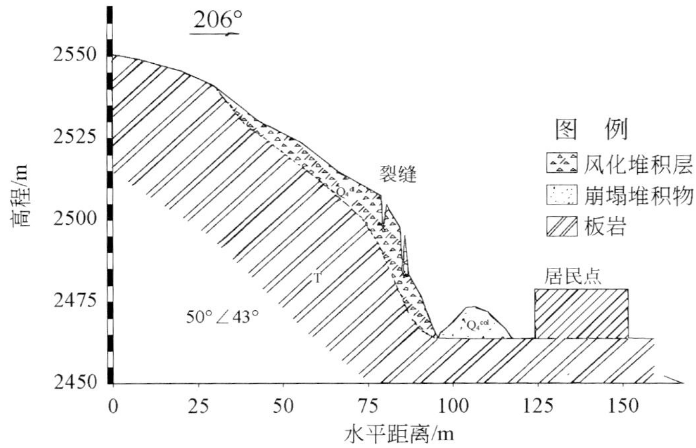

图 4.18　西峰村一社崩塌工程地质剖面图

图 4.19　郭哈村四社崩塌

该类型崩塌多形成于高陡的斜坡结构，基岩层内发育的多组节理将岩体切割成块体状或者板柱状，引起局部应力集中，在强降水或地震作用下，节理逐渐连接贯通，自坡顶产生拉裂式崩塌破坏，而且该种破坏具有累进性和持续性，碎裂的岩体不断崩落会造成斜坡下部形成凹腔，而上部产生“孤石”和“探头石”之类的危岩体，从而引发新一轮的崩塌灾害。

该类型的基岩崩塌与堆积层崩塌的明显区别在于：形成基岩崩塌的危岩体表面岩块完整性相对较好，多为弱风化-微风化，风化层很薄或几乎没有；崩落块石直径较大，以基岩块体为主，土质含量很少；崩塌发生的主控因素为构造裂隙，一般发育三组以上共轭节理及基岩层面，且裂隙延伸较远。流域内坎丰村一社崩塌和上崖寺村三社崩塌均属于此类灾害（图 4.20、图 4.21）。

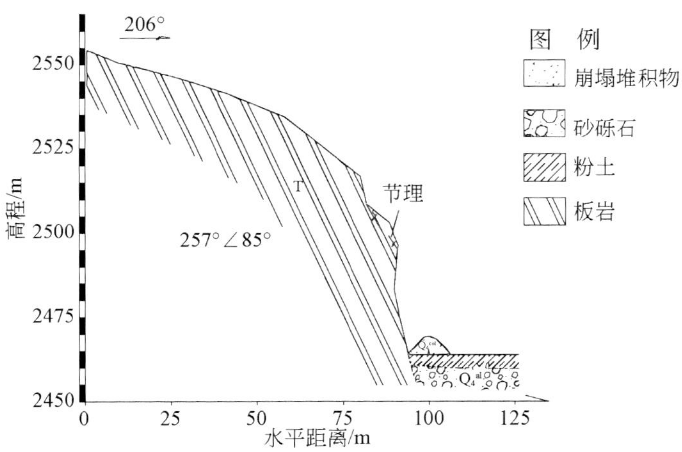

图 4.20　坎丰村一社崩塌工程地质剖面图

图 4.21　上崖寺村三社崩塌

4.5　水文地质条件与地质灾害

4.5.1　地下水与岩土体的相互作用

地下水是一种重要的地质营力，它对岩土体的作用主要表现在三个方面：物理作用、化学作用和力学作用。

4.5.1.1　地下水对岩土体产生的物理作用

1）润滑作用

处于岩土体中的地下水，在岩土体的不连续面边界（如未固结的沉积物及土壤的颗粒表面或坚硬岩石中的裂隙面、节理面和断层面等结构面）上产生润滑作用，使不连续面上的摩擦阻力减小和作用在不连续面上的剪应力效应增强，结果沿不连续面诱发岩土体的剪切运动。这个过程在斜坡受降水入渗使得地下水位升到滑动面以上时尤其显著。地下水对岩土体产生的润滑作用反映在力学上，就是使岩土体的内摩擦角减小。

2）软化和泥化作用

地下水对岩土体的软化和泥化作用主要表现在对土体和岩体结构面中充填物的物理性状的改变上，土体和岩体结构面中充填物随含水量的变化，发生由固态向塑态甚至液态的软化和泥化效应。一般在断层带、裂隙面易发生泥化现象。软化和泥化作用使岩土体的力学性能降低，黏聚力和内摩擦角减小。

4.5.1.2　地下水对岩土体产生的化学作用

主要是通过地下水与岩土体之间的离子交换、溶解作用（黄土湿陷及岩溶）、溶蚀作用、水化作用（膨胀岩的膨胀）、水解作用、氧化还原作用、沉淀作用以及渗透作用等。

4.5.1.3　地下水对岩土体产生的力学作用

主要通过孔隙静水压力和孔隙动水压力对岩土体的力学性质施加影响。前者通过减小岩土体的有效应力而降低岩土体的强度，在裂隙岩体中的孔隙静水压力可使裂隙产生扩容变形；后者对岩土体产生切向的推力以降低岩土体的抗剪强度。地下水在松散土体、松散破碎岩体及软弱夹层中运动时对土颗粒施加一动水压力，在孔隙动水压力的作用下可使岩土体中的细颗粒物质产生移动，甚至被携出岩土体之外，产生潜蚀现象从而使岩土体破坏，这就是管涌现象。在岩体裂隙或断层中的地下水对裂隙壁施加两种力，一是垂直于裂隙壁的孔隙静水压力（面力），该力使裂隙产生垂向变形；二是平行于裂隙壁的孔隙动水压力（面力），该力使裂隙产生切向变形。

4.5.1.4　变形岩土体对地下水的影响

岩土体是地下水渗流的介质，岩土体的孔隙结构控制和限定地下水的活动场所和运行途径，从而控制着地下水补给、径流和排泄条件。岩土体中地应力的改变（因地质构造作用、人类工程作用等）引起岩土体结构的变化，并影响岩土体的渗流特性（改变了岩土体的渗透性、渗流边界条件以及渗透压力）。岩土体中温度场的改变引起地下水流速和渗透压力的改变。

地下水与岩土体同处于地质环境之中，在时间和空间域内发生相互的改造作用，使地质环境经受着不断地调节，当这种调节作用处于极限状态时，地质灾害将会发生。

4.5.2 地下水对地质灾害发育的影响

地下水作为地质环境中最为活跃的成分，对岩土体力学性质的影响作用不可忽视，主要有三个方面：一是地下水通过物理的、化学的作用改变岩土体的结构，从而改变岩土体的黏聚力（c）、内摩擦角（φ）；二是地下水通过孔隙静水压力作用，影响岩体中的有效应力而降低岩土体的强度；三是地下水通过孔隙动水压力的作用，对岩土体施加一个推力，即在岩土体中产生一个剪应力，从而降低岩土体的抗剪强度。

由地下水与岩土体相互作用引起的斜坡失稳变形，地下水孔隙静水压力和动水压力起着重要的作用。根据斜坡体内地下水补给、径流和排泄条件分析，由于地下水受到降水入渗补给，斜坡内地下水动态属非稳定流，在补给区的坡顶地下水水力梯度小于零（$\Delta H<0$）、在径流区地下水水力梯度等于零（$\Delta H=0$）、在排泄区的坡脚地下水水力梯度大于零（$\Delta H>0$）。因此，在补给区的包气带岩土体的有效应力大于其总应力，在坡顶补给区的饱水带地下水动水压力增强了岩土体的强度；在坡脚为地下水的排泄区，岩土体承受很大的静、动水压力，岩土体的有效应力大大减小，从地下水动力学特征看，斜坡的顶部较为安全（斜坡顶部拉裂缝是由坡脚滑移诱发的），而坡脚处最易失稳变形。

流域内存在少量与冻融作用相关的滑坡，其破坏机理是流域内降水量较小，而在变形坡脚下大多存在泉水，坡脚泉水的排泄使得坡体内地下水位在滑面以下，当进入冬季泉眼被冻结时，地下水无法排出，地下水位的上升在增大坡脚动水压力的同时还润滑了滑动面，促成了滑坡的滑动。

流域内较为典型的滑坡类型之一——土体-泥质板岩滑坡受地下水影响较为明显，因各类土体及早期滑坡堆积物质地疏松，渗透性较强，下部又多为相对隔水的泥质板岩、砂岩，在干燥的内陆气候条件下逐渐塑造而形成高陡的斜坡地貌，当遇到强度较大或连续降水过程时，降水下渗，有的甚至直接从坡面上发育的落水洞中灌入坡体深部而转化为潜水，造成土体、泥岩软化，强度大大降低，特别是在土体-泥岩接触面形成塑流状软化带，导致斜坡稳定性降低发生滑坡灾害。

地下水对泥石流的影响较为间接，主要通过对形成区斜坡稳定性的影响，进而控制松散固体物质补给量来产生作用。因流域内地下水相对贫乏，因此这种影响十分有限。

4.6 人类工程活动及降雨与地质灾害

4.6.1 人类工程活动的影响

人类活动对地质环境的破坏作用是显而易见的，随着社会的发展，人口及人类活动空间、方式和强度都在不断增加，一些不合理的经济活动直接或间接地诱发地质灾害。

岷县总体经济发展水平比较落后，产业结构以农业生产为主，人口分布不均，人类工程经济活动强度存在地域性差异，对地质环境破坏也表现出与农业生产与工程建设密切相关的特征。人类活动对自然环境的干扰越来越强烈，致使人类活动集中地区自然环境条件恶化，滑坡、崩塌和泥石流等地质灾害随之加剧，说明不合理的人类经济、工程活动有诱发和加剧地质灾害发育的作用。调查流域内，对滑坡、崩塌和泥石流等地质灾害的影响表现最为突出的是开垦土地、破坏植被和工程建设等人类工程活动。

4.6.1.1　开垦土地、破坏植被

岷县植被状况存在非常明显的差异性，西北部和东部山区降水充沛，植被较好，局部地带林木茂盛；洮河两侧降水量较少，植被较差，部分地带几乎为裸地。植被状况除了受降水量控制外，还和人类活动关系密切。在新中国成立后的几十年里，由于人口的不断增长，土地资源日趋紧张，对于以农业种植为主要收入来源的农村，只能靠进一步开垦耕地维持生计，山区 30°以下的坡地大部分被开垦为耕地，虽然一时解决了部分农民的吃饭问题，但也同时带来了一系列的环境问题，水土流失日益严重，原来的泥石流沟发生更加频繁，原本不是泥石流沟的沟谷开始发生泥石流，这完全与不合理开垦陡坡地有着密切关系。另外，伐木取薪也是造成流域内植被锐减的重要原因。坡耕地的增加和植被的减少直接导致土壤涵养水分能力的降低，可补给泥石流松散固体物质的增加，为泥石流的形成创造了有利条件。

4.6.1.2　工程建设

流域内引发加剧地质灾害的工程活动主要表现在修建公路及铁路方面，尤其是在兰渝铁路修建方面，工程建设过程中随意削坡弃土，破坏自然坡体稳定性，形成了高陡边坡，往往导致滑坡、泥石流的发生；隧道开挖后产生大量的隧道弃渣，弃渣往往堆积在沟道中，为泥石流的暴发提供了物质基础。贯穿全境的 212 国道、306 省道及乡村公路在修建时，由于流域内山高坡陡，开挖坡脚，切坡削方，炸山开路，松动沟坡岩土体，形成高陡边坡，加剧或引发了崩塌、滑坡等地质灾害。此外，受地形条件限制，加之人口不断增加，当地居民居住地域狭窄，建房用地紧张，许多居民迫于无奈，选择开挖斜坡及坡脚修建房屋，增大了斜坡临空面，破坏了斜坡的稳定性，为崩塌、滑坡的形成及成灾创造了条件。据地质灾害调查结果表明，流域内 50%以上的滑坡、崩塌均与人类工程建设有关。

4.6.2　降雨的影响

降雨是导致流域内地质灾害频发的主要因素之一。岷县境内降水充沛，年均降水量大，据岷县气象局资料可知，丰水年降水量为 817.8mm（1967 年），枯水年降水量为 451.4mm（1986 年），多年平均降水量为 560.8mm；降水分配很不均匀，主要集中在 5～9 月，占全年降水量的 79.4%。流域内降水常以连阴雨和暴雨的形式出现，暴雨年均 1.5 次，丰水年可多达 3～5 次，还多次出现 50 年一遇及 100 年一遇的大暴雨及特大暴雨。2012 年 5 月 10 日茶埠、梅川水文站附近，一小时降水量达到 69.2mm。降水的另一特点是连阴雨时间长，尤其以 5 月、7

月、9月三个月为多。流域内充沛的降水致使地表水活动强烈，河流深切构成了斜坡临空面，降水冲刷坡面，致使坡面覆盖物随水而流失，使得下部岩石继续遭受冲刷而流失，雨水下渗补给地下水，改变坡体内的水动力条件，为流域内地质灾害形成提供了条件。

降雨对于流域内不同的地质灾害类型的发生作用具有一定的差异性，经过实地调查认为，连阴雨对流域内滑坡、崩塌的作用较大，可直接诱发滑坡、崩塌的形成。降雨不断渗入坡体，使坡体含水量增加，甚至达到饱和状态，使岩土体自身重力及静水、动水压力增加，所夹的软弱岩体软化、泥化，使抗剪强度降低，导致滑坡发生。流域内山高坡陡，即使老滑坡堆积坡度一般也多在 30°以上，且地形破碎，冲沟发育，暴雨增加了对坡面及坡体物质的冲刷强度，同时引发的洪水对坡脚物质进行冲刷、掏蚀。坡体内降雨入渗量较小，高强度降雨是滑坡稳定性重要影响因素之一，但直接诱发滑坡的较少。

降雨是泥石流形成的三大条件之一，是泥石流形成的水动力来源，也是流域内泥石流发生的唯一水动力来源。流域内泥石流均属暴雨型，短时间、大强度降雨是泥石流形成的主要因素，但由于流域面积不同，以及固体松散物质类型、特征及补给方式不同，形成泥石流灾害的降雨强度也不同。流域内引发坡面型泥石流的降雨强度较低，据本次调查表明，降水量达 15mm/h，即可诱发坡面泥石流灾害的发生，据收集流域内的气象资料，小时最大降水量为 54mm，远超过成灾临界值，可见完全具备了泥石流形成的雨强条件。

根据野外地质灾害调查流域内滑坡、崩塌及泥石流等地质灾害，每年在雨季和暴雨期间灾害发生活动频繁，少则几处，多则十几处。地质灾害主要发生于丰水年，每年主要集中在5～9月，约占发生地质灾害总数的95%以上。地质灾害发生时间与降水周期基本一致，降水多的年份、月份，地质灾害的发生频率也明显偏高。通过地质灾害发生时间与各年及月降水量比照发现，丰水年滑坡、泥石流灾害暴发多，枯水年灾害发生少。与降水的丰、枯周期相对应，暴发频率亦有 9～11a 的长周期和 3～4a 的短周期；一年中 4～9 月这六个月降水量集中，而地质灾害也多发生在这段时间，由此可见，降水是引发该区地质灾害发生的重要因素之一。

第 5 章　地质灾害失稳模式与成灾机理

5.1　地质灾害失稳模式

地质灾害失稳模式主要受斜坡岩土体及结构控制。按照组成斜坡的岩土体与结构面相交关系，可将成灾斜坡结构总结归纳为以下五类：黄土斜坡结构、黄土-泥岩复合斜坡结构、阶地冲洪积层-基岩复合斜坡结构、残坡积层-基岩复合斜坡结构以及单一基岩斜坡结构。工作区内的崩塌、滑坡灾害集中发育在这五类典型斜坡结构中。

5.1.1　蠕滑-拉裂型黄土斜坡破坏

黄土斜坡结构对应的灾害类型为黄土层内滑坡或黄土层内崩塌。工作区内的黄土主要为第四系上更新统马兰黄土，主要分布于流域内的西寨镇下三族村、清水乡上、下跌马村、十里镇大龙沟附近，以及秦许乡西河北岸泥地族村一带。

5.1.1.1　黄土层内滑坡

区内发生黄土层内滑坡的斜坡坡度多在 40°左右，黄土层厚度大于 10m。垂直节理发育的黄土斜坡在长期风化和降水的作用下，多组节理贯通造成斜坡土体呈碎裂状塌滑。在天然状态下，黄土会发生一定的蠕变，在坡脚应力集中部位剪切蠕滑作用显著。随着长期蠕变作用，坡体后缘处于拉应力状态，当拉应力超过后缘坡体的抗拉强度时，便产生拉裂变形，具体表现为循着卸荷裂隙或自身垂直节理等应力相对集中部位产生地表拉张裂缝。因拉张裂缝的存在，为降水或灌溉水的进一步渗入提供了条件，导致蠕动变形加剧，拉裂缝向坡体内部逐渐扩展加深，一旦遇到有利的诱发因素，则产生滑移破坏致灾形成滑坡。

大部分黄土层内滑坡均表现为显著的蠕滑-拉裂型破坏，其破坏模式如图 5.1 所示。主滑面发生在均质的黄土中，滑动面一般近似于圆弧形，受黄土垂直节理控制，后壁一般较陡且滑面比较平直光滑。

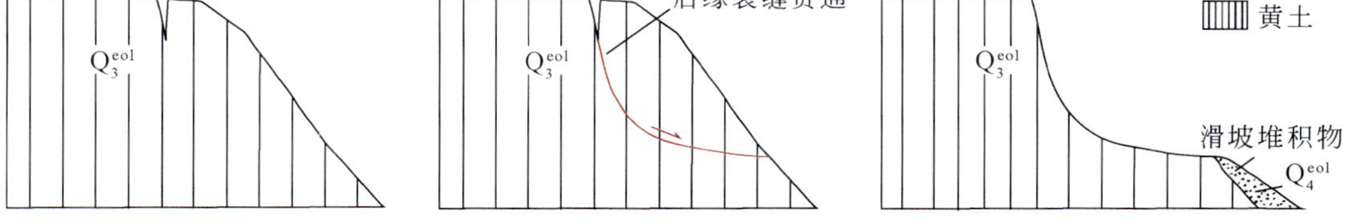

图 5.1　黄土斜坡结构破坏模式示意图（黄土层内滑坡）

5.1.1.2 黄土层内崩塌

黄土层厚度越大，坡度越陡，临空面条件就越好，垂直节理和落水洞就越发育，越有利于黄土层内崩塌的发生。区内发生黄土层内滑坡的斜坡坡度多大于 70°，部分斜坡坡度近直立，厚度大于 10m。

在高陡斜坡的边缘，因临空面高，底部坡脚一带的应力集中带极易沿垂直节理或风化裂隙呈柱状或墙状向临空面发生弯曲-拉裂变形，随着节理加深、扩大，坡脚产生小规模倾倒式破坏，如图 5.2 所示；当分离土体重心偏离到一定程度时，其与斜坡的联结越来越弱；最终当与斜坡的联结不足以支撑其重量时，沿垂向错断崩落形成错断式崩塌，或沿张开节理面下滑形成滑移式崩塌。其变形破坏模式往往发生了转化或复合。

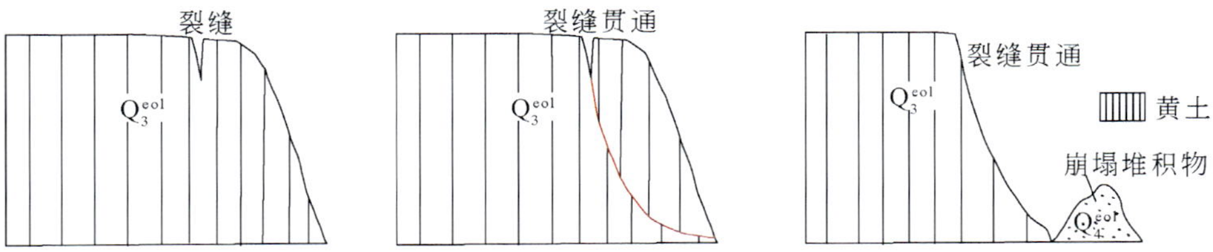

图 5.2 黄土斜坡结构破坏模式示意图（黄土层内崩塌）

5.1.2 滑移-压致拉裂型黄土-泥岩复合斜坡破坏

区内黄土-泥岩复合斜坡结构孕育的灾害类型为黄土-泥岩接触面滑坡。工作区内新近系砖红色泥岩零星分布于东北部一带，黄土-泥岩接触面滑坡发育的斜坡结构类型为上部披覆马兰黄土，下伏新近系泥岩。黄土的渗透性较好，而下部泥岩的渗透性很差，为不透水岩层，从而构成了双层异质斜坡结构。降水在斜坡体上沿黄土的大孔隙、垂直节理等垂直入渗，到相对隔水层的泥岩顶面聚集，随着降水时间的延续，相对隔水层附近的黄土和泥岩在水的作用下逐渐软化甚至泥化，降低摩擦阻力，并起到润滑作用，形成软弱带。

该种类型的斜坡变形模式为滑移-压致拉裂型破坏，是一种自下而上发展的破坏机制，破坏模式如图 5.3 所示。斜坡坡脚处由于坡体应力相对集中，同时地下水排泄形成高渗透力，在自重作用下坡体沿泥岩顶面向临空方向产生缓慢的剪切蠕滑。在长期作用下，坡顶拉张应力区逐渐出现拉裂缝，并不断向坡体内部扩展。剪切蠕滑段与后缘拉裂段的相向扩展使坡体中段的锁固段应力不断集中，当达到临界长度时产生失稳滑动。因锁固段土体位

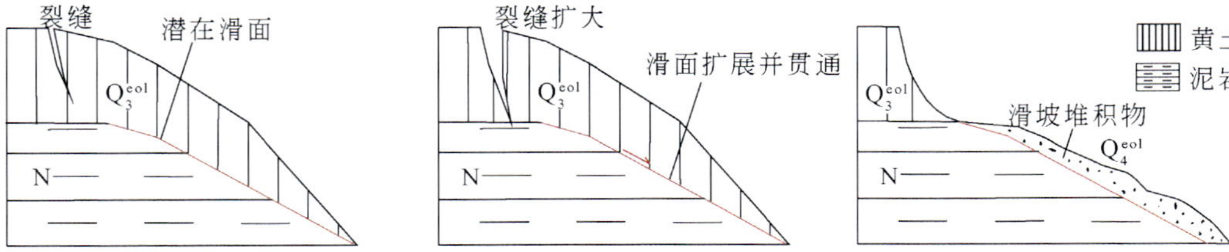

图 5.3 黄土-泥岩斜坡破坏模式示意图（黄土-泥岩接触面滑坡）

于坡体中上部，多呈干燥状态，一般具有较高的抗剪强度，突然脆性破坏导致坡体瞬间失去抗滑力，从而急剧启程滑动。此类滑坡的后部滑面较陡，有利于急剧启动而形成高速滑动。

5.1.3　滑移-压致拉裂型阶地冲洪积层-基岩复合斜坡破坏

阶地冲洪积层-基岩复合斜坡结构孕育的灾害类型为土质崩塌（或崩滑），此类崩塌发育于洮河南岸十里镇一带的Ⅱ级阶地前缘，阶地类型为基座阶地。斜坡整体坡度约 70°，三叠系板岩构成阶地基座，相对隔水，渗透性差；板岩以上为具二元结构的第四系全新统冲洪积砾卵石及粉土，渗透性较好。崩塌物质主要为顶部的粉土层，厚度为 2～5m。该类斜坡破坏机制与黄土-泥岩复合斜坡类似，具有滑移-压致拉裂的力学演化过程，变形失稳过程一般为坡体顶部粉土层在房屋等建筑物加载以及降水入渗影响下，坡顶逐渐发育拉张裂缝并直至贯通使得部分土体脱离原坡体，形成崩塌，故变形破坏方式主要为拉裂-倾倒式崩塌，破坏模式如图 5.4 所示。

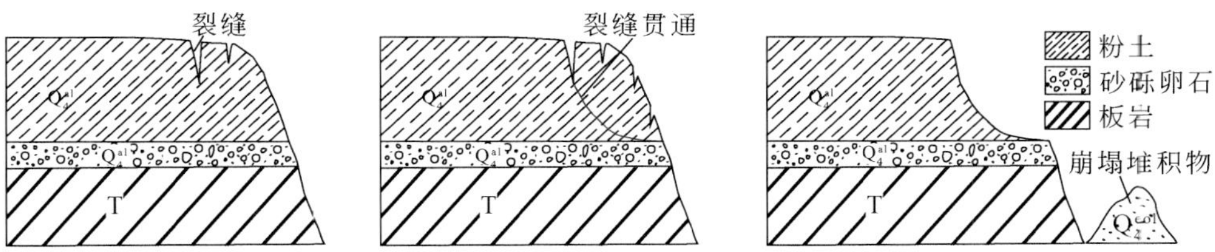

图 5.4　阶地冲洪积层-基岩复合斜坡破坏模式示意图（冲洪积层崩塌）

5.1.4　滑移-拉裂型残坡积层-基岩复合斜坡

残坡积层-基岩复合斜坡结构孕育的灾害类型为堆积层滑坡和堆积层崩塌。该结构类型的斜坡在工作区内广泛发育，基岩主要为三叠系板岩、砂质板岩，堆积层主要为板岩、砂质板岩风化碎屑。

5.1.4.1　堆积层滑坡

区内风化堆积层斜坡的物质结构主要为板岩、砂质板岩风化碎屑，降水是导致该类斜坡形成滑坡的主要影响因素，由于风化作用导致坡体表面变形而产生微裂隙和拉张裂缝，有利于降水下渗。在水的作用下，碎石土体颗粒间的黏聚力急剧减弱，抗剪强度迅速下降，进一步诱发斜坡表面产生裂缝，总吸力、基质吸力减小，进一步促使裂缝的发展。随着碎石土体内含水量的升高，滑体饱水面积比不断增大，基质吸力随之继续降低，滑体下滑力随之不断增大，滑面岩土体抗剪强度降低，滑面上的接触摩擦应力不断下降，滑面上大部分地段的接触摩擦应力将不断下降，形成剪胀区；滑带土逐渐软化，土体的应变增长，强度降低，土体结构强度逐渐丧失，滑面局部抗剪强度得到了充分发挥，从而导致滑面上局部土体抗剪强度逐渐转为残余强度，致使土体中剪应力集中并转移到相邻未破坏土体并使之破坏，剪胀区逐步扩展；由于土体具有剪缩性，破坏时土体体积减小，土体内与土体体积减小变化相同的水分由破坏土体排出，在周围土体迅速形成超孔隙水压力，周围土体亦由于孔隙力的迅速增加而发生排水剪破坏。由此迅速形成连通的破坏面，导致滑坡的产生。该类型斜坡变形方式一般为滑移-拉裂型，破坏模式如图 5.5 所示。

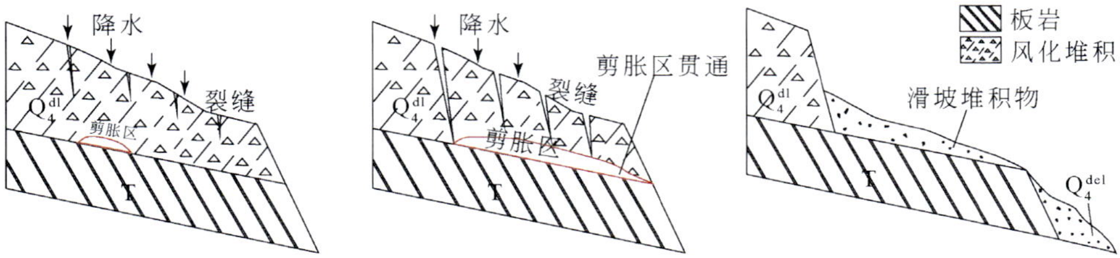

图 5.5　残积层-基岩复合斜坡破坏模式示意图（堆积层滑坡）

5.1.4.2　堆积层崩塌

残积层-基岩复合斜坡演化为堆积层崩塌的机理与演化为堆积层滑坡的机理基本一致，不同之处在于形成堆积层崩塌的斜坡坡度陡峭，多大于 70°，具备良好的临空面条件，而且陡峻斜坡的形成多与人类工程活动（如开挖坡脚建房、切坡修路）有关。坡脚开挖导致坡脚应力集中而发生缓慢蠕动，导致坡体自表及里发展致使下层土体受压，应力增大。进而引发坡顶拉张裂缝继续增多，上部土体在重力作用下会向前蠕动，致使锁固段产生压缩与剪切变形，在变形过程中该段积累了弹性应变能，在坡面上出现拉张裂缝并全面贯通，并有少量下错；后缘两侧出现弧状裂缝，但未沿裂缝方向错开。“锁固段”因受到挤压而鼓胀，使得坡体中部表面出现鼓胀裂缝。随着上部土体对锁固段土体压力的增加，卸荷剪裂段后缘表现为张开性裂缝。在后期降水因素主导下，裂缝的失稳扩展导致锁固段在应变能量和孔隙水压力作用下逐渐被剪断，最终形成了崩塌。破坏模式如图 5.6 所示。

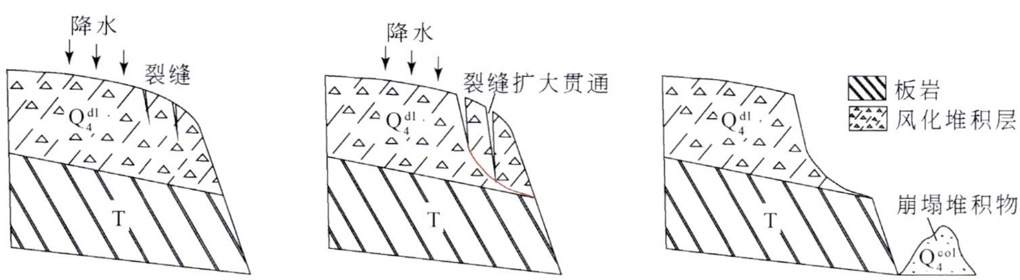

图 5.6　风化堆积层-基岩复合斜坡破坏模式示意图（堆积层崩塌）

5.1.5　滑移-拉裂型基岩崩塌

该类型崩塌多形成于高陡的斜坡结构，基岩层内发育的多组节理将岩体切割成块体状或者板柱状，引起局部应力集中，在强降雨或地震作用下，节理逐渐连接贯通，自坡顶产生拉裂式崩塌破坏，而且该种破坏具有累进性和持续性，碎裂的岩体不断崩落会造成斜坡下部形成凹腔，而上部产生“孤石”“探头石”之类的危岩体，从而引发新一轮的崩塌灾害，破坏模式如图 5.7 所示。

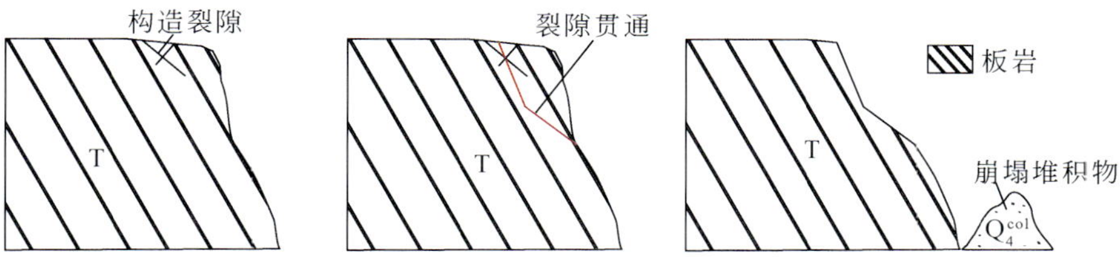

图 5.7　基岩斜坡破坏模式示意图（基岩崩塌）

该类型的基岩崩塌与堆积层崩塌的明显区别在于：形成基岩崩塌的危岩体表面岩块完整性相对较好，多为弱风化-微风化，风化层很薄或几乎没有；崩塌堆积物的粒径大，以基岩块体为主，土质含量很少；崩塌发生的主控因素为构造裂隙，一般发育三组以上节理，且延伸较远。堆积层崩塌的危岩体表面岩块较为凌乱破碎，完整性差，多为强风化，风化层较厚；崩塌堆积物大小混杂，基岩块体、碎石土兼而有之；崩塌发生的主控因素为风化裂隙，一般发育节理组数较少，且延伸较短。

5.2　地质灾害成灾模式

5.2.1　高位远程黄土滑坡

黄土具有较为显著的残余强度效应，即天然强度与残余强度相差明显。同时受地形影响，黄土一般披覆于其他地层之上，高位分布，导致黄土滑坡多为高速远程滑坡，在滑动过程中或滑后一段时期内表现为滑体转化为黏性泥流继续流动。故黄土滑坡虽规模一般较小，但相应的致灾范围也大。本节用数理统计方法进行滑坡的运动学分析，研究黄土滑坡的运动速度、滑动距离和致灾范围，开展滑动距离预测，采用滑坡前的原始斜坡地形因素，主要包括坡高、坡长、宽度、坡度等进行定量估算（图 5.8）。

5.2.1.1　数据来源

采用兰州市黑方台地区的黄土滑坡编录数据，对变形较小的滑坡、向沟道中滑动的滑坡、滑动距离较小的滑坡、编录数据不完善的滑坡进行剔除，得到统计分析的滑坡数据（表 5.1）。

表 5.1　滑坡滑距预测样本数据编目

编号	滑坡长度（L）/m	滑坡体积（V）/10^4m^3	滑坡高度（H）/m	滑坡宽度（W）/m	滑坡厚度（D）/m	滑动距离（R）/m
1	40	1.32	36	55	6	50
2	35	0.28	34	42	2	40
3	60	1.26	40	70	3	55
4	85	12	45	140	10	250
5	70	6	44	100	8.5	150

续表

编号	滑坡长度（L）/m	滑坡体积（V）/10^4m^3	滑坡高度（H）/m	滑坡宽度（W）/m	滑坡厚度（D）/m	滑动距离（R）/m
6	45	2.3	40	100	5	70
7	46	2.5	40	110	5	75
8	70	3.1	45	55	8	130
9	70	4.2	45	60	10	140
10	60	9.6	45	160	10	280
11	80	11.5	40	159	9	330
12	48	11.45	46	158	15	300
13	80	9	40	140	8	265
14	85	20.4	45	200	12	295
15	70	14.2	40	145	14	250
16	30	5.4	80	150	12	50
17	110	25	105	100	22	200
18	420	45	128	65	17	420
19	150	10	84.4	80	13	150

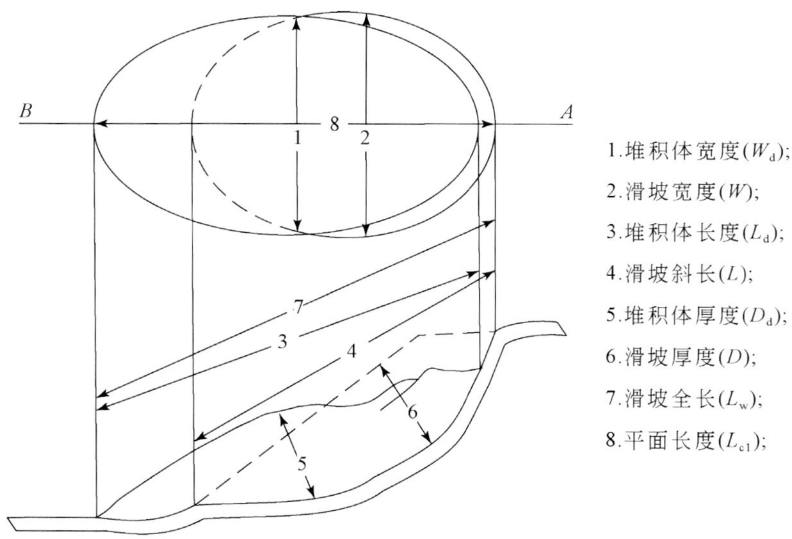

图 5.8　滑坡几何尺寸图示

黄土滑坡从开始滑动到停止是一个十分复杂的过程，影响其滑动距离的因素较多，与滑动距离直接相关的有剪出口位置、滑体体积、前后缘相对高差，而滑坡发生时，滑体的特征（如滑体长度、滑体宽度和滑体厚度）也会随着滑坡的发生而发生变化，因此，在滑动距离分析的前期，应对其主控因素进行分析。

5.2.1.2　相关性分析

为了直观地描述滑坡各个要素之间的关系，首先采用单因素相关性分析方法对研究区黄土滑坡滑动距离与其他参数（滑体长度、滑体宽度、滑体体积、滑坡前后缘高差、滑体平均厚度、滑体长宽比）之间的关系进行分析，进而确定影响黄土滑坡的主要因素。利用 EXCEL 对各单要素进行滑坡滑动距离相关性分析，选取相关性最高的拟合方法得到以下结果（表 5.2）。

表 5.2　滑坡滑动距离单要素相关性分析

要素	拟合公式	相关系数
斜长 L	$0.79L+98.744$	0.7448
宽度 W	$-6\times10^{-10}W^6+6\times10^{-7}W^5-0.0002W^4+0.0475W^3-4.7287W^2+230.26W-4104.7$	0.5401
厚度 D	$-6\times10^{-5}D^6+0.0076D^5-0.3469D^4+7.334D^3-74.164D^2+346.46D-426.31$	0.5589
体积 V	$73.77\ln V+60.473$	0.6907
高度 H	$1\times10^{-7}H^{5.5922}$	0.4601

相关性分析结果显示，原始斜坡长度（L）、滑坡体积（V）与滑动距离（R）呈较高的线性和对数相关性，相关性系数分别为 0.7448 和 0.6907（图 5.9、图 5.10）。随着长度增大、体积增加，滑动距离增大。而其他要素与滑动距离相关性较弱。因此主要选择原始斜坡长度（L）、滑坡体积（V）这两个因素建立滑动距离预测模型。

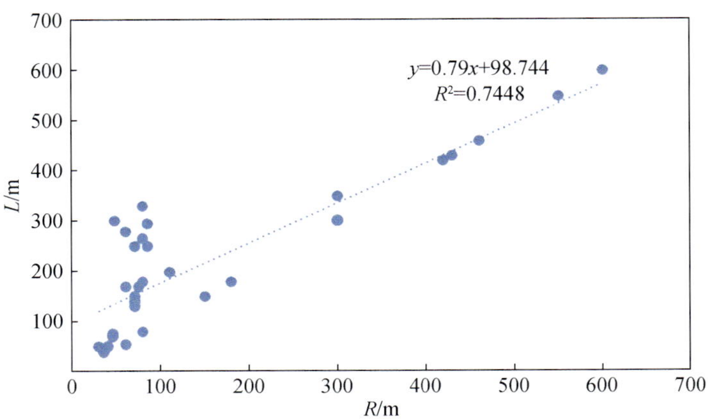

图 5.9　滑坡长度与滑动距离相关性分析

5.2.1.3　预测模型

滑坡体的势能主要由体积和重心高度决定，在体积恒定的情况下，斜长越长，坡高越大，重心越高。如果考虑坡度的影响，滑体高度越大，斜坡坡长越小，滑坡重心越高。因此，以坡高与坡长之比（高长比，H/L）和滑动距离进行相关性分析。分析发现，H/L 与滑动距离呈较高的对数负相关性，其拟合公式为 $R=-126.3\times\ln(H/L)+156.56$，相关性系数为 0.6898（图 5.11）。

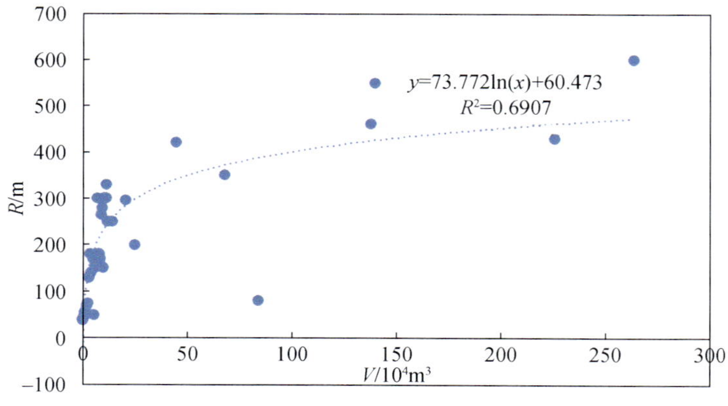

图 5.10　滑坡体积与滑动距离相关性分析

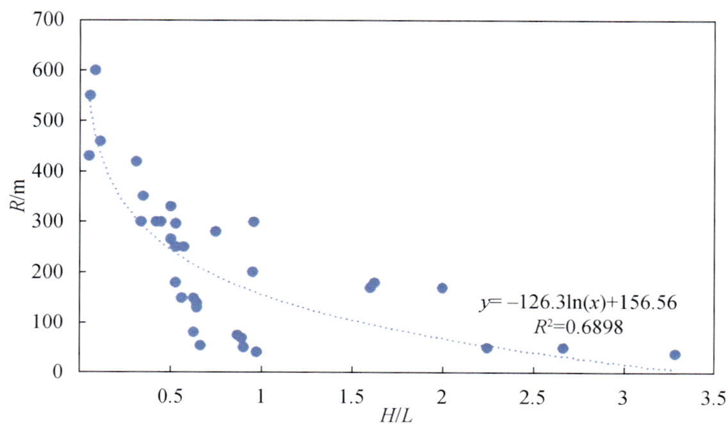

图 5.11　*H*/*L* 与滑动距离相关性分析

选择滑坡体积（*V*）与高长比（*H*/*L*）两个要素，以各自的拟合公式为基础，建立滑坡滑动距离的统计预测模型如下：

$$R=f(V,H/L)=(a\ln V+b)+[c\ln(H/L)+d]=a\ln[V(H/L)^{c/a}]+(b+d)$$

其中，*a*、*b*、*c* 和 *d* 均为常数，因此模型公式可写为

$$R=a\times\ln[V\times(H/L)b]+c$$

利用 EXCEL 的规划求解功能，求得 $a=41.873$，$b=-1.705$，$c=90.905$。兰州地区黄土滑坡危险性预测模型为

$$R=41.873\times\ln[V\times(H/L)-1.705]+90.905$$

采用以上滑动距离预测模型的拟合结果相关性系数达到 0.7819，说明拟合效果较好（图 5.12）。黑方台黄土滑坡滑动距离预测值与实际值对比见（图 5.13）。

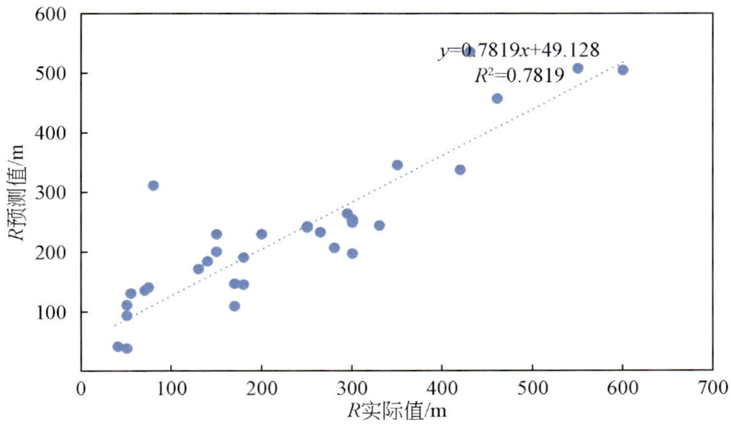

图 5.12　模型预测值与实际值相关性分析

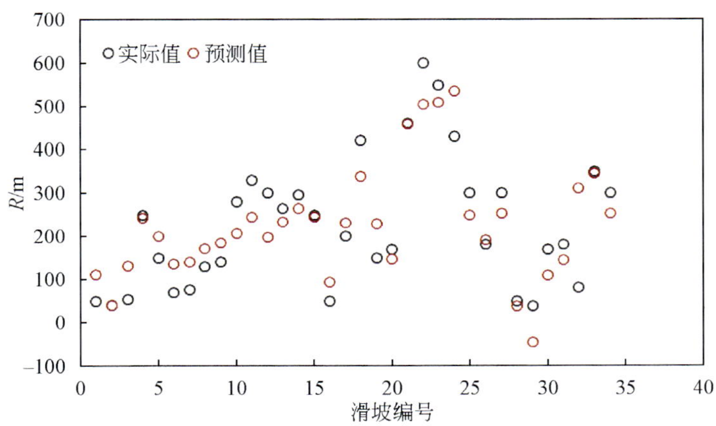

图 5.13　模型预测值与实际值对比图

5.2.2　泥石流堵溃

泥石流是工作区数量最多、分布最广泛的地质灾害。2012 年 5 月 10 日，岷县发生了大范围冰雹及强降雨，45min 降雨量达 69.2m，引发群发性山洪泥石流灾害，造成 59 人死亡和失踪，直接经济损失 72 亿元。此次群发性泥石流发生时间（年内）之早、灾情之严重均属罕见。岷县茶埠镇耳阳沟泥石流流出山口后汇入纳纳河，至 212 国道公路桥，使桥孔淤塞，固体物质沉积于公路桥上游，形成堆积量约 $42\times10^4m^3$ 的堰塞体，致使泥石流溢出沟道，冲毁耳阳村、淤埋大半个茶埠镇，造成 9 人死亡，440 多间房屋受损或毁坏，经济损失约 1.3 亿元。岷县处于中国南北地震带北带，是全国地震烈度Ⅹ度区的 11 个县之一，境内地形复杂多样，地质环境脆弱，曾遭受“5·12”汶川地震、“7·22”岷县地震影响，地表岩土破碎，一遇强降雨，容易引发山洪、泥石流等灾害。本书是在现场调查的基础上，选取威胁人数、财产较多的 12 条泥石流沟，开展不同工况下泥石流沟道过流能力验算，评价堵溃的可能性，提出相应的防灾减灾建议。

5.2.2.1　泥石流沟发育与成灾特征

1）后山泥沟

后山泥沟（图 5.14）所处地理坐标为 103°59′30.4″E、34°27′46.3″N，所属地貌类型为侵蚀构造中低山地貌，区域内地层岩性主要为黄土、三叠系板岩及砂岩，板岩表层风化破碎，区域构造运动强烈。泥石流流域形态呈“桃叶”形，流域面积为 0.37km^2，相对高差约为 250m，主沟纵坡降为 250‰，沟槽横断面呈“V”形，山坡平均坡度约为 50°。该泥石流沟道内不良地质现象轻微，松散物质类型主要为坡面堆积的黄土和坡面侵蚀形成的残坡积物，其次为沟道两岸的小型崩塌、滑坡以及沟岸坍塌，其余为沟底再搬运形成的松散物质，松散物质平均厚度多小于 0.5m，补给长度占沟道总长的 40%，固体松散物质储量为 9.9×10^{4}m^3/km^2。沟道内岩性多为土及软岩，植被覆盖率约 90%，沟底因两侧沟岸小型坍塌存在部分堵塞现象。

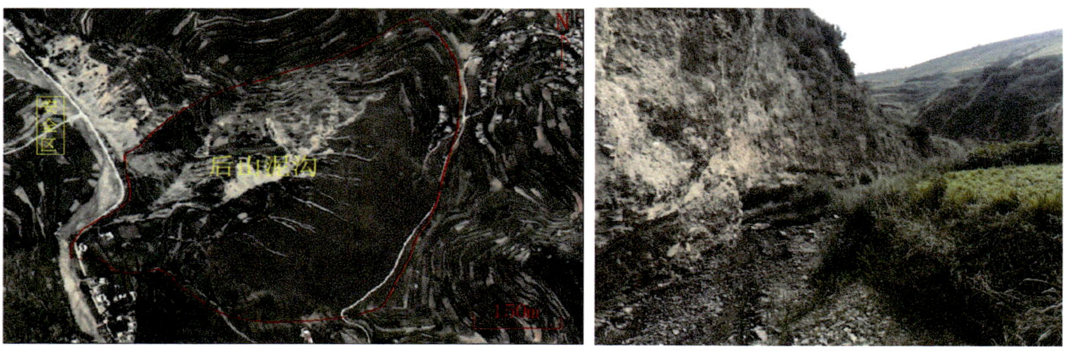

图 5.14　后山泥沟遥感影像图与沟口沟道

该沟中下游沟道侧壁及沟底可见泥石流相砂砾、碎石以及底部基岩，碎石粒径多在 2～5cm，最大可见 10cm，分选磨圆均较差，基岩为三叠系灰色板岩。堆积区物质呈砂砾石与冲积粉土互层分布，共七层，推测此泥石流曾至少暴发七次。根据走访得知，2016 年，此沟曾暴发泥石流，导致一名路人遇难，未造成房屋以及农田等经济损失。目前，主要对沟口左岸居民点造成一定威胁，共 4 户、约 16 人，威胁财产约 80 万元。

2）西峰沟

西峰沟（图 5.15）所处地理坐标为 103°56′37.4″E、34°27′41.7″N，所属地貌类型为侵蚀构造中低山地貌，沟道较为平直，沟道侧壁部分地段可见三叠系黄褐色板岩出露，风化程度一般，区域构造运动强烈。泥石流流域形态呈“桃叶”形，流域面积为 0.7km^2，相对高差约为 150m，主沟纵坡降为 150‰，沟槽横断面呈“V”形，山坡平均坡度约为 40°。该泥石流沟道内不良地质现象轻微，沟道侧壁发育部分坡面坍塌现象，方量约为 200m^3，堵塞程度轻微。西峰沟沟底堆积大量三叠系板岩碎块石，粒径在 2～10cm，最大粒径约为 15cm。该沟固体松散物质来源主要为坡面侵蚀、沟岸坍塌以及沟底再搬运，补给长度占沟道总长的 60%，松散物质平均厚度多小于 0.5m，固体松散物质储量为 14.29×10^{4}m^3/km^2。该沟沟岸植被覆盖较好，覆盖率约为 90%，多为草地，耕地约占 30%，灌木丛约占 10%。

沟口扇形地几乎不可见，完整性约为 20%，多被改造为居民点，堆积扇长度约为 200m，宽度约为 100m，堆积层厚度约为 0.8m，面积约为 $0.01km^2$。

因为最近几年退耕还林，西峰沟泥石流暴发频率降低，但仍有洪水暴发，沟口未修建排导渠等有效治理措施，目前威胁流域内的公路、农田、输电线路及沟口 20 户、100 人，财产约 500 万元。

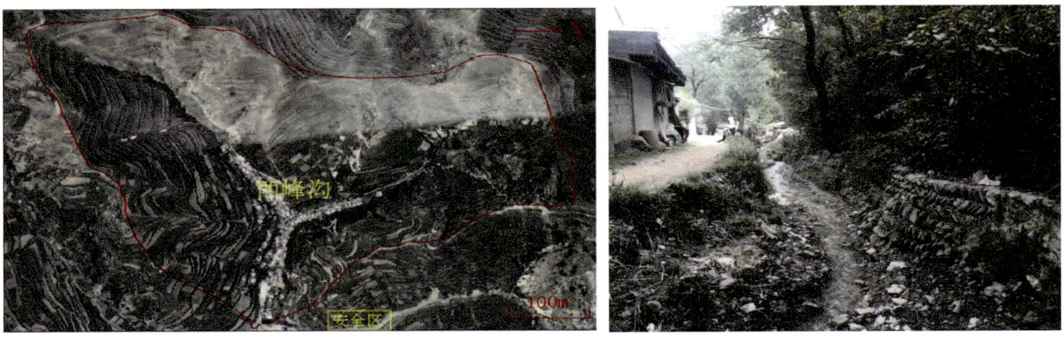

图 5.15　西峰沟遥感影像图与沟口沟道

3）噶路沟

噶路沟（图 5.16）所处地理坐标为 103°56′58.8″E、34°27′40.2″N，所属地貌类型为侵蚀构造中低山地貌，泥石流流域形态呈“柳叶”形，流域面积为 $1.15km^2$，相对高差约为 300m，主沟纵坡降为 176‰，沟槽横断面呈“V”形，山坡平均坡度约为 45°，地层岩性主要为三叠系板岩及砂岩，表层风化破碎，区域构造运动强烈。该沟沟道内可见小型滑坡堵塞沟道，沟床平直且较粗糙，沟底出露大面积三叠系黑、青灰、黄褐色碳质板岩，碳质板岩表层破碎，风化较为严重，沟底堆积物主要为三叠系板岩碎块石，块石粒径为 2～10cm，最大粒径约为 45cm，磨圆度较差，分选性差，多呈棱角状。该沟松散物质来源为坡面冲刷侵蚀、沟岸滑坡堆积及沟底再搬运的物质，补给长度占沟道总长的 50%，可转化为泥石流的固体松散物质储量约为 $14.4×10^4m^3/km^2$。植被覆盖率约为 90%。沟口堆积扇完整性较差，人为改造严重，长度约为 300m、宽度约为 100m，堆积层厚度约为 2m，无挤压河道现象。

图 5.16　噶路沟遥感影像图与沟口沟道

噶路沟物源区坡降较大，达到 232‰，在暴雨作用下，雨水冲刷坡面，携带坡面松散物质、沟岸滑坡堆积体以及沟底大量堆积物冲出沟口，因为其坡降大，且冲出物质含大量三叠系板岩碎块石，所以流速较快、冲击力较大。目前，沟口未修建排导渠等有效治理措施，在暴雨作用下若暴发泥石流，可威胁沟口农村合作社三处居民点以及农田等。

4）拉舍沟

拉舍沟（图 5.17）所处地理坐标为 103°57′0.0″E、34°27′24.3″N，流域位于侵蚀构造中低山地貌内，泥石流流域形态呈“柳叶”形，流域面积为 1.1km^2，相对高差约为 150m，主沟纵坡降为 93‰，沟槽横断面呈“V”形，山坡平均坡度约为 45°，地层岩性主要为三叠系板岩及砂岩，表层风化破碎，区域构造运动强烈。物源区沟道左侧可见至少两处小规模坍塌，方量约为 3000m^3，沟道顺直，底部含有大量三叠系黄褐色板岩碎块石，粒径多为 5～10cm，最大粒径约为 20cm，磨圆度差，呈棱角状。该泥石流松散物质补给长度占沟道总长的 40%，松散物质平均厚度约为 0.2m，松散物质类型主要为坡面侵蚀残坡积物形成的松散物质，其次为沟道两岸的小型坍塌物质，其余为沟底再搬运形成的松散物质，固体松散物质储量约为 17.9×10^{4}m^3/km^2。该沟两岸植被覆盖率约为 90%，植被类型多为草地和缓坡耕地种植的农作物，灌木丛较少，沟道内堵塞程度轻微。沟口堆积扇呈扇形，扇形完整性约为 70%，长度约为 150m，宽度约为 200m，扩散角约为 30°，面积约为 0.05km^2，厚度约为 0.8m。

图 5.17　拉舍沟遥感影像图与沟口沟道

根据详查资料可知，此泥石流曾于 2012 年 5 月暴发，全毁农田 5 亩，半毁农田 15 亩，经济损失约 1.5 万元。目前，该泥石流未实施有效治理工程，若暴发泥石流将威胁沟口居民区 5 户、25 人，威胁财产 120 万元。

5）烧炭沟

烧炭沟（图 5.18）所处地理坐标为 103°55′32.9″E、34°28′29.4″N，附近区域地貌类型为侵蚀构造中低山地貌，地层岩性主要为三叠系板岩及砂岩，表层风化破碎，区域构造运动强烈。泥石流流域形态呈“柳叶”形，流域面积为 2.2km^2，相对高差约为 350m，主沟纵坡降为 155‰，沟槽横断面呈“V”形，山坡平均坡度约为 35°，植被覆盖率高，约为 90%，左侧沟坡植被类型多为耕地农作物，右侧沟坡主要为草地和灌木丛。该泥石流沟道内不良地质现象轻微，主沟右侧坡面可见一处小规模坍塌，方量约为 1000m^3，堵塞沟道程度轻微。该沟沟道总体来讲较为顺直，沟道内存在三叠系板岩碎块石，但是含量较少，板岩碎石粒径多为 5～10cm，最大粒径约 20cm，磨圆差、分选差。松散物质来源主要是沟岸坍塌和少量沟底物质，补给长度占沟道总长的 70%，松散物质储量约为 $6.4\times10^4 m^3/km^2$。沟口扇形地可见，完整性约为 60%，面积约为 $0.05km^2$，多被改造为农田，扇长 150m，前缘宽 308m，堆积层厚度约为 1m。

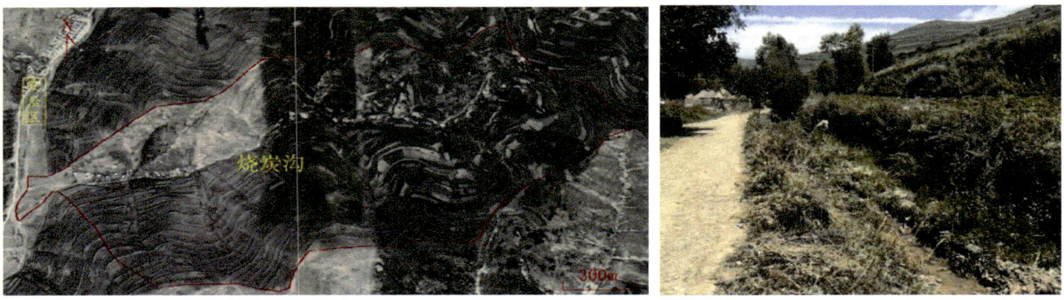

图 5.18　烧炭沟遥感影像图与沟口沟道

根据详查资料可知，此泥石流沟于 2012 年 7 月暴发泥石流，全毁房屋 6 间，半毁房屋 5 间，全毁农田 5 亩，半毁农田 10 亩，经济损失约 13 万元。目前，该沟未修建排导渠等有效治理措施，共威胁沟口约 10 户居民以及农田等，威胁经济达 200 万元。

6）大碱沟

大碱沟（图 5.19）所处地理坐标为 103°55′32.9″E、34°28′29.4″N，附近区域地貌类型为侵蚀构造中低山地貌，坡体岩性主要为三叠系黄褐色板岩，在坡体裸露处可见基岩出露，其风化程度较高，较为破碎，区域构造运动强烈。泥石流流域形态呈“桃叶”形，流域面积为 $0.23km^2$，相对高差约为 300m，主沟纵坡降为 375‰，沟槽横断面呈“V”形，坡度左侧较缓，约为 30°，其植被覆盖较好，覆盖率约为 90%，主要为耕地农作物；右侧坡体坡度较陡，约为 60°，植被覆盖较好，覆盖率约为 90%，多为草地。沟底下切严重，大面积出露板岩，沟道内堆积少量三叠系板岩碎块，粒径多在 5～10cm，最大粒径约为 30cm。沟道右侧壁可见小规模坡面坍塌现象，方量约为 $200m^3$，堵塞挤压沟道。该沟松散物质补给长度占沟道总长的 80%，来源主要为坡面冲蚀、沟底再搬运，少量岸坡坍塌，坡面松散层

图 5.19　大碱沟遥感影像与沟口沟道

厚度约为 0.2m，可转化为泥石流的固体松散物质储量约为 $20.52\times10^4m^3/km^2$。沟口扇形地完整性较好，约为 60%，面积约为 $0.02km^2$，目前呈下切趋势，下切深度约为 0.6m，扇长 170m，扇宽 300m。沟口处可见少量古泥石流堆积，厚度约为 4m，堆积物主要为粉土以及板岩碎石土。

根据相关资料可知，此泥石流于 2012 年暴发，全毁农田 3 亩，半毁农田 5 亩，经济损失为 0.5 万元。目前，威胁沟口村庄以及对面干菜沟村，威胁人口 60 人，威胁财产约 150 万元。

7）干柴沟

干柴沟（图 5.20）所处地理坐标为 103°53′21.0″E、34°29′38.6″N，所属地貌类型为侵蚀构造中低山地貌。泥石流流域形态呈“桃叶”形，流域面积为 $0.89km^2$，相对高差约为 320m，主沟纵坡降为 221‰，沟槽横断面呈“V”形，山坡平均坡度约为 35°，其植被覆盖较好，覆盖率约为 90%，主要为耕地农作物及草地。坡体岩性主要为三叠系黄褐色板岩，在坡体裸露处可见基岩出露，其风化程度较高，较为破碎，区域构造运动强烈。该泥石流沟道顺直，淤积轻微。沟底堆积有板岩及砂岩碎石，碎石平均粒径约为 15cm，最大粒径约为 30cm，次棱角状。沟道内不良地质现象轻微，松散物质补给长度占沟道总长的 60%，来源主要为坡面冲刷及沟底再搬运，坡面松散层厚度约为 0.2m，可转化为泥石流的固体松散物质储量约为 $14.38\times10^4m^3/km^2$。沟口扇形受人类后期改造，完整性很差，面积约为 $0.079km^2$，长度约为 221m，宽度约为 380m，堆积区扩散角约为 50°，与主河道距离约为 80m，堆积物厚度为 2～3m，主要成分为砂岩板岩碎块石，呈次棱角状。

图 5.20　干柴沟遥感影像与沟口沟道

根据详查资料可知，此沟于 2012 年 5 月曾暴发泥石流，全毁农田约 2 亩，半毁农田约 3 亩，经济损失约 2 万元。根据走访调查可知，近几年因为退耕还林政策，有效阻止了水土流失，减少了泥石流的暴发。此泥石流沟沟道狭窄，坡降较大，若遇暴雨，泥石流暴发并雨水携带物源区松散物质顺坡而下，冲刷裹挟沟道内堆积的碎块石，目前沟道内无排导渠等措施，泥石流一旦冲出沟口，将挤压主沟甚至会冲至主沟对面，摧毁沟口村庄以及农田，造成大量损失。目前，受威胁对象主要为沟口的 6 户居民，共计 30 人，受威胁财产约 50 万元。

8）站沟

站沟（图 5.21）所在地理坐标为 103°50′16.1″E、34°28′8.0″N，区域地貌类型为侵蚀构造中低山地貌和侵蚀构造中山地貌，地层岩性主要为三叠系砂质板岩及砂岩，表层风化破碎，区域构造运动强烈。泥石流流域形态呈不规则“扇”形，流域面积为 6.8km^2，相对高差约为 450m，主沟纵坡降为 115‰，沟谷呈狭窄的“V”形，山坡平均坡度约为 40°，坡面小型冲沟发育。站沟沟道较为顺直，局部下切后基岩出露，中上游沟岸见人工建房采石形成的崩滑堆积体，呈倒石锥状堆积物沟道两岸，堆积堵塞沟道。松散物质主要为坡面冲蚀残坡积物、沟道碎石堆积，以及建房采石、人工开挖形成的崩滑堆积，补给长度占沟道总长的 70%，松散物质平均厚度为 0.5～1m，以残坡积碎石为主，碎石岩性主要为砂岩和砂质板岩，沟底可见碎石粒径多在 10～15cm，最大粒径可见 2～3m，可转化为泥石流的固体松散物质储量约为 $20\times10^4m^3/km^2$。沟口堆积特征不明显，受后期人为改造，扇形完整性较差，面积约为 0.1km^2，扇长 200m，扇宽 260m，厚度为 3～4m。该泥石流沟道植被覆盖率约为 80%，多为林木，少量为草本植物。

图 5.21　站沟遥感影像与沟口沟道

据调查访问，该泥石流沟平均每两年暴发一次，2012 年 5 月该沟暴发小型泥石流，毁坏农田 15 亩，造成直接经济损失 20 万元。目前针对该泥石流沟还未实施有效的工程防治措施，沟口沿流向受沟道流水冲刷形成天然排水渠道与洮河汇集，一般小规模泥石流可安全过流进入洮河主河道。若遇连阴雨、强降雨形成中型以上泥石流，届时泥石流堆积物将堵塞渠道并呈面状淤积扩散，对沟口居民、耕地、道路、公共设施等生命财产安全造成严重危害，潜在威胁人口 200 余人，财产 370 万元。

9）中寨沟

中寨沟（图 5.22）所处地理坐标为 103°52′28.7″E、34°27′1.8″N，所属地貌类型为侵蚀构造中低山地貌和侵蚀构造中山地貌，泥石流流域形态呈“桃叶”形，流域面积为 16.26km^2，相对高差约为 380m，主沟纵坡降为 60.3‰，沟谷呈“V”形，山坡平均坡度约为 40°，局部出露三叠系砂质板岩及砂岩，偶见灰岩，表层风化破碎，区域构造运动强烈。中寨沟中下游沟道较宽，宽 50～100m 不等，沟道侧壁及沟道可见泥石流相碎块石，碎石粒径多在 10～15cm，最大可见 2m，碎石母岩岩性以砂岩、砂质板岩为主，偶见灰岩，沟底碎石厚度为 1.5～2m。该泥石流沟道内不良地质现象轻微，沟岸滑坡、崩塌灾害数量少，沟道较为顺直，堵塞程度轻微。松散物质主要为坡面侵蚀形成的残坡积物及沟道碎石堆积，平均厚度约为 0.5m，补给长度占沟道总长的 55%，碎石岩性主要为砂岩、砂质板岩，偶见灰岩，沟底可见碎石粒径多在 5～10cm，最大粒径可见约 1m，固体松散物质储量约 $35\times10^4m^3/km^2$。受后期人为改造，堆积区特征不明显，扇形地完整性较差，面积约为 $0.36km^2$，扇长 270m，扇宽 350m，厚度为 3～4m，目前呈堆积趋势，堆积物以泥石流相碎石为主，厚度为 3～4m，粒径多在 3～8cm，次圆-次棱角，分选性差。该沟植被覆盖率约为 75%，主要为林木及草本植物。

图 5.22　中寨沟遥感影像与沟口沟道

据调查访问，该泥石流沟平均每 1～2 年暴发一次，2012 年 5 月该沟暴发小型泥石流，毁坏农田 15 亩，造成直接经济损失 7 万元。总体来说，该泥石流沟近 20 年来因封山禁牧，植被恢复较好，未造成严重灾情。目前，针对该泥石流沟还未实施有效工程防治措施，沟道内有民房、通信设施、耕地、太阳能电池板、饮灌渠道等，一般小规模泥石流可沿自然渠道安全过流进入洮河主河道。若遇连阴雨、强降雨形成中型以上泥石流，届时泥石流堆积物将堵塞沟道并呈面状淤积扩散，对沟口中寨村居民、房屋、耕地、道路、公共设施等生命财产安全造成严重危害，潜在威胁人口 146 人，威胁财产 570 万元。

10）骆驼沟

骆驼沟（图 5.23）所处地理坐标为 103°55′0.8″E、34°25′45.3″N，所属地貌类型为侵蚀构造中低山地貌，泥石流流域形态呈“桃叶”形，流域面积为 $2.15km^2$，相对高差约为 350m，主沟纵坡降为 140‰，沟槽横断面呈“V”形，山坡平均坡度约为 45°，地层岩性主要为三叠系砂质板岩及砂岩，表层风化破碎，区域构造运动强烈。该泥石流沟道内不良地质现象一般，沟岸滑坡、崩塌灾害数量少，沟道较为顺直，堵塞程度轻微。松散物质主要为坡面侵蚀形成的残坡积物和沟道碎石堆积，补给长度占沟道总长的 45%，平均厚度约为 0.5m，松散物以碎石为主，碎石岩性主要为砂岩、砂质板岩，沟底可见碎石粒径多在 5～10cm，最大粒径可见约 1m，固体松散物质储量约为 $19\times10^4m^3/km^2$。受后期人为改造，堆积区特征不明显，目前呈堆积趋势，扇形完整性较差，面积约为 $0.12km^2$，扇长 100m，扇宽 150m，厚度为 3～4m。该沟植被覆盖率约为 75%，主要为林木及草本植物。

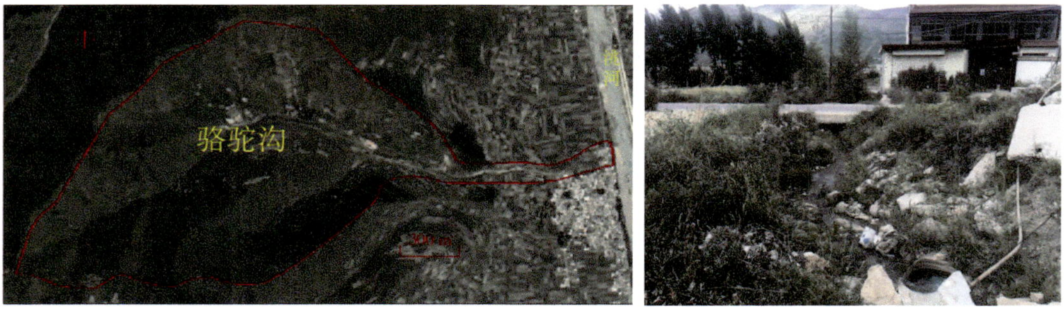

图 5.23　骆驼沟遥感影像与沟口沟道

据调查访问，该泥石流沟平均每 1～2 年暴发一次，2012 年 5 月该沟暴发小型泥石流，毁坏农田 3 亩，造成直接经济损失 2 万元。总体来说，该泥石流沟近 20 年来因封山禁牧，植被恢复较好，未造成严重灾情。目前，针对该泥石流沟还未实施有效的工程防治措施，仅在沟口沿流向人工开挖了一条土渠进行排导，土渠长约 50m、宽 2～5m、深 2～3m，沟道过公路处涵洞经淤积后，现仅宽 3m、深 0.9m。该沟主要威胁沟口居民、耕地、道路、公共设施等，潜在威胁人口 16 人，威胁财产 70 万元。

11）柏木齿沟

柏木齿沟（图 5.24）所处地理坐标为 103°59′45.5″E、34°21′23.2″N，区域地貌类型为侵蚀构造中山地貌，地层岩性主要为三叠系砂质板岩和砂岩，表层风化破碎，区域构造运动强烈。泥石流流域形态呈“桃叶”形，流域面积为 6.87km^2，相对高差约为 320m，主沟纵坡降为 136‰，沟槽横断面呈“V”形，山坡平均坡度约为 35°，植被覆盖率约为 85%。矿场弃渣堆积在沟道两侧，以砂岩、砂质板岩碎块石为主，碎石粒径多在 2～5cm，最大粒径可见约 0.5m。沟岸滑坡、崩塌灾害数量少，沟道较为顺直，堵塞程度轻微。松散物质类型主要为坡面冲刷残坡积物和矿山弃渣，残坡积物平均厚度小于 1m，其次为沟道两岸的小型沟岸坍塌物质，其余为沟底再搬运形成的松散物质，补给长度占沟道总长的 85%，固体松散物质储量约为 19×10^{4}m^3/km^2。受后期人为改造，堆积区特征不明显，目前呈堆积趋势，扇形完整性较差，面积约为 0.07km^2，扇长 110m、宽 160m，堆积物以泥石流相碎石为主，厚度为 3～4m，粒径多在 3～8cm，次圆-次棱角状，分选性差。

图 5.24　柏木齿沟遥感影像与沟口沟道

据调查访问了解，该沟近几年未暴发泥石流，多以洪水为主。详查资料显示，2012 年

5 月该沟暴发小型泥石流，损坏农田 20 余亩，造成直接经济损失 20 万元。该泥石流沟还未实施有效的工程防治措施，目前仅在沟口沿流向人工开挖了一条土渠进行排导，土渠长约 200m，宽 4～5m，深 2～3m。该沟流域面积较大，支沟多且水量大，一般小规模泥石流可安全沿自然沟道过流进入西河主河道。若遇连阴雨、强降雨形成中型以上泥石流，届时泥石流堆积物将堵塞沟道并呈面状淤积扩散，对沟口居民、耕地、道路、公共设施等造成严重危害，潜在威胁人口 20 人，财产 200 万元。

12）沙才沟

沙才沟（图 5.25）所处地理坐标为 103°53′15.8″E、34°22′58.0″N，所属地貌类型为侵蚀构造中山地貌，流域内地层岩性主要为三叠系砂质板岩及砂岩，局部出露，表层风化破碎，区域构造运动强烈。泥石流流域形态呈“柳叶”形，流域面积为 2.28km^2，相对高差约为 340m，主沟纵坡降为 103‰，沟谷呈深切“V”形，坡面小型冲沟发育，山坡平均坡度约为 39°，植被覆盖率约为 70%，土地类型为耕地、草地及林地。该泥石流沟道内不良地质现象轻微，沟道较为顺直，堵塞程度轻微，松散物质主要为沟道碎石堆积，补给长度占沟道总长的 30%，平均厚度约为 0.5m，松散物以碎石为主，碎石岩性主要为砂岩、砂质板岩，沟底可见碎石粒径多在 15～20cm，最大粒径可见约 0.7m，松散物质储量约 17×10^{4}m^3/km^2。受后期人为改造，沟口扇形完整性较差，面积约为 0.18km^2，扇长 280m，扇宽 300m，厚度为 2～3m，堆积物以泥石流相碎石为主，粒径多在 4～8cm，棱角状，分选性差。该沟经过沟口村庄附近乡村公路时，仅通过三个直径 0.8m 的圆形涵洞进行过流。

据调查访问，该沟于 2012 年 5 月暴发小型泥石流，毁坏农田 8 亩，造成直接经济损失 5 万元。总体来说，该泥石流沟近年来因封山禁牧，植被恢复较好，未造成严重灾情。目前，针对该泥石流沟还未实施有效的工程防治措施，泥石流对沟口居民、耕地、道路、公共设施等造成严重危害，潜在威胁人口 50 人，威胁财产 200 万元。

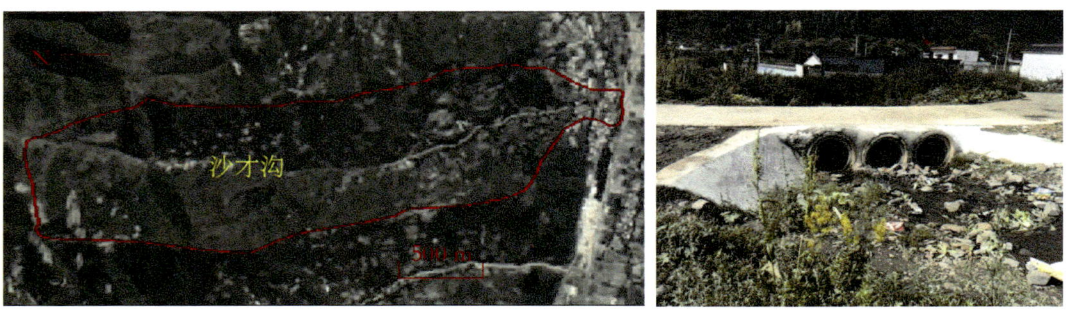

图 5.25　沙才沟遥感影像与沟口沟道

5.2.2.2　验算公式

1）泥石流重度

泥石流重度大小是其含沙量多少的直接反映，其性质主要取决于含沙量，还与泥沙粒度和级配有关。本次需验算的 12 条泥石流沟因无实测资料，其泥石流重度根据实地调查和访问资料，按固体物质储量计算法确定。

泥石流重度与流域内可补给泥石流的松散固体物质储量关系密切，本次泥石流容重按陇南地区的经验公式计算：

$$\gamma_c = 1.1A^{0.11}$$

式中，γ_c 为泥石流重度，t/m^3；A 为流域中单位面积补给泥石流的固体物质储量，10^4m^3/km^2。

2）泥石流流量

泥石流流量是泥石流基本特征的重要参数，本次流量按配方法计算，计算公式为

$$Q_c = (1+\varphi)Q_B D$$

式中，Q_B 为一定重现期的清水流量，m^3/s；Q_c 为与 Q_B 相同重现期的泥石流流量，m^3/s；D 为堵塞系数，可根据泥石流实际情况按《泥石流灾害防治工程勘查规范》(DZ/T 0220—2006）经验表 I.1 查询；φ 为泥石流泥沙修正系数。

计算公式为

$$\varphi = (\gamma_c - 1) / (\gamma_H - \gamma_c)$$

式中，γ_c 为泥石流重度，t/m^3；γ_H 为固体（泥石流）颗粒重度，区域内各沟道颗粒母岩多为强风化板岩，取 2.5t/m^3。清水流量 Q_B（1%）按定西北地区经验公式计算：

$$Q_B（1\%）=19.3F^{0.68}$$

式中，Q_B（1%）为重现期为 100 年的清水流量；F 为泥石流流域面积，km^2。

$$Q_B（2\%）=0.8Q_B（1\%）$$

$$Q_B（5\%）=0.5Q_B（1\%）$$

3）泥石流流速

泥石流流速的计算选取形态调查法进行计算，本次 12 条沟以稀性泥石流为主，公式采用中铁第一勘察设计院西北地区经验公式：

$$v_c = (1.53/a)\cdot\frac{1.53}{a}\cdot\frac{2}{3}H_c\cdot\frac{3}{8}I_c$$

$$a = \frac{1}{2}(\varphi\gamma_H + 1)$$

式中，v_c 为泥石流流速，m/s；H_c 为泥石流堆积深度（泥深），m；I_c 为泥石流的沟床纵坡降，‰；φ为泥石流泥沙修正系数；γ_H 为泥石流颗粒重度，区域内各沟道颗粒母岩多为强风化板岩，取 2.5t/m^3。

4）所需过流断面面积计算

在 100 年一遇、50 年一遇、20 年一遇降雨条件下，根据相应降雨条件下泥石流流量，计算满足泥石流流量排泄的安全断面面积，所需过流断面面积（S_c）计算公式如下：

$$S_c=Q_c/v_c$$

式中，Q_c 为泥石流流量，m^3/s；v_c 为泥石流流速，m/s。

5.2.2.3　验算结果

1）所需过流断面计算结果

根据上述各验算公式，结合各泥石流沟实际情况进行取值，对 12 条泥石流汽所需的过流断面进行计算，计算结果如表 5.3 所示。

表 5.3　各泥石流沟所需过流断面计算结果表

序号	名称	F /km^2	Q_B/(m^3/s)			A/(10^4 m^3/km^2)	γ_c /(t/m^3)	γ_H /(t/m^3)	φ	D	Q_c			H_c /m	I_c /‰	v_c /(m/s)	S_c/m^2		
			1%	2%	5%						1%	2%	5%				1%	2%	5%
1	后山泥沟	0.37	9.82	7.85	4.91	9.90	1.42	2.5	0.38	2.2	29.87	23.90	14.93	1.6	0.250	8.89	3.36	2.69	1.68
2	西峰沟	0.70	15.14	12.11	7.57	14.29	1.47	2.5	0.46	1.8	39.84	31.88	19.92	2.1	0.150	8.39	4.75	3.80	2.37
3	噶路沟	1.15	21.22	16.98	10.61	14.40	1.48	2.5	0.46	2.2	68.34	54.67	34.17	1.2	0.176	6.13	11.15	8.92	5.57
4	拉舍沟	1.10	20.59	16.47	10.30	17.90	1.51	2.5	0.52	1.8	56.21	44.96	28.10	1.2	0.093	4.68	12.00	9.60	6.00
5	烧炭沟	2.20	32.99	26.39	16.50	6.40	1.35	2.5	0.30	1.8	77.40	61.92	38.70	1.3	0.155	6.83	11.33	9.07	5.67
6	大碱沟	0.23	7.10	5.68	3.55	20.52	1.53	2.5	0.55	2.2	24.26	19.41	12.13	1.4	0.375	8.59	2.82	2.26	1.41
7	干柴沟	0.89	17.83	14.26	8.91	14.38	1.47	2.5	0.46	2.2	57.39	45.92	28.70	1.7	0.221	8.42	6.81	5.45	3.41
8	站沟	0.50	12.01	9.61	6.01	20.00	1.53	2.5	0.55	2.2	40.84	32.67	20.42	1.2	0.261	6.79	6.01	4.81	3.01
9	中寨沟	16.26	128.56	102.85	64.28	35.00	1.63	2.5	0.72	1.8	397.37	317.9	198.68	2.1	0.060	5.23	76.02	60.81	38.01
10	骆驼沟	2.15	32.48	25.98	16.24	19.00	1.52	2.5	0.53	1.8	89.55	71.64	44.78	0.9	0.140	4.47	20.03	16.03	10.02
11	齿沟柏木	6.87	71.56	57.25	35.78	19.00	1.52	2.5	0.53	1.8	197.31	157.85	98.66	1.6	0.136	6.49	30.40	24.32	15.20
12	沙才沟	2.28	33.80	27.04	16.90	17.00	1.50	2.5	0.50	1.8	91.47	73.18	45.74	1.0	0.103	4.34	21.07	16.86	10.54

2）过流断面验算结果

本次在野外对 12 条泥石流沟沟口附近沟道的宽度、深度进行了实地量测，量测结果如表 5.4 所示。

表 5.4　各泥石流沟实测断面值

序号	泥石流名称	量测宽(b)/m	量测深(h)/m	量测面积(S)/m^2
1	后山泥沟泥石流	3.4	0.9	3.06
2	西峰沟泥石流	2.7	0.9	2.43
3	噶路沟泥石流	7.5	1	7.5
4	拉舍沟泥石流	4.5	0.8	3.6
5	烧炭沟泥石流	4	0.6	2.4
6	大碱沟泥石流	3.1	0.9	2.79
7	干柴沟泥石流	5.5	1.1	6.05
8	站沟泥石流	4	0.6	2.4

续表

序号	泥石流名称	量测宽(*b*)/m	量测深(*h*)/m	量测面积(*S*)/m^2
9	中寨沟泥石流	12	1.2	14.4
10	骆驼沟泥石流	4	2	8
11	柏木齿沟泥石流	5.3	1	5.3
12	沙才沟泥石流	3	0.8	2.4

将各泥石流沟所需过流断面面积与实际量测面积进行对比，得出 100 年一遇、50 年一遇、20 年一遇降雨条件下该沟道是否满足过流条件，结果如表 5.5 所示。

表 5.5　各泥石流沟断面验算结果

序号	泥石流名称	降雨条件	所需过流面积(S_c)/m^2	量测面积(S)/m^2	是否满足
1	后山泥沟泥石流	100 年一遇	3.36	3.06	不满足
		50 年一遇	2.69		满足
		20 年一遇	1.68		满足
2	西峰沟泥石流	100 年一遇	4.75	2.43	不满足
		50 年一遇	3.80		不满足
		20 年一遇	2.37		满足
3	噶路沟泥石流	100 年一遇	11.15	7.50	不满足
		50 年一遇	8.92		不满足
		20 年一遇	5.57		满足
4	拉舍沟泥石流	100 年一遇	12.00	3.60	不满足
		50 年一遇	9.60		不满足
		20 年一遇	6.00		不满足
5	烧炭沟泥石流	100 年一遇	11.33	2.40	不满足
		50 年一遇	9.07		不满足
		20 年一遇	5.67		不满足
6	大碱沟泥石流	100 年一遇	2.82	2.79	不满足
		50 年一遇	2.26		满足
		20 年一遇	1.41		满足
7	干柴沟泥石流	100 年一遇	6.81	6.05	不满足
		50 年一遇	5.45		满足
		20 年一遇	3.41		满足
8	站沟泥石流	100 年一遇	6.01	2.40	不满足
		50 年一遇	4.81		不满足
		20 年一遇	3.01		不满足

续表

序号	泥石流名称	降雨条件	所需过流面积(S_c)/m^2	量测面积(S)/m^2	是否满足
9	中寨沟泥石流	100 年一遇	76.02	14.40	不满足
		50 年一遇	60.81		不满足
		20 年一遇	38.01		不满足
10	骆驼沟泥石流	100 年一遇	20.03	8.00	不满足
		50 年一遇	16.03		不满足
		20 年一遇	10.02		不满足
11	柏木齿沟泥石流	100 年一遇	30.40	5.30	不满足
		50 年一遇	24.32		不满足
		20 年一遇	15.20		不满足
12	沙才沟泥石流	100 年一遇	21.07	2.40	不满足
		50 年一遇	16.86		不满足
		20 年一遇	10.54		不满足

5.2.2.4 结论与建议

（1）后山泥沟、大碱沟、干柴沟泥石流现阶段的沟道能满足 50 年一遇、20 年一遇降雨条件下暴发的泥石流的过流，但不满足 100 年一遇降雨条件下暴发的泥石流的过流；

（2）西峰沟、噶路沟泥石流现阶段的沟道能满足 20 年一遇降雨条件下暴发的泥石流的过流，但不满足 100 年一遇、50 年一遇降雨条件下暴发的泥石流的过流；

（3）拉舍沟、烧炭沟、站沟、中寨沟、骆驼沟、柏木齿沟和沙才沟泥石流现阶段的沟道均不能满足 100 年一遇、50 年一遇、20 年一遇降雨条件下暴发的泥石流的过流。

（4）泥石流主沟坡降大、流域汇水面积大、沟口村落集中，在强降雨条件下，因主沟过流断面不足导致堵溃效应放大，工作区泥石流沟风险大，为此必须加强典型泥石流沟的勘查及工程治理。在工程治理前，可优先部署专业监测系统，动态监测物源区降水量、泥位变化等，沟口安装声光报警器，进一步提高沟口群众的避险能力。

第6章　基于机载LiDAR技术的黄土滑坡隐患识别研究

6.1　机载LiDAR技术概述

综合遥感手段在国外已广泛用于地质灾害的早期识别、隐患排查和监测预警等工作，有助于改变以往过分依靠“人工调查－发现隐患－布设监测仪器”的工作模式，对认识地质灾害的出现、发展和破坏等整个演变过程提供强有力的支撑（Ge et al.，2019）。多技术综合应用才能有效破解隐患识别难题（Yao et al.，2016；Xu et al.，2019）。高精度光学卫星遥感影像技术具有覆盖范围广、多时相、多光谱、多数据源、低成本等特点（Fang et al.，2015），对地质灾害特征要素完整、变形迹象明显的地质灾害隐患具有较好的识别能力，采用地理信息系统（geographic information system，GIS）的水理解析功能，可以实现基于三维遥感影像系统的泥石流方量和影响范围分析（Xie et al.，2011）；以SPOT6和DEM数据为基础数据，能够实现对地质灾害体多视角、多尺度的动态观测（Zhang et al.，2017）；该技术对于地质灾害形态不完整、变形迹象不明显的地质灾害隐患则识别较困难。合成孔径雷达干涉测量（interferometric synthetic aperture radar，InSAR）技术是通过相位信息变化得到地表高程信息、形变信息的技术，具有高精度、高分辨率、全天时、全天候、高效率、大区域等优点，已成为常用的大地测量技术之一（Gabriel et al.，1989；Zhang et al.，2018）；该技术最早用于滑坡监测在1996年，法国学者Fruneau等使用差分InSAR（differential InSAR，D-InSAR）技术对某滑坡进行监测，发现其结果与常规离散观测结果相似（Miao et al.，2019）。机载LiDAR系统具有高精度、速度快、效率高、穿透性强等优点，利用激光点云成果构建高精度DEM和数字正射影像图（digital orthophoto map，DOM），建立三维地质灾害解译场景，已广泛应用于地质灾害隐患识别（Fruneau et al.，1997；Kang et al.，2017）；该技术在滑坡微观刻画、几何形成提取、高精度建模等方面具有巨大的优势（She et al.，2018；Jiang et al.，2018；Fan et al.，2018）。

相对于西南高山峡谷区，黄土高原植被稀疏，阶地发育，激光扫描时受植被干扰少，照射到达地面有效点多，对于滑坡微地貌和隐蔽裂缝辨识度高。充分利用机载LiDAR技术优势，本书将选取洮河流域中游典型滑坡灾害，探索在不同飞行高度与采样频率条件下的滑坡边界、裂缝宽度及延展性、斜坡陡坎坡度和高度等识别技术参数，提出黄土滑坡隐患综合识别方法，研究成果对于指导黄土区高精度地质灾害调查和隐患识别具有重要的指导意义。

6.1.1 机载 LiDAR 技术发展研究历程

第一台激光雷达扫描系统的问世是在 20 世纪 70 年代，由美国航空航天局研发（Petzold et al.，1999）。从此展开了对激光雷达扫描技术的不断探索。全球定位系统及惯性导航系统的迅速发展使遥感平台的实时位置和姿态参数得到精确测定。1988～1993 年，德国斯图加特大学研制了机载激光扫描仪，是将激光扫描技术与可即时测量遥感平台位置和姿态系统有效结合在一起形成的。之后，机载激光扫描仪得到了迅速发展，目前全球制造激光扫描仪的生产厂商有十余家，型号多样，几乎满足所有用户需要，有三十多种可供选择。最开始研究、生产机载激光扫描仪是为了获得地面数字高程模型（薛永祺和李树祺，2000），其构成模型的主要数据是激光到达地面目标反射回去的回波信息；随后机载激光扫描仪的高度自动化和精确观测成果使之逐渐成为新型采集 DEM、数字地面模型（digital terrain model，DTM）数据的工具（汤国安，2000）。

20 世纪 90 年代末至今是机载激光雷达扫描技术的高速发展时期。激光扫描仪扫描的激光点云数据精度随着动态差分全球定位系统（global positioning system，GPS）和惯性测量单元（inertial measurement unit，IMU）的精度不断提高而得到提高，逐渐满足实际生产的需要。随着各行各业发展及应用需求，高精度机载激光雷达系统的研发与生产备受关注，很多著名的仪器生产厂家已经生产出了成熟的满足精度要求的机载激光雷达扫描设备，目前美国 Leica、加拿大 Optech、德国 TopoSys 等是国际上主要的机载激光雷达扫描生产厂家。在获取地面三维空间数据方面，与传统测量方法相比，机载激光雷达技术明显降低了外业和数据后处理成本。

机载激光雷达技术研究在国内已经兴起，但相对国际上的发达国家还比较落后。我国第一台激光扫描仪是线扫描原理样机，它将激光扫描测距仪和多光谱扫描成像仪利用同一套扫描光学系统，使地面上的激光点与对应图像上的像元点得到严格匹配，这是中国科学院遥感应用研究所李树楷教授等于 1996 年在国家高技术研究发展计划（863 计划）的支持下研究并完成的一套有别于目前国际上流行的机载激光雷达系统。随后，武汉大学李清泉教授等（2000）研发而成了地面激光点扫描测量系统。

机载激光雷达现在已成为一种先进的测量技术集成方法，对数字中国及各行业数字化的发展将起到重要的作用，将对电网、水利、交通、规划、国土、矿山、海洋、气象、农业、林业、古迹保护等各个领域产生深远的影响。目前，国内机载激光雷达扫描设备已达数十套，其中北京星天地信息科技有限公司、山西亚太数字遥感新技术有限公司、广西桂能信息工程有限公司、广州建通测绘技术开发有限公司、武汉大学以及中国水电顾问集团成都勘测设计研究院和中交宇科（北京）空间信息技术有限公司等单位已经先后开展了实验和工程飞行。

6.1.2 机载 LiDAR 技术应用现状

机载激光雷达（LiDAR）测量技术通俗地说是以飞机为平台，将激光测距、GPS、IMU、数码航测技术相结合，快速获取靶流域内高密度的三维坐标信息，并以高密度的三维坐标进行定位、测量和存储，对获取的地面激光点云、影像进一步加工处理得到数字高程模型、数字正射影像图、数字线划图等地理信息的技术（张小红，2002，2007）。目前，机载 LiDAR 技术在国内外应用已经非常成熟，在国土、农业、林业、规划、电力、公路、铁路等行业发挥着重要的作用。

LiDAR 技术在土地管理中的应用（王宁，2017）：配合土地利用图和 GIS 数据，能够直观地反映出土地利用的布局，分析和评价土地利用的合理性，为土地利用提供更加科学、完善的管理方案。利用前后两次不同时间的 LiDAR 系统所获得的数据，可以得到两个不同的数字表面模型，根据两次表面模型的差异，可以检查土地利用的变化情况。利用 LiDAR 系统能够快速获取数据和不受气候条件影响的特点，可以快速更新现有的土地调查数据，做到实时更新。土地管理的目的是要做到实现合理利用土地，珍惜每一寸土地，保护耕地面积，维持生态平衡，这就要求对植被的生长情况进行统计。此项要求利用 LiDAR 数据可以很方便地实现，打在植物表面上的激光点，可以构成植被特性，能够将不同特性植被分类，进而可以分析植被的分布、生长情况，覆盖率、覆盖面积，概算出各种作物占地面积和平均高度，比起其他方式更便于土管部门进行调控和监控。

机载 LiDAR 技术在地形图测绘中的应用（黄克城等，2016）：目前，国内机载 LiDAR 在测绘领域的应用主要是大比例尺地图测绘。LiDAR 能够快速直接、连续自动地获取地面三维数据，与数字相机集成后，可以提高航测成图的作业效率，减少生产环节，缩短生产周期，提高成图精度。同时，采用机载 LiDAR 摄影测量技术，可快速有效获取和生产 4D 产品，进行地形图测量。

机载 LiDAR 技术在公路建设中的应用（陈小歌，2014；贺成成等，2018）：在公路沿线测量过程中使用机载 LiDAR 技术，大大提升了数据采集效率，克服了测区地形起伏变化大、环境恶劣、人工测量危险系数高等困难，在快速作业、短时间内获取海量点云的同时，使用自主开发的点云处理软件完成一系列处理工作，包括点云坐标转换、去噪抽稀、滤波分类等，极大地提高了工作效率。

LiDAR 技术在电力线路工程中的应用（周学文，2010）：利用 LiDAR 技术进行电力线路的勘测设计具有很大的优越性。LiDAR 技术只需要少量的 GPS 控制点和调绘工作，缩短了勘测设计的工期，减少了勘测设计的成本。LiDAR 技术的激光能穿透植被，得到地面的数据，这样就能进行隐秘地带的测量。对 LiDAR 数据进行处理后，可生成正射影像图，进而生成带电力线路路径的三维数字地面模型图，可以方便地在上面进行线路路径选择。确定了线路路径后，可以生成线路平断面图，再生成塔基断面图，便可进行一次性勘测设计，能让勘测设计一体化，大大地缩短了周期，降低了设计成本，并且能进行优化设计，节省工程投资。

6.1.3　机载 LiDAR 技术在地质灾害领域的应用

机载激光雷达技术是 20 世纪 90 年代中期开始出现的一种利用激光对地表三维坐标精确信息进行采集的新型遥感技术，是继 GPS 之后又一项测绘新技术、新突破，是一种崭新的、革命性的测量工具。

该技术结合了激光测距、卫星定位（GPS）和惯性测量等先进技术，其主要特点如下：①采样率高，可以快速完成大区域的地表三维坐标信息采集，可生成 1m 或更小格网间隔的数字高程模型（DEM）；②精度高，目前机载激光雷达数据的高程绝对精度通常可达到15cm，平面绝对精度随航飞高度（航高）不同可达到10cm～1m；③穿透率高，能部分穿透植被和云层，可对林区、山区或阴云覆盖地区开展调查。机载激光雷达技术的上述特点使其具备以下能力：①快速而精确地获取滑坡等地质灾害体的微地形地貌等细节特征信息；②可以定量提取精细的地表粗糙度、坡度、坡向等地形地貌参数；③多期数据下，可以精确地提取特征地形地貌的细微变化量，从而为滑坡等地质灾害的调查和监测等研究提供有力的技术支持。

近年来，一些开展机载LiDAR技术研究较早的国家和地区，如美国、欧洲和日本等，利用机载LiDAR提取的精细地形地貌信息进行滑坡识别和调查，取得了一定的进展（Nancy et al.，2006）。Schulz等（2007）利用机载LiDAR技术对西雅图地区的滑坡进行了详细填图，由于LiDAR技术能够透射植被，研究发现使用LiDAR数据圈定的滑坡个数是传统航空摄影测量圈定的四倍之多，识别出很多以前利用航片解译不能识别的滑坡，表明了LiDAR技术在滑坡识别中的巨大优势；日本的Sekiguchi和Sato（2004）利用机载LiDAR对日本东京附近的Tama山进行了机载激光扫描，制作了地形图和滑坡灾害的微观地形细节，证实了该方法的有效性；法国的Ardizzone等（2007）通过机载激光雷达技术获得了Umbria中部Collazzone地区雨季前后地面分辨率为2m的高分辨率数字高程模型，并分别开展了滑坡地质灾害遥感解译，对比分析了雨季前后滑坡数量、面积、规模的变化，分析认为利用机载激光雷达技术获取的地形信息对降雨诱发的滑坡具有显著的识别作用。

我国对LiDAR技术在滑坡地质灾害识别方面的研究正逐步加强，主要表现在定性和定量研究方面。LiDAR技术能够生成高精度的DEM，并基于此高精度的DEM对滑坡进行定性和定量分析，实现滑坡边界的圈定。定性分析是利用LiDAR DEM生成一系列不同视角下的山体阴影图，它能够很好地表达地形的立体形态；定量分析是利用LiDAR技术生成的DEM提取精细微地形地貌参数分析滑坡要素，借助于不同方位角的LiDAR山体阴影图和坡度-粗糙度图，能够准确地识别滑坡滑动的范围，并准确圈定出滑坡后缘、滑坡侧缘、滑舌等滑坡要素。沈永林等（2011）以海地地震诱发的滑坡体为研究对象，对研究区的航空影像和机载LiDAR数据预处理后，利用面向对象的多尺度影像分割技术进行影像分割，并结合滑坡体及其他地物特点，选择相应的特征组合，设定合适的特征参数阈值，进而构建规则，实现地物分类和滑坡识别。马洪超等（2008）对2008年汶川地震引起的都江堰—汶川公路滑坡进行机载LiDAR测量，并利用LiDAR点云生成了DEM数据，对滑坡的位置、体积和土石方等参数进行了估算，提高了效率，改进了勘察工作的安全性，表明LiDAR技术在滑坡灾害应急响应中的重要性。刘圣伟等（2012）通过对长江三峡工程库区滑坡进行机载LiDAR数据的获取和处理，得到了精度很高的机载LiDAR DEM产品，并从定性和定量两个方面进行了机载LiDAR技术滑坡调查和动态监测应用试验，研究表明机载LiDAR山体阴影图能够直观表达微地貌形态，机载LiDAR坡度-地表粗糙度图像能够提供精确的微地貌特征量，利用多期机载LiDAR数据进行滑坡动态监测，可以掌握一定时间段内滑坡体的变形趋势和特征，并精确测算变形量。

6.2 机载 LiDAR 工作原理与处理流程

6.2.1 机载 LiDAR 工作原理

LiDAR 系统主要包括四个部分：①激光扫描仪（LiDAR 的核心），测量激光发射点与地面激光脚点之间的距离；②动态差分 GPS（differential GPS，DGPS），记录瞬间激光和数码相机开启脉冲的时间并获取 LiDAR 的三维坐标；③激光惯性测量单元（IMU），测定激光扫描装置的主光轴的空间姿态参数；④数码相机，获取地面的地物地貌真彩或红外数字影像信息。根据载荷平台的不同，LiDAR 可以分为地面、车载、机载和星载四种类型。机载 LiDAR 一般是搭载在飞机或直升机上，常见的机载 LiDAR 系统（图 6.1）有 LeicaALS 系列、Optech 的 ALTM 系列、Falcon 系列和 Litter Maper 系列，其空间分辨率为厘米级至米级。

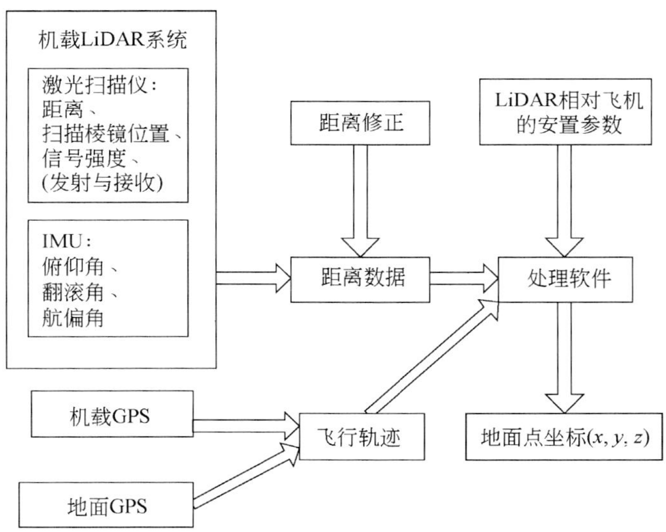

图 6.1 机载 LiDAR 系统示意图

机载 LiDAR 系统中的激光测距仪包括一个单束窄带激光器和一个接收系统。激光器发射一束离散的激光脉冲，打在地面物体上并反射回来被接收器接收。接收器能够准确地记录激光脉冲从发射到被接收所用的时间，且已知激光脉冲以光速传播，因此可以计算出激光器与地面点的距离，计算公式为

$$R=(C \cdot t)/2$$

式中，R 为传感器到目标物体的距离；C 为光速；t 为激光脉冲从发射到被接收所用时间。

由 DGPS 获得的数据可以得到激光发射器的位置坐标，IMU 可以得到飞行器的姿态参数，然后再结合激光器的高度和激光扫描的角度等数据就可以准确计算出每一个地面激光脚点的三维坐标。

机载 LiDAR 系统组成和基本原理如图 6.2 所示。

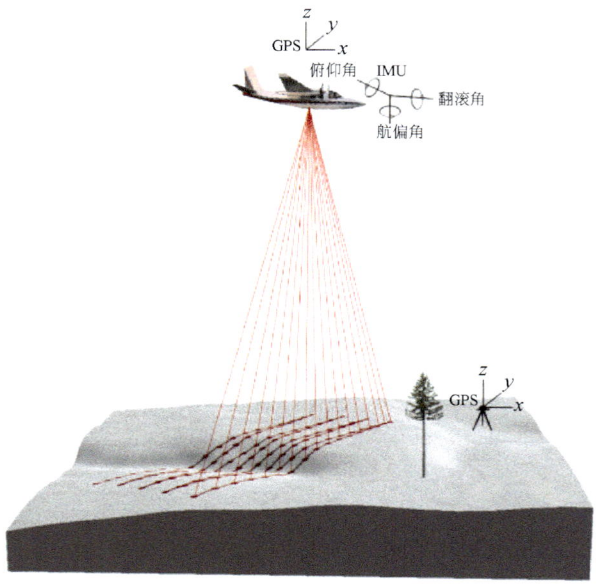

图 6.2　机载 LiDAR 的基本原理

6.2.2　机载 LiDAR 处理流程

6.2.2.1　机载 LiDAR 数据获取

数据获取使用具有多次回波功能的激光雷达系统，通过现场踏勘确定合适的起降场所，为保证数据精度及飞行安全，制定以下数据获取方案，流程如图 6.3 所示。

（1）分析测区行政区划、交通、通信和自然地理基础资料；

（2）分析测区地形类别、地面覆盖类型、植被覆盖密度等情况；

（3）分析测区数字高程模型、遥感影像和地形图等相关资料，如上述资料不完整或分析不明确，须到现场实地踏勘，做补充、完善；

（4）开展系统综合检校，消除系统误差和其他干扰因素；

（5）开展地面检校，消除地形影响。

当完成上述工作，可开展正常航摄任务，获取点云数据。

1）航线规划

以安全、经济、周密、高效的原则设计航线。根据项目实施方案和项目设计书要求，充分了解测区的实际情况，包括测区的地形、地貌、起降场的位置、已有资料的情况、气象条件等，结合系统自身的特点，如航飞高度（航高）、航飞速度（航速）、相机镜头焦距及曝光速度、激光扫描仪的扫描角和扫描频率及功率等，同时考虑航带重叠度、激光点间距、影像分辨率等，选择最为合适的航摄参数。

2）硬件指标

（1）定位测姿系统（position and orientation system，POS）采用双频航空型 GPS 接收

机，采样频率不低于 2Hz，IMU 记录频率不低于 64Hz，系统具有良好的抗加速能力；

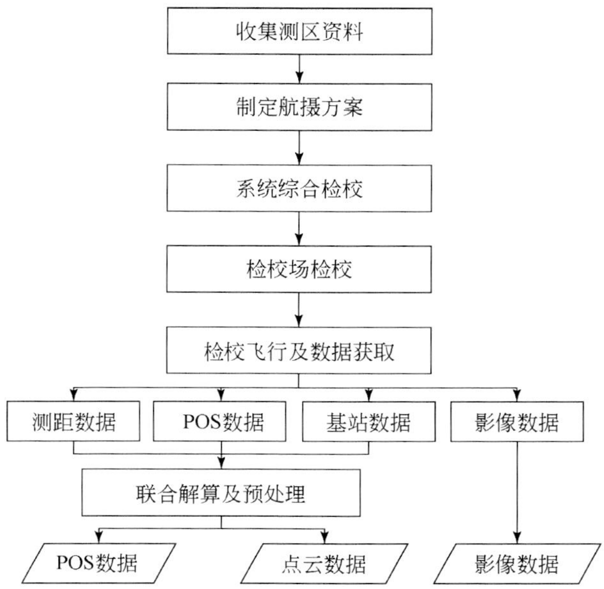

图 6.3　机载 LiDAR 数据获取流程图

（2）地面 GPS 接收机采用双频接收机，采样频率不低于 2Hz；

（3）航飞高度预定为相对地面分别为 50m、100m、150m，旁向重叠度为 35%；

（4）影像航向覆盖率超过 60%～70%，旁向重叠度 15%～30%，平均点云密度为 10.0 点/m^2，重点区域在保证飞行安全和人员安全的前提下，可适当加密。

3）飞行准备

（1）飞机停机坪四周需开阔，视场内的高度角应不大于 20°，避免 GPS 失锁；

（2）机载设备在起飞前要做加电测试，在起飞前 5min 开机，落地后 5min 关机，检查相机是否有电，调焦是否无穷远，感光度和快门设置是否正确；

（3）检查 GPS 接收机是否正常，检查机载 LiDAR 设备指示灯是否正常打开。检查相机是否在地面可拍摄，检测影像是否发虚，存储是否正常，起飞之前要确保镜头盖打开；

（4）所有基站应在起飞前进入观测状态，所有设备在观测过程中应保持连续状态；

（5）制定应急预案（第二套方案），以备客观原因导致的飞行困难。

4）检校飞行

（1）飞行前要在检校场进行检校飞行，设计三个航高、六条航线，50m 航高两条交叉航线，100m 航高两条交叉航线，150m 航高两条交叉航线；

（2）检校飞行应满足卫星数量大于 10 颗，高度角大于 15°，并应选择好的观测时段，项目起始段和结束段均应通过检校场；

（3）再次确定 POS、地面接收机、数码相机是否满足测区技术规范要求。

5）航测数据采集

经上述步骤检查合格，根据设计的航线和高度进行飞行，使搭载的激光雷达对整个测区进行扫描，得到激光测距数据、POS 数据和真彩色数码影像。

6）现场数据检查

航摄任务结束，需要现场对点云数据完整性、照片数据完整性、POS 数据完整性进行检查，具体检查项如下：

（1）点云数据，初步检查判断激光测距数据量大小是否正常，文件命名是否连续；

（2）照片数据，查看照片命名是否连续，是否存在过度曝光，影像色调、阴影、云是否满足要求；

（3）POS 数据，检查 POS 数据是否按照正常时序，航迹线是否正常，是否满足旁向重叠度要求等；

（4）激光测距数据，检查激光测距数据是否按照时间顺序自然命名，数据量是否大小合理；

（5）设备检查，检查激光设备和飞机是否有故障或硬件问题。

7）补摄与重摄

A. 补摄标准

（1）航摄过程中出现的绝对漏洞、相对漏洞及其他严重缺陷需要补摄，并做好记录；

（2）对于影像内业加密选点和模型连接的相对漏洞及局部缺陷（如云、云影、斑痕等），选择在漏洞处补摄，补摄航线的长度设定为超过漏洞外一条基线；

（3）POS 系统局部数据记录缺失时，要补飞或重飞；

（4）原始数据质量存在局部缺陷，影响点云的精度或密度不满足项目设计要求，需要补摄。

B. 补摄要求

（1）应采用同一主距的数字航摄仪进行补摄；

（2）漏洞补摄必须按原设计航迹进行，补摄航线的长度应满足用户区域网加密布点的要求。

6.2.2.2　机载 LiDAR 数据处理

1. 机载 LiDAR 点云数据预处理

利用地面基站静态观测数据和机载 POS 数据联合计算，得到后差分处理结果。再利用后差分 POS 数据、激光测距数据和地面控制点数据联合解算，生成标准的.las 点云格式文件，POS 数据后差分处理，原始点云数据解算、去噪点等步骤具体流程如图 6.4 所示。

1）航迹线解算

通过地面基准站的 GPS 数据与机载 GPS 数据的联合差分解算，精确确定航摄过程中飞机的飞行航迹；再与 IMU 数据耦合处理，得到飞机的姿态信息；最后进行平滑处理，得到飞机在飞行过程中任意时刻的位置和姿态信息。

2）点云数据解算

利用航迹解算软件解算实时航迹线文件，再利用点云数据处理软件对飞机 GPS 航迹数据、飞机姿态角、激光测距数据、激光的扫描角数据、地面基站静态数据、地面控制点数据进行联合处理，得到各个测点的（X，Y，Z）坐标数据，文件格式为.las。

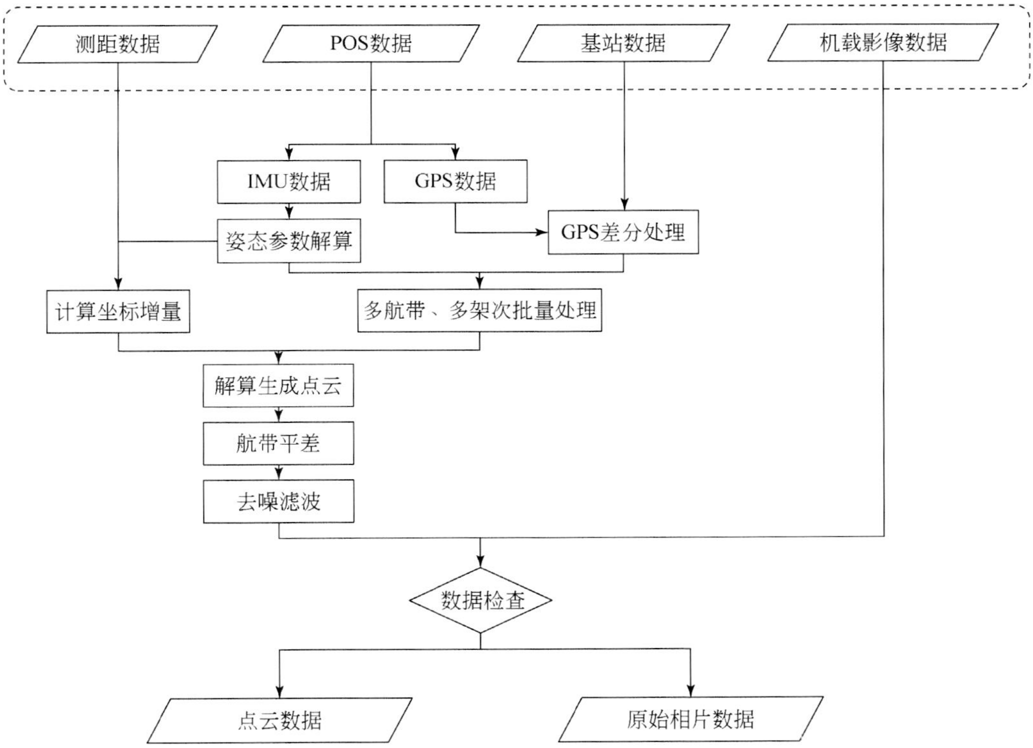

图 6.4　机载 LiDAR 数据处理流程图

3）航带平差

由于各种误差的存在和影响，使得点云数据存在系统误差和随机误差，造成平面误差和高程误差，利用点云数据处理软件计算得到航迹间的改正数来消除这种不符值。

4）噪声和异常值滤除

点云数据获取过程中，由于电路、飞鸟、大颗粒尘埃等原因，获取的激光点云会产生异常距离值（超出或低于正常高）。利用点云数据处理软件剔除上述粗差值；随后，综合分析，利用点云处理软件剔除云、雾、雨、雪点云异常值。

5）点云指标核查

点云指标核查主要是指对平均点云密度、点云高程精度以及平面精度进行检查。平均点云密度指航摄区范围面积内总体点云数量除以航摄范围面积，得到的平均点云密度。点云高程精度和平面精度指采用外业采集的地面控制点和点云数据，计算最大误差、最小误差及中误差。

2. 数字表面模型成果

数字表面模型（DSM）数据生产主要包括加载预处理的点云数据，滤除移动物体和架空线，保存 DSM 点云图层，构网生产格网型数字高程模型，具体流程如图 6.5 所示。

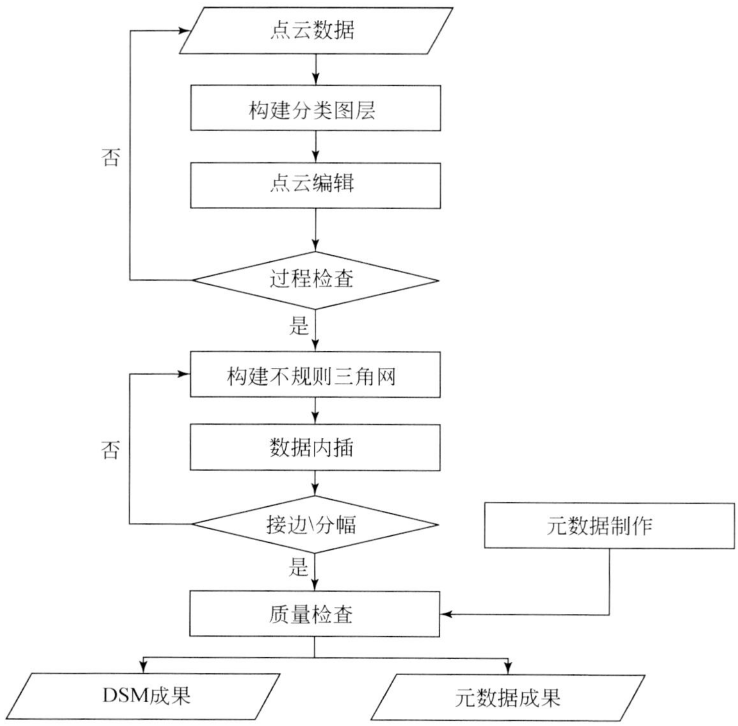

图 6.5　数字表面模型（DSM）成果处理流程图

1）构建分类图层

利用点云处理软件加载点云数据，建立点云图层，具体构建的图层名如表 6.1 所示。

表 6.1　DSM 点云分类表

点云分类名	存储内容
DSM 类	存储表达数字表面模型的点
噪声类	存储滤除的噪声点类
航带重叠点类	存储滤除的航带重叠区冗余点
移动物体点类	存储滤除的移动物体
补测点类	存储补测的点
其他	根据需要，存储其他分类的点

2）DSM 点云编辑

DSM 数据的编辑主要是人工精细化分类点云，并依据 DSM 图层的点云数据构网生成 DSM 成果。DSM 点云编辑的主要内容包括以下几点。

（1）移动物体滤除：以人工编辑点云的方式滤除移动物体，如车辆、船舶、飞机等。重点关注道路、停车场、铁轨、居民地等区域的车辆。滤除的移动物体点云放入移动物体点云图层，保留的点云放入 DSM 图层。

（2）架空管线处理：在点云数字表面模型中，架空管线要做处理，如电力线、通信线等横截面积较小的管线应滤除，其他设施不做特殊处理，如管道、墩架、桥梁等，架空线滤除的点云放入其他图层。

（3）平地处理：平地地区高程应尽量与实地高程保持一致，不存在大面积飞点、跳点等情况。

（4）水域处理：水域范围内的高程原则上根据周围地形进行平滑过渡，保证无明显地形异常。对于面积大于 10000m^2 的静止水域，高程值保持一致，其高程值取数据获取时的水位高，不同期影像的水位高不一致时，以水位高的影像为准。对于水域宽度大于 80m 的主要河流，高程值自上而下平缓过渡，并且与周围地形关系正确、合理，水面高程依据上下游水位高程进行分段赋值。

（5）山脊或沟谷区：山脊或沟谷等区域的 DSM 应符合实际地貌特征。

（6）山体阴影区：山体阴影区域的 DSM 高程值和其表现出来的纹理特征应尽可能保证与实际地貌特征保持一致。

（7）特殊地物：指由于技术限制等原因，不能完全获取表面模型的地物，其主要表现为同一平面位置有多个高程值的复杂地物，如散热塔、宝塔；网状外形的地物，如索道、铁丝网、电线塔；局部运动的地物，如风车。精度不做要求。

3）构建不规则三角网

经过滤除移动物体和架空线工序，据此构建可编辑的不规则三角网，并检查异常值情况，如发现异常值，需要在可编辑模型中编辑。进一步去除局部点云高程异常值、移动物体（车、轮船）等，直到可编辑三角网地表自然过渡，无明显凸点、凹点等情况出现为止。

4）内插输出 DSM

按照 2m 格网间距，内插形成数字表面模型成果。

3. DEM 成果

DEM 数据生产主要包括点云地面点自动分类、人工精细化点云地面点分类和构建不规则三角网。另外，对于特殊地物（如水系），需要构建特征线。DEM 成果处理流程如图 6.6 所示。

1）自动点云分类

利用点云处理软件（Microstation+TerraSoild）加载点云数据，建立点云分类图层，如点云默认图层（Default 类）、地面点图层（Ground 类）、噪声类、航带重叠点类和移动物体点类等，具体点云分类图层构建见表 6.2。按照点云滤波算法，滤波窗口设置 20m 进行滤波处理，自动分类地面点图层。

表 6.2　数字高程模型点云分类图层构建表

点云分类名	存储内容
默认图层（Default 类）	存储原始所有点云的类
地面点图层（Ground 类）	存储表达数字高程模型的点
噪声类	存储滤除的噪声点类
航带重叠点类	存储滤除的航带重叠区冗余点

续表

点云分类名	存储内容
移动物体点类	存储滤除的移动物体
建筑物点类	存储滤除的建筑物点云
补测点类	存储补测的点
其他	根据需要，存储其他分类的点

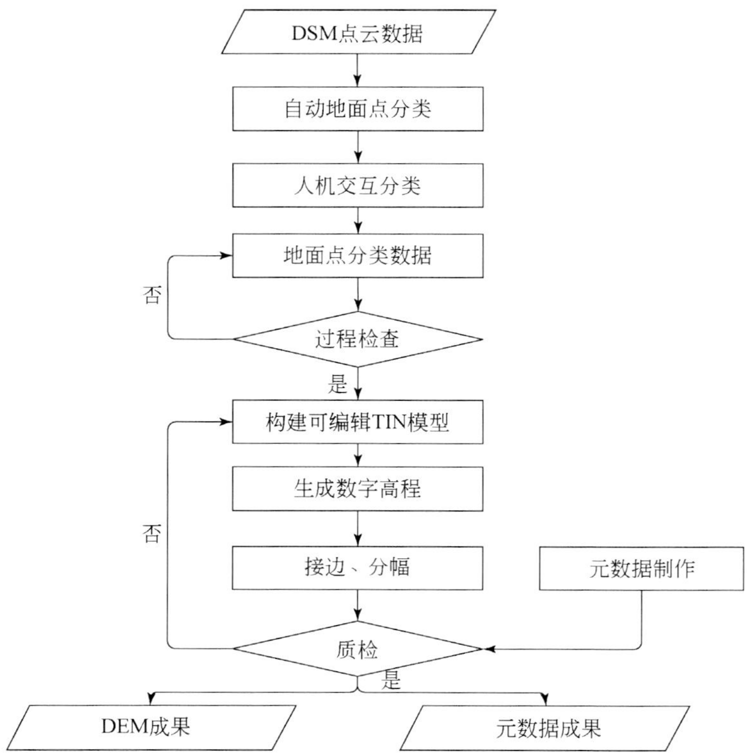

图 6.6　数字高程模型（DEM）成果处理流程图

自动点云分类一般利用 TerraSolid 所提供的分类工具，将激光点云经过分离低点、分离地面点、提取非地面点等流程进行分类。

（1）分离低点这个类别可以归为噪声（错误数据）的一类，其规则是把较低的点从与其相邻的点中分离出来，主要是用于区分水下点及同一区域内少量明显低于周围的激光点，而这些点可能是错误的。该算法基本原理是用一个点（中心点）的高程值与给定距离范围内每一个点的高程值比较，如果中心点明显低于其他点，这个点将被分离出来归为一类。此种类别的分离，需要反复多次，并设置合适的参数，最后达到较好的效果。

（2）分离地面点是通过反复建立地表三角网模型的方法分离出地表上的点，将其归入地面图层。该算法基于原理如下：获取一定的地面种子点组成初始的稀疏不规则三角网；判断各点到最近三角形所在平面的距离与角度，如果在阈值范围内，则将该点归入地面点；

再次构建不规则三角网，继续判断距离与角度是否在阈值范围内。如此反复迭代至不再增加地面点或者满足给定条件。

在使用 TerraSolid 软件对机载 LiDAR 点云数据进行分类时，阈值的设置直接影响分类的结果精度，需特别注意几个因素：最大建筑物的边长（max buliding size）、地表所允许的最大坡度（terrain angle）、反复参数（iteration angle、iteration distance，即重复构建三角形是当前点与三角形的夹角和距离），不添加当前点的条件（edge length），停止当前循环退出三角形的条件（edge length）。反复参数决定一个点有多近，才能被纳入三角平面，参与建模。

“Iteration angle”是点和三角形最近顶点的连线与这个三角形所构成平面的最大夹角值，值越小，则点云里面起伏变化就越小，即会把起伏变化大的点排除在地面模型之外。一般在平坦地区使用小值，在山地使用较大值，值在 4.0～10.0。

“Iteration distance”可以确保当三角形很大时，重复向上构建三角形没有大的跳跃，有助于把低矮建筑物排除在模型之外，值在 0.5～1.5m。

“Terrain angle”是控制地面允许的最大角度。此角度可以根据不同的地形，不同的区域设置不同。平地地区的最大角度都会比较小，山地就需要设定比较大一些的角度，高山地区最大可设置到 85°左右。

（3）在正确的分离地面点之后，接着分离高于地面的非地面点，并将其归入默认图层。

2）人工精细化点云分类

加载地面点云图层数据，按照地面点分类要求进行人工精细点云编辑。精细分类的过程是人工交互编辑分类的过程，通过大量的人工干预，弥补自动分类算法在地物、地表数据判别不准确的问题。人工精细化点云分类原则包括以下几点。

A. 居民地及附属设施

（1）建筑物表面点、墙角、墙面点、围墙上的点，归入默认图层；

（2）较长较宽的阶梯，一种是连接地面与地面，如山坡上、路边和广场等的台阶，建筑物地基等归入地面图层，另一种是连接地面与建筑物，如大礼堂、剧院前的台阶，室外楼梯等归入默认图层；

（3）密集居民流域内地面上的杂物，要归入默认图层；

（4）建筑工地地形比较复杂，应特别留意打在墙角、围墙等上的较高的激光点要归入默认图层，打在较高车辆、管道、旗杆等上比较零散的激光点要归入默认图层；

（5）打在乱石堆、砖瓦堆及其他建筑材料上的点云，高程分布比较乱，归入默认图层；

（6）地面上的一些特殊地物，形状一般比较规则，人工搭建用作舞台、讲台等，归入默认图层；

（7）工矿建筑物、公共设施和独立地物（以下简称独立地物），如码头、游乐场、古遗址、医院、学校、发电塔、污水处理场等地物，归入默认图层，下凹式广场应归入地面图层；

（8）工厂内输气管道以及机器设备，归入默认图层。

B. 管线

电力线、电线杆、路灯、电线塔、通信线、管道和垣栅等，归入默认图层。

a. 交通

（1）高架的公路、立交桥架空部分，都要归入默认图层；

（2）汽车、马路隔离带、绿化带和其他无法判断的零散激光点，归入默认图层；

（3）涵洞、下凹道路、连接主辅路的陡坎、道路护坡、过街通道入口等，归入地面图层。

b. 水系

（1）干涸或部分干涸的河流、湖泊等，其裸露部分要归入地面图层，有水的区域归入默认图层；

（2）河流、湖泊等水面上打在船、植被等地物的点云，归入默认图层；

（3）在河流、池塘、水田等有堤坝、田埂等区域归入地面图层，在 DEM 上一般显示为连贯的一条埂。

c. 地貌和土质

（1）地面上的一些坡坎上的激光点，通过剖面图可以判断是实际地形特征，地面无临时性地物的点，归入地面图层；

（2）沿堤坝、田埂通常有大量植被，多出现密集的中、高层植被将堤坝田埂部分覆盖，导致没有激光点打在地面上，该区域的激光点要归入默认图层。

d. 植被

（1）对于植被密集区域，很少有激光点打在地面上，分类时一定要特别留意，发现有与其他区域地面点高程相近的激光点，可以判断为地面图层；

（2）其他打在植被上的点云可以都归入默认图层。

e. 其他

临时性地物点，如车辆、鸟等，归入移动点云图层。

3）构建不规则三角网

利用人工精细化分类的点云数据构建不规则三角网 TIN。

4）内插输出 DEM

按照 2m 格网间距内插形成 DEM。

4. DOM 成果

利用点云数据处理软件开展数字正射影像数据制作，制作 DOM 需要利用高精度后差分 POS 数据、去噪后的激光点云数据、真彩色原始数码影像数据上步工序生产的 DEM 成果数据。基于机载 LiDAR 技术制作 DOM 不需要做大量控制点，也不需要制作空中三角测量（空三）加密过程。DOM 影像制作的过程主要包括利用后差分处理的高精度 POS 数据作为外方位元素，利用点云制作的 DEM 作为正射纠正的数据源，利用激光点云数据作为控制点，经过点云特征点与影像特征点匹配，再经过正射纠正，并对影像进行拼接和匀色，得到数字正射影像图成果，具体流程如图 6.7 所示。

1）正射纠正和变形检查

利用点云数据处理软件影像纠正模块，输入相关参数，地面分辨率设置为 0.20m，对影像进行连接点添加、点云特征点与影像特征点匹配、空三平差计算以及单片数字微分纠正。对纠正后的影像进行质量检查，检查影像是否出现失真、变形、发虚、拉花等现象，针对房屋、桥梁和道路等扭曲变形，采取编辑 DEM—分别纠正影像—然后再拼接的方法解决，既可消除影像变形又保证了影像的几何精度。

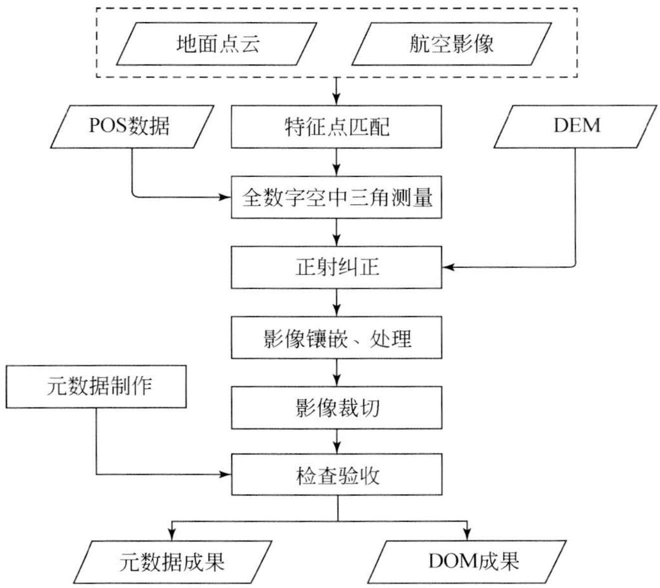

图 6.7　数字正射影像图（DOM）成果处理流程图

2）影像镶嵌及匀光匀色

通过单张影像的数字微分纠正，得到单幅纠正的正射影像，还需要将多个单片纠正影像通过镶嵌获取大面积的数字正射影像。同时由于每张影像的获取时间不同，存在色调、饱和度、对比度等不一致的情况，需通过匀光匀色处理，使得整个测区的正射影像色调基本一致、色彩丰富。

6.3　基于机载 LiDAR 技术的黄土滑坡遥感解译工作方法

6.3.1　机载 LiDAR 解译内容

基于机载 LiDAR 技术在不同航飞条件下的地质灾害调查应用研究主要是针对滑坡地质灾害的早期识别研究，同时基于不同航飞高度条件下的机载 LiDAR 航飞数据对比分析了地物数据识别精度。机载 LiDAR 解译内容如下。

（1）滑坡体的位置、范围、形态、坡度、总体滑坡方向以及变形迹象，变形迹象主要是指滑坡的拉裂缝、拉裂陡坎以及坡表冲沟等变形特征；

（2）拉裂缝的位置、长度、宽度、延伸方向，拉裂陡坎的位置、长度、高度、延伸方向；

（3）研究区地物的类型、面积。

根据机载 LiDAR 的技术特点，在解译过程中考虑了基于 3D 产品进行综合解译。在航飞过程中，不仅进行了机载 LiDAR 航测，还单独挂载了正射单镜头，可以同时获得测区高精度 DEM、DSM、DOM，对工作区的地质灾害进行多源综合遥感解译。

6.3.2 机载 LiDAR 数据设备

6.3.2.1 飞行平台

本次项目工作采用的遥感无人机飞行平台为飞马 D2000 系列多旋翼无人机。D2000 无人机的特点是飞行时间长、功能多样，可搭载航测模块、倾斜模块、雷达模块、可见光视频模块、热红外视频模块、热红外遥感模块等，具备多源数据获取能力。同时，可以适应各个飞行场景进行航摄作业，对地区海拔没有限制，可在相对起飞点绝对高度 0～2000m 下精准仿地飞行。对起降场地要求很低，在有网络信号的条件下，垂直起降加上网络实时动态（real-time kinematic，RTK）和后处理动态（post-processed kinematic，PPK）差分技术解算，不需要人工干预，无人机可实现原地精准降落；在没有网络的条件下，可以人工进行降落点的调整，实现原地安全降落。飞马 D2000 系列多旋翼无人机详细参数如表 6.3 所示。

表 6.3 飞马 D2000 系列多旋翼无人机详细参数表

参数	值	参数	值
电机轴距	598mm	机臂材质	碳纤维
空机重量	2.6kg	最大起飞重量	3.35kg
最长续航时间	74min	最长飞行里程	50km
最大飞行速度	14m/s	最大升限高度	2000m
测控半径	约 10km	控制方式	自主控制
起飞降落方式	垂直起降	抗风等级	6 级

6.3.2.2 机载激光雷达系统

本次项目采用的机载激光雷达系统为 D-LiDAR2000 轻型机载激光雷达传感器，其具有质量轻、测距长、精度高的特点，航飞数据产品经过无人机管家数据解算和融合算法，测量精度可以达到 5cm（50m 航飞高度）。D-LiDAR2000 轻型机载激光雷达传感器详细参数如表 6.4 所示。

表 6.4 D-LiDAR2000 轻型机载激光雷达传感器详细参数表

参数	值	参数	值
水平视场角	70.4°	垂直视场角	4.5°/77.2°
精度	5cm@50	测距	190m@10%反射率@100klx 450m@80%反射率@0klx
测距模式	TOF	激光等级	1 级
激光波长	905nm	激光点频	240kpts/s

续表

参数	值	参数	值
激光发散角	0.03°H×0.28°V	激光回波数	三回波
激光回波强度	8bit	激光测距精度	±2cm
POS 水平定位精度	0.02m	POS 高差定位精度	0.03m
POS 横滚、俯仰精度	0.006°	POS 航向角精度	0.03°
GNSS 数据更新频率	20Hz	惯导数据更新率	200Hz
防护等级	IP67	存储容量	64G，最大 256GB
功耗	16W	工作温度	−20～65℃

注：kpts. 存储深度单位，千个数据点（kilo points）；lx. 勒克斯，光照强度单位；bit. 数字信息的最小度量单位，比特；GB. 吉字节。

6.3.2.3　光学传感器

本次项目光学传感器采用飞马 D-CAm2000 航测模块。该模块选用质量轻、测距长、精度高的光学传感器，搭配飞马自研高精度组合导航产品，可轻松应对各种光学航摄项目。飞马 D-CAm2000 航测模块主要技术参数见表 6.5。

表 6.5　飞马 D-CAm2000 航测模块主要技术参数

设备	参数
相机	SONY a6000
传感器尺寸	23.5mm×15.6mm（aps-c 画幅）
有效像素	2430 万
镜头参数	25mm 定焦

6.3.2.4　地面控制系统

地面控制系统包括硬件设备和软件系统。硬件系统由笔记本电脑、接收天线、供电系统组成；软件系统是指飞马无人机飞控系统地面站软件——无人机管家，无人机管家包括智航线、智飞马、智监控、智检图、智理图、智拼图、智激光、智点云、三维浏览器、维护等 10 个版块。此次项目主要用到了智航线、智飞马、智监控、智检图、智理图、智拼图、智激光、智点云等功能。

6.3.3　机载 LiDAR 数据采集

此次数据采集使用的是飞马无人机 D2000 系列配套推出 D-LiDAR2000 轻型机载激光雷达传感器，通过现场踏勘，在测区踏勘寻找临时起降点，根据事先计划的飞行方案获取整个测区数据。

6.3.3.1　机载 LiDAR 变高航线规划

本次飞行通过无人机管家三维地图航线规划生成变高航线，在地形起伏大的区域生成变高点，最终保持点云密度的一致性。分别设置 50m、100m、150m 飞行高度进行测试不同高度对地面点的密度。

（1）50m 飞行高度航线设置：重叠度 55%，飞行速度 14m/s，预测测区平均点云密度为 155 点/m^2，飞行时间 78min（图 6.8）。

图 6.8　50m 航飞高度航线规划图

（2）100m 飞行高度航线设置：重叠度 55%，飞行速度 14m/s，预测测区平均点云密度为 135 点/m^2，飞行时间 44min（图 6.9）。

图 6.9　100m 航飞高度航线规划图

（3）150m 飞行高度航线设置：重叠度 55%，飞行速度 14m/s，预测测区平均点云密度为 100 点/m^2，飞行时间 34min（图 6.10）。

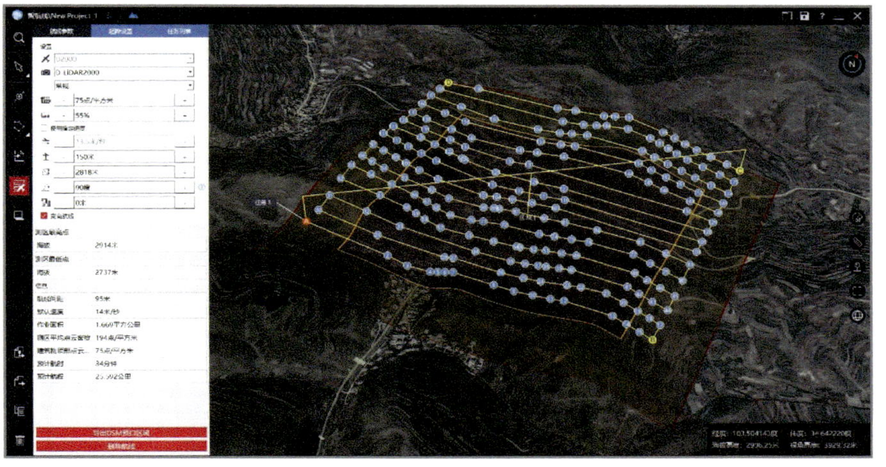

图 6.10　150m 航飞高度航线规划图

6.3.3.2　航飞数据采集情况

根据现场踏勘结果，选取距离测区北东侧的一处开挖平地作为此次机载 LiDAR 航测的起降场地。现场空域条件较好，无信号遮挡，人员干扰因素较小，满足无人机的起降条件（图 6.11）。

图 6.11　无人机机载 LiDAR 航测起降场地

在飞行过程中，需时刻关注航飞设备各项指标是否正常，同时注意飞行区域的天气情况，遇到强风、降雨、冰雹等工况时，应及时返航停止作业。每飞行一个架次及时拷贝飞行 POS 数据和点云原始数据。

2021 年 7 月 6～10 日，项目组对测区进行了机载 LiDAR 点云数据采集，根据不同航飞高度飞行三个架次，每个架次均完成整个测区数据的采集。利用 D2000 搭载 D-LiDAR2000 模块自适应地形飞行，飞行方式为一键自主飞行，垂直起降，保持对地高度

50m、100m、150m，采集激光点云数据。基准站的设置是架设在任意点位上，通过网络千寻采集基站准确坐标，飞机具备 RTK/PPK 融合差分作业模式可获取高精度 POS 数据，同时地面站对飞行和数据采集实时监控。

第一架次（50m 航飞高度）飞行共获取 3950 张有效影像和 37.6GB 原始点云数据，经检查，数据无丢失，测区数据获取完整；第二架次（100m 航飞高度）飞行共获取 2930 张有效影像和 30.1GB 原始点云数据，经检查，数据无丢失，测区数据获取完整；第三架次（150m 航飞高度）飞行共获取 1900 张有效影像和 21.4GB 原始点云数据，经检查，数据无丢失，测区数据获取完整。

6.3.4　机载 LiDAR 数据处理

6.3.4.1　机载 LiDAR 点云数据预处理

1）点云轨迹解算

机载 LiDAR2000 点云轨迹解算处理主要分为数据准备、基站数据下载、轨迹解算。其中，数据准备，包括机载雷达原始点云数据、机载 POS 数据和荷载 IMU 数据；基站数据下载，使用智理图“GPS 格式转换”将 fmcompb 转换为 rinex 格式，然后使用智理图“GPS 解算”（图 6.12），下载机载对应的基站数据。

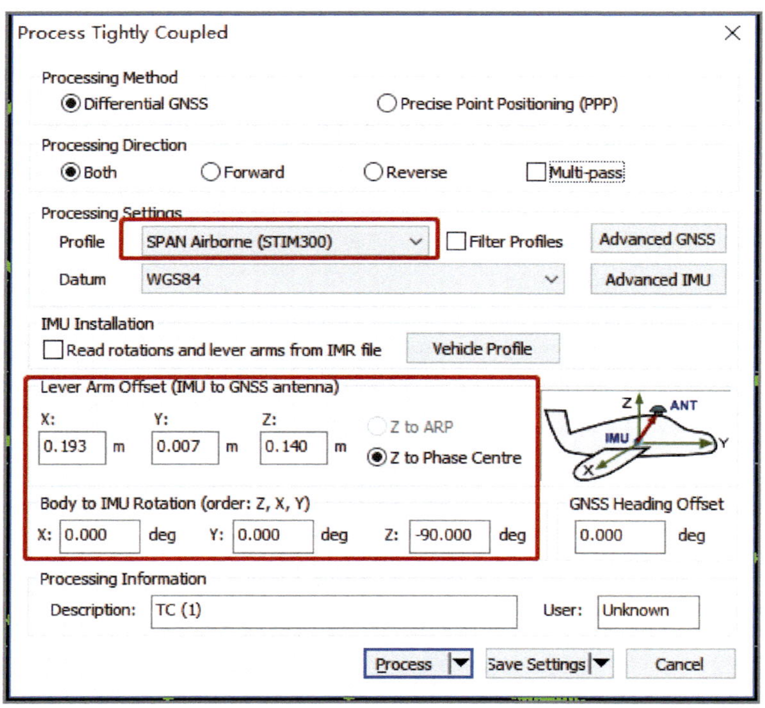

图 6.12　点云紧耦合解算示意图

2）点云解算

采用智激光模块进行点云数据解算，基于原始点云数据和轨迹文件计算输出标准化点云成果再采用一键式点云解算工具，对飞机航迹数据、激光测距数据及 POS 数据进行联合处理，得到各个测点的（*X*，*Y*，*Z*）坐标数据，即三维激光点云数据，文件格式为*.las。然后经航带平差及坐标转换，输出标准点云成果，还可根据正射影像成果对点云进行赋色，输出彩色纹理点云（图 6.13～图 6.15）。

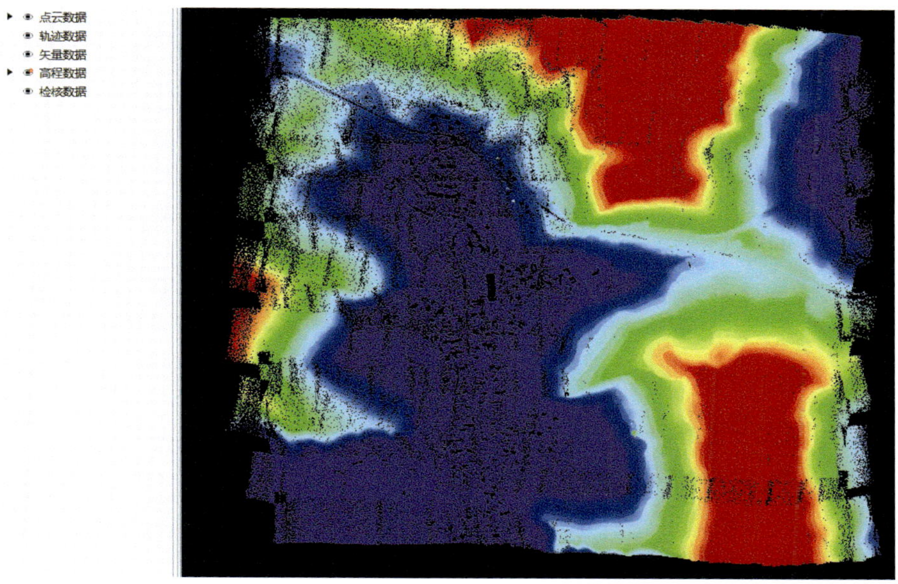

图 6.13　150m 解算标准点云

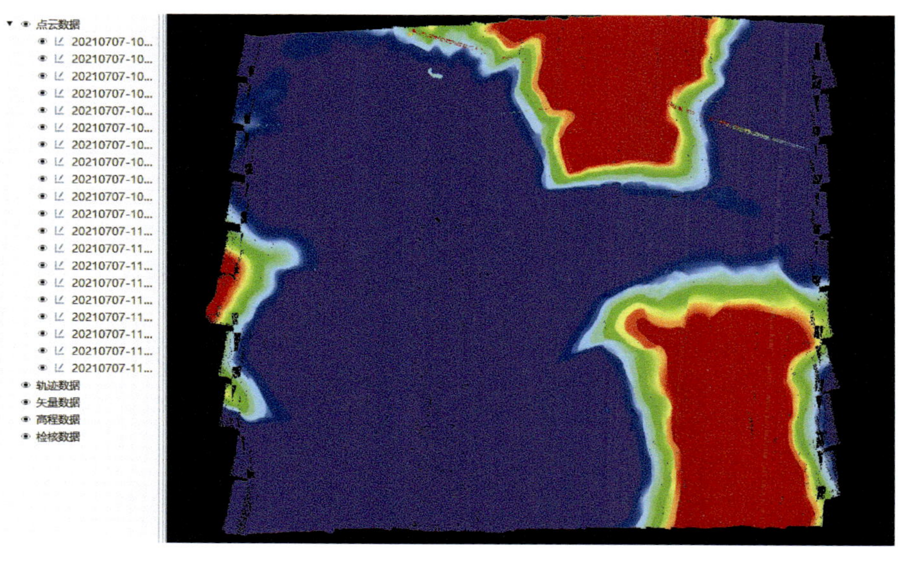

图 6.14　100m 解算标准点云

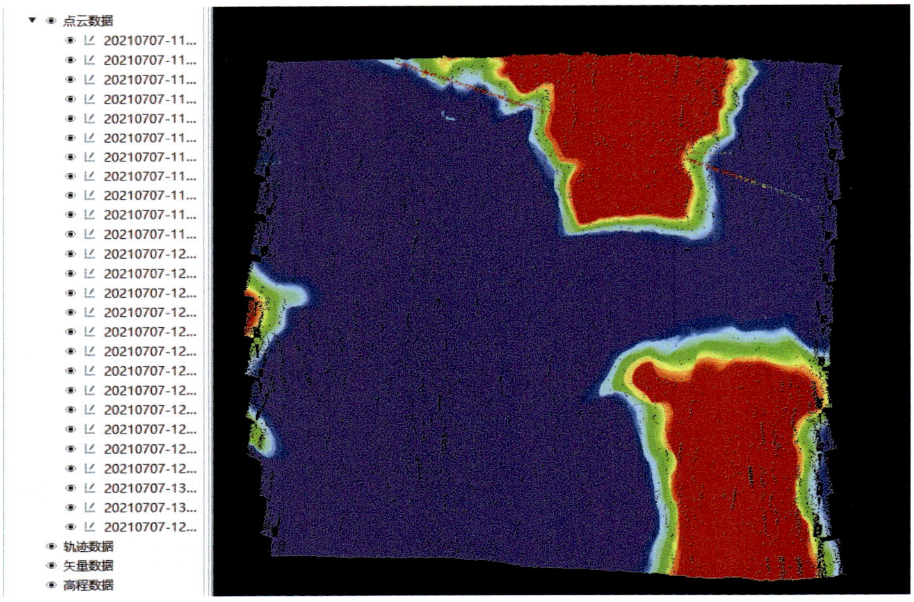

图 6.15　50m 解算标准点云

3）点云分类及提取

解算获取的激光点云数据经过去裁切、去噪后进行点云的分类，初始分为地面点和非地面点。采用智激光的点云滤波工具进行数据的地面点提取，该工具能够过滤大部分非地面点，如植被、房屋、保留真实地形数据（图 6.16～图 6.18）对于自动算法过滤不好的数据可采用交互分类等工具进行人工处理。

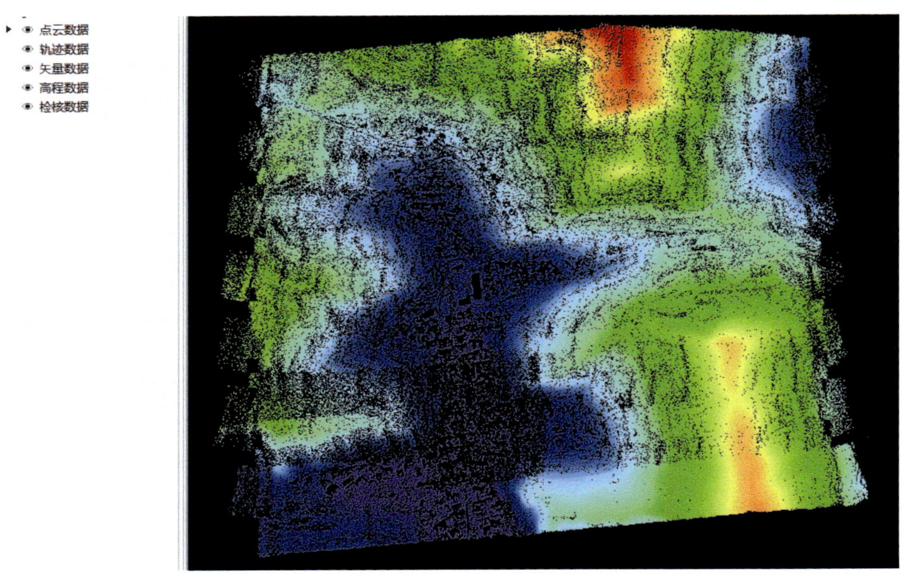

图 6.16　150m 提取地面点云

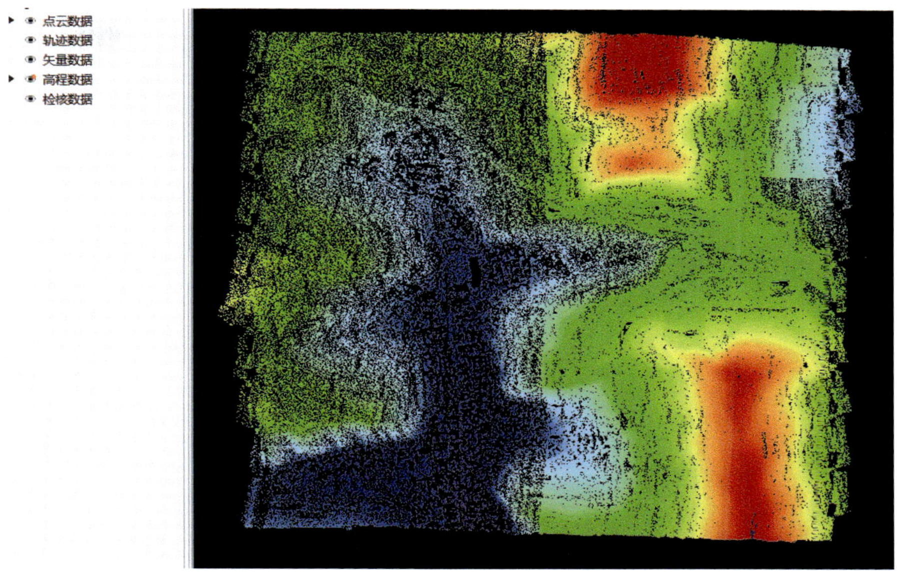

图 6.17　100m 提取地面点云

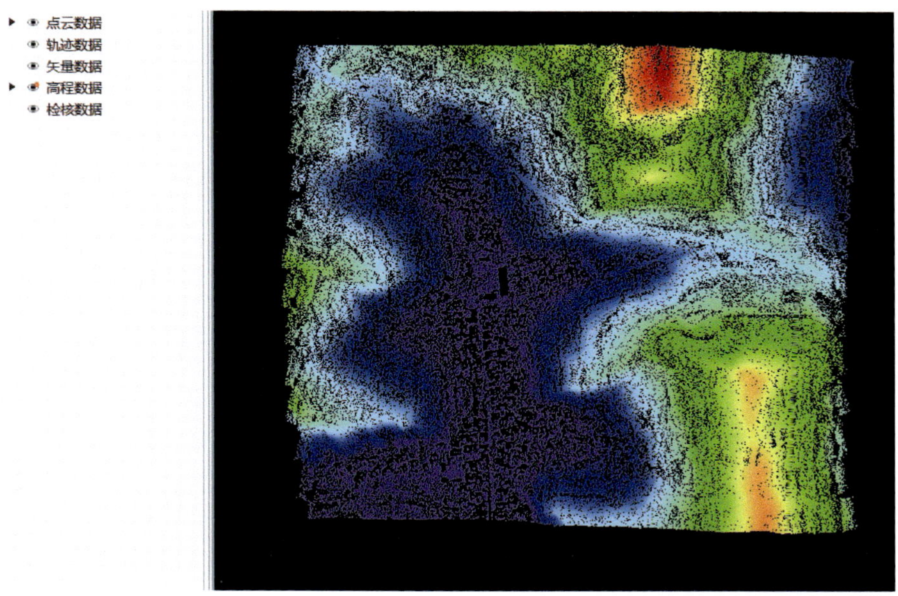

图 6.18　50m 提取地面点云

6.3.4.2　数字表面模型（DSM）和数字高程模型（DEM）制作

经过预处理得到的激光点云地面数据及激光点云地表数据都在同一层，需要通过智激光软件对激光点云数据进行精确分类，通过插值拟合，生成高精度的 DEM 成果（图 6.19）。

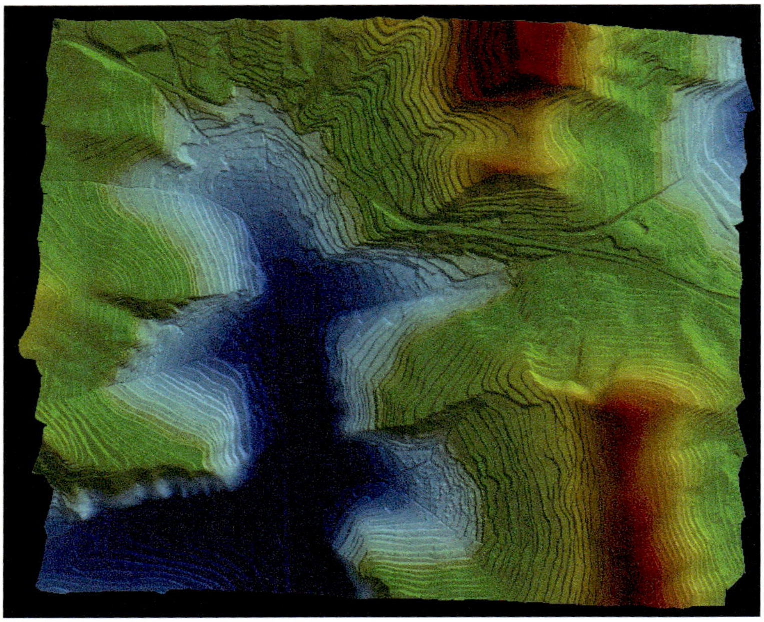

图 6.19　DEM 生产

将未分类的激光点云数据抽稀，按照要求的格网间距从所有点云数据中提取关键点，生成高精度 DSM（图 6.20）。

图 6.20　DSM 生产

6.3.4.3　数字正射影像图（DOM）制作

由于是不同时刻航飞的影像色彩会有差异，先把原始照片进行匀光匀色和格式转换后，对影像进行连接点添加、空中三角测量平差计算以及单片数字微分纠正。

对纠正后的影像进行质量检查，检查影像是否出现失真、变形、发虚、拉花等现象，尤其是房屋、桥梁和道路的扭曲变形等。利用智拼图软件编辑拼接线，使得拼接线不穿越建筑物，拼接线尽量沿线状地物分布，从而避免成果数据中地物的错位、断裂等现象，并将DOM分块出图（图6.21）。

图6.21 DOM生产

6.3.5 建立机载LiDAR解译标志

6.3.5.1 滑坡地质灾害机载LiDAR遥感解译

1）建立滑坡地质灾害遥感解译标志

不同的地区地质灾害发育特征各异，加之不同影像具有不同的特征，在开展遥感解译工作之前应建立适合于工作区的遥感解译标志。本次工作机载LiDAR数据获取及处理好的影像图基础上，充分利用收集资料，结合现场踏勘，建立滑坡地质灾害遥感解译标志。

基于机载LiDAR数据（点云、DSM、DEM、DOM）资料和工作区其他已有地质灾害成果，辅以区域地质、气象水文等其他资料，初步建立流域内典型地质灾害机载LiDAR解译标志，并相应开展流域内地质灾害解译工作，如滑坡壁、拉裂缝、拉裂陡坎、滑塌变形体（图6.22～图6.25）等变形特征，以及簸箕形、圈椅形、梨形、舌形等多种滑坡平台形态特征（图6.26～图6.29）。

2）滑坡地质灾害遥感解译内容

滑坡地质灾害遥感解译内容主要包括滑坡体所处位置、规模、威胁对象等；滑坡体的范围、形态、坡度、滑动方向，以及滑坡与重要建筑物的关系及影响程度等。

在对滑坡要素进行机载LiDAR遥感解译的过程中，需根据解译结果，结合机载LiDAR数据产品，建立不同滑坡要素在不同测区机载LiDAR数据产品中的可识别量化指标，包括不同机载LiDAR飞行高度、不同点云数据采集密度、不同雷达采集方向、不同机载LiDAR数据产品精度、不同机载LiDAR数据产品类型对滑坡要素识别精度的影响。构建基于机载LiDAR技术的滑坡地质灾害早期识别技术指标。

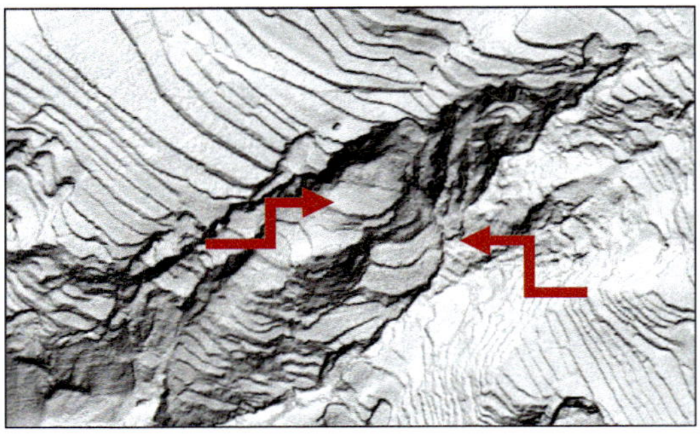

图 6.22　滑坡壁

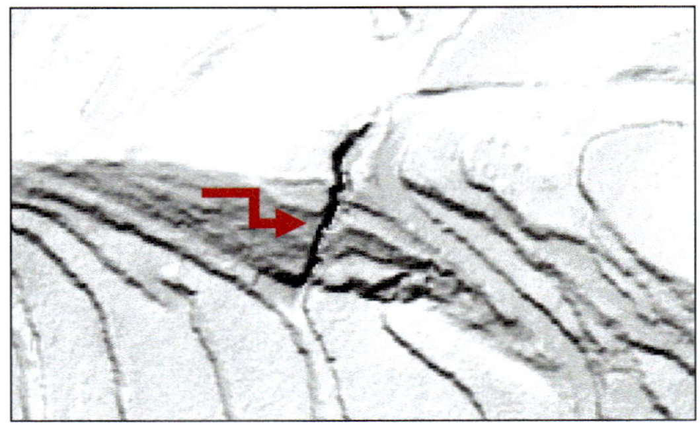

图 6.23　拉裂缝

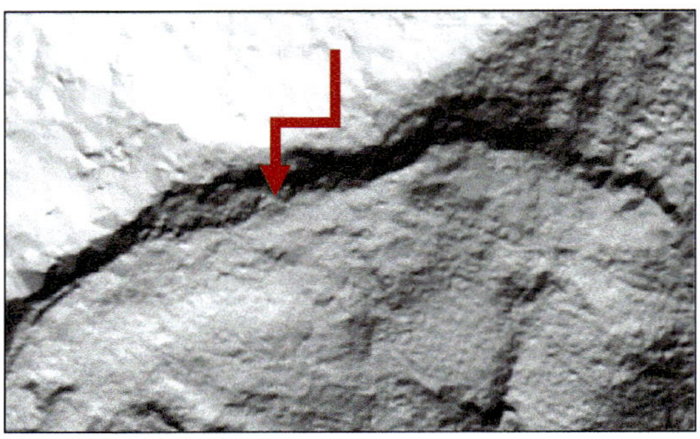

图 6.24　拉裂陡坎

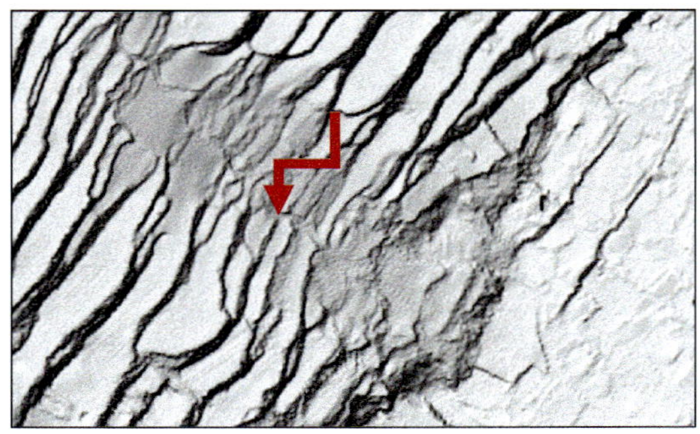

图 6.25　滑塌变形体

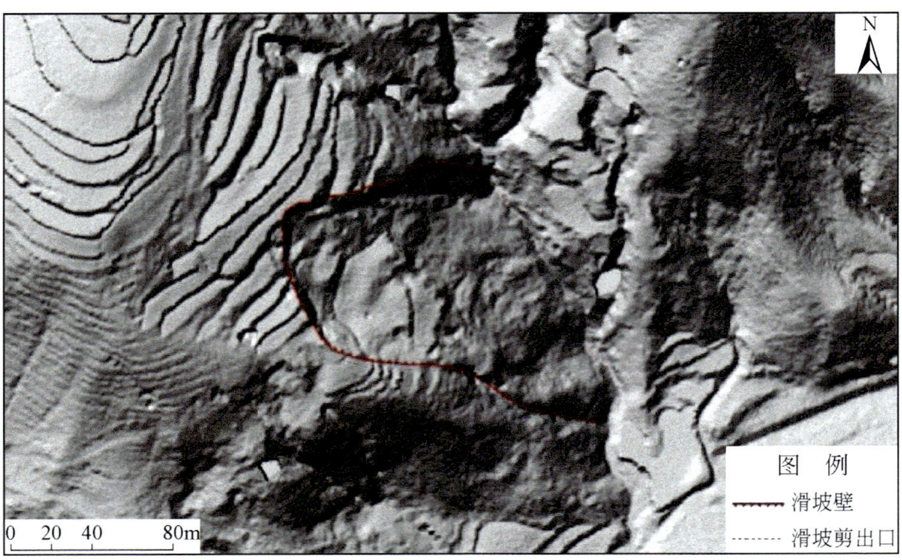

图 6.26　簸箕形滑坡

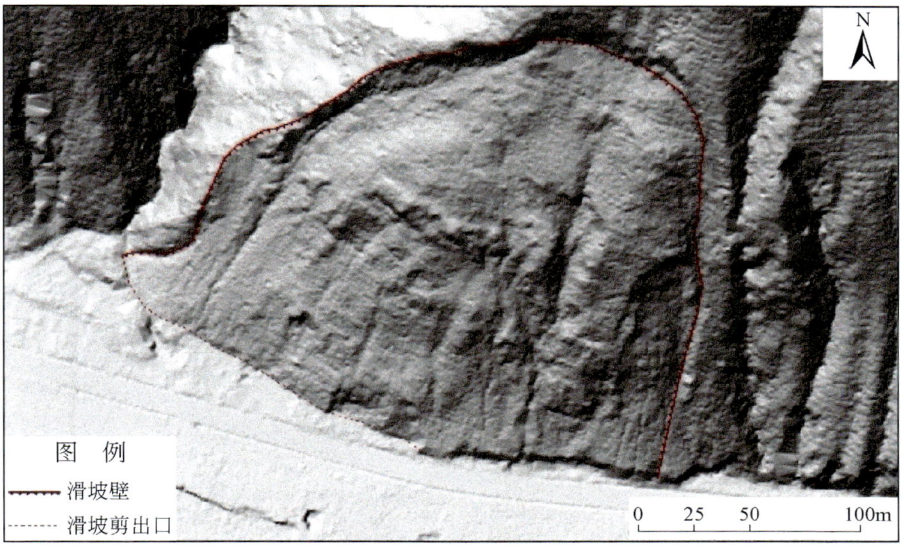

图 6.27　圈椅形滑坡

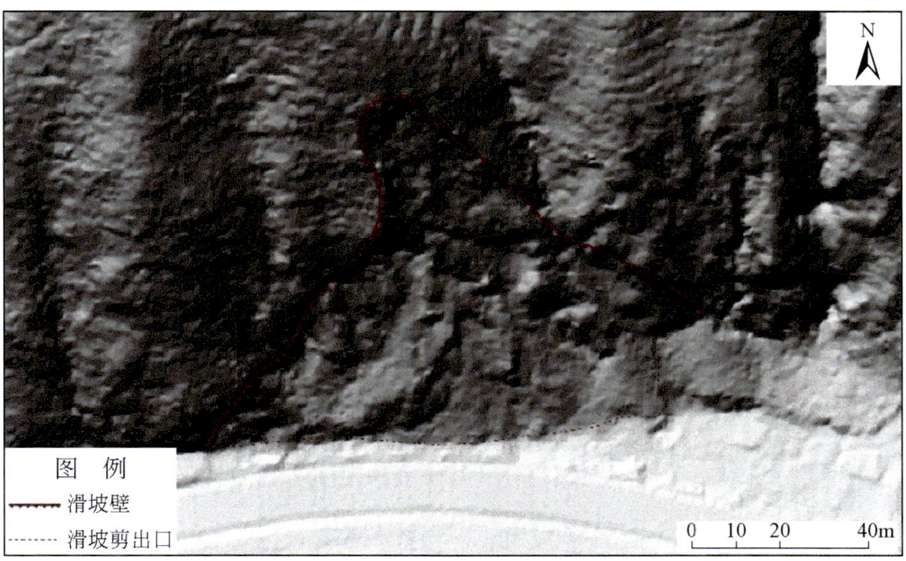

图 6.28　梨形滑坡

图 6.29 舌形滑坡

6.3.5.2 其他地物机载 LiDAR 遥感解译

其他地物的机载 LiDAR 遥感解译包括对测流域内的聚居区、城镇、公路、河流等基础设施的解译（图 6.30），对测流域内包括耕地、草地、灌丛、草地、裸地等土地类型的识别与解译（图 6.31）。

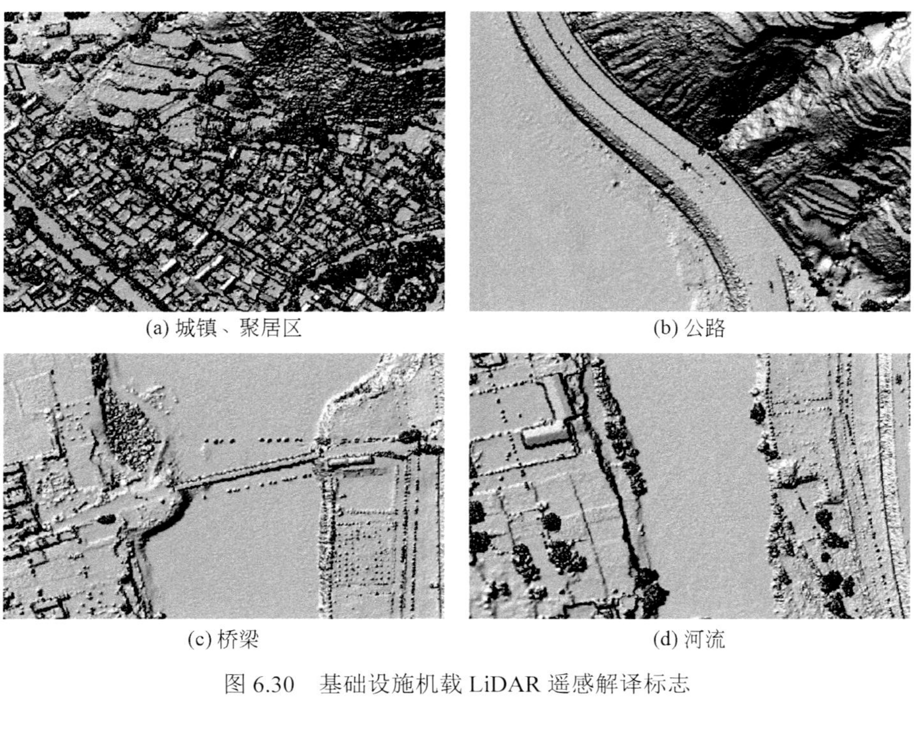

(a) 城镇、聚居区　(b) 公路

(c) 桥梁　(d) 河流

图 6.30 基础设施机载 LiDAR 遥感解译标志

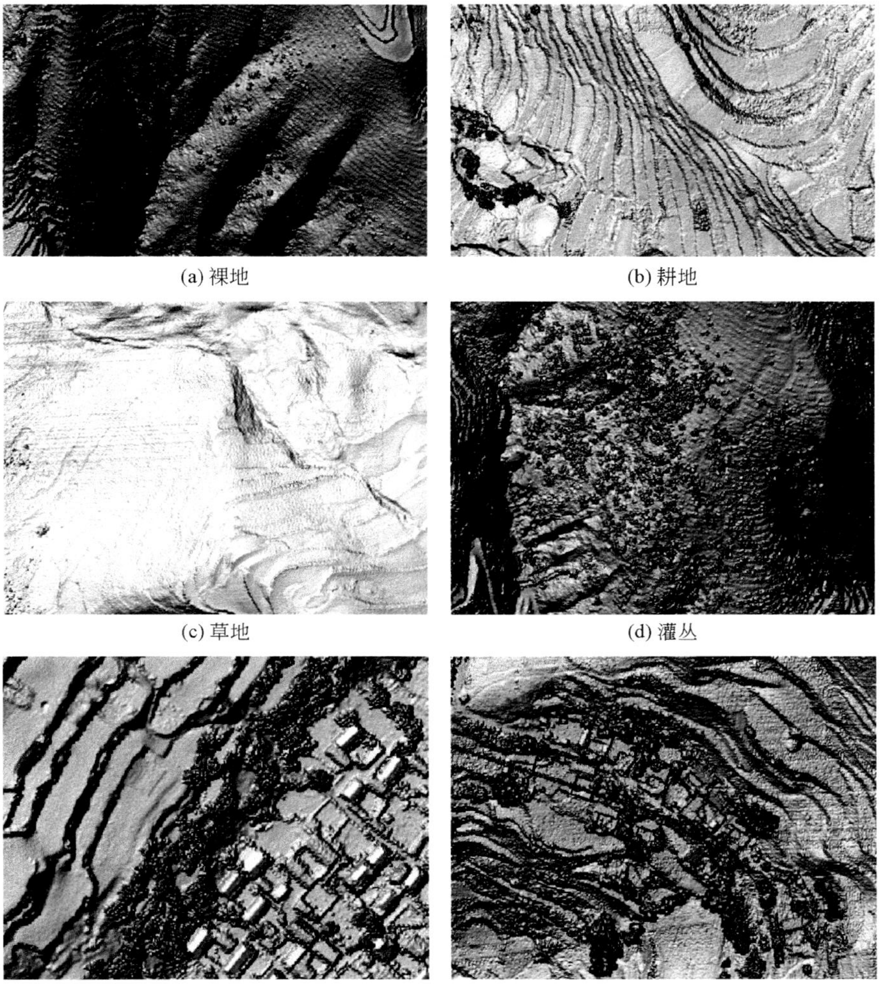

(a) 裸地　(b) 耕地

(c) 草地　(d) 灌丛

(e) 有林地　(f) 疏林地

图 6.31　土地类型机载 LiDAR 遥感解译标志

同样，在对其他地物进行机载 LiDAR 遥感解译前，需结合机载 LiDAR 数据产品建立其他地物的机载 LiDAR 遥感解译标志。然后，机载 LiDAR 遥感解译结果，结合机载 LiDAR 数据产品，建立不同地物在机载 LiDAR 数据产品中的可识别量化指标，包括不同地物机载 LiDAR 可识别精度，以及房屋建筑的尺寸，公路的长度、宽度，河流的长度、宽度，土地类型的机载 LiDAR 反映尺度等内容。

6.4　不同航飞条件下的黄土滑坡隐患识别

6.4.1　机载 LiDAR 识别滑坡隐患技术方案

为探索黄土区机载 LiDAR 技术在地质灾害早期识别的适用性，2019 年选取七处滑坡研究高山陡坡区点云数据与去除植被模型（表 6.6）、滑坡形态特征识别，以及点云数量与隐蔽型裂缝识别。

表 6.6 LiDAR 飞行区采集点云数据及去除植被点云数据统计表

序号	飞行区名称	点云密度/(个/m^2)	去除植被点云密度/(个/m^2)
1	梅川镇文斗学校后山斜坡	23	1.3
2	茶埠镇 G212 路边滑坡	25	5.0
3	岷阳镇 S306 路边滑坡	25	4.5
4	清水镇王家沟村滑坡	23	4.3
5	秦许乡政府后山滑坡	21	4.5
6	岷阳镇纸坊村修理厂滑坡	20	3.5
7	西寨镇冷地村滑坡	15	1.0

为进一步测试不同航飞条件对黄土滑坡灾害识别效果差异，2020 年选取岷县梅川乡马场村滑坡，根据其发育特征、滑坡区不同地物类型，进行了三种不同飞行条件下的 LiDAR 飞行航测，合计飞行面积为 2.7km^2，不同航飞条件见表 6.7。

表 6.7 机载 LiDAR 测区不同航飞条件设置参数表（2020 年）

飞行条件	条件一	条件二	条件三
航飞高度/m	150	200	250
检查点数/个	3	2	1
点云密度/(个/m^2)	25	15	10
去除植被点云密度/(个/m^2)	2.5	2	1.5
平面中的误差/cm	20	30	40
高程中的误差/cm	20	30	40
航飞面积/km^2	0.9	0.9	0.9

结合 2019 年、2020 年机载 LiDAR 技术资料服务研究成果，机载 LiDAR 点云数据对地物的反映具有不同程度的响应，2021 年选取卓尼县柳林镇上卓村滑坡通过研究不同采集频率条件下获取的机载 LiDAR 点云数量（极限飞行、极高密度，低空飞行、高密度，中等高度和中等密度），探索点云数量与航飞高度的关系，进一步探索机载 LiDAR 技术的适用性（表 6.8）。

表 6.8 机载 LiDAR 测区不同航飞条件设置参数表（2021 年）

飞行条件	条件一	条件二	条件三
航飞高度/m	50	100	150
检查点数/个	5	4	3
点云密度/(个/m^2)	35	30	25

续表

飞行条件	条件一	条件二	条件三
去除植被点云密度/(个/m^2)	3.5	3	2.5
平面中的误差/cm	20	20	20
高程中的误差/cm	20	20	20
航飞面积/km^2	1.67	1.67	1.67

6.4.2　不同航飞条件下的地质灾害对比分析

6.4.2.1　裂缝识别结果对比分析

通过对比机载 LiDAR 三种不同航飞高度条件下的裂缝识别结果，分别从识别长度和识别宽度（高度）进行分析。

1. 有效识别长度对比分析

根据三种航飞条件下机载 LiDAR 技术裂缝识别结果，对研究区的识别裂缝长度进行统计分析。拉裂缝长度区间按＜2m、2～5m、5～10m、10～20m、＞20m 标准划分，拉裂陡坎长度区间按＜10m、10～20m、20～50m、50～100m、＞100m 标准划分，各航飞条件下测区不同长度区间识别数量统计结果如表 6.9、表 6.10 和图 6.32、图 6.33 所示。

表 6.9　不同航飞条件下拉裂缝长度识别数量对比分析统计表　（单位：条）

长度区间	150m 航飞高度识别数量	100m 航飞高度识别数量	50m 航飞高度识别数量
＜2m	19	26	29
2～5m	66	68	68
5～10m	45	45	45
10～20m	15	15	15
＞20m	7	7	7
合计	152	161	164

表 6.10　不同航飞条件下拉裂陡坎长度识别数量对比分析统计表　（单位：条）

长度区间	150m 航飞高度识别数量	100m 航飞高度识别数量	50m 航飞高度识别数量
＜10m	34	38	40
10～20m	12	12	12
20～50m	12	12	12
50～100m	5	5	5
＞100m	3	3	3
合计	66	70	72

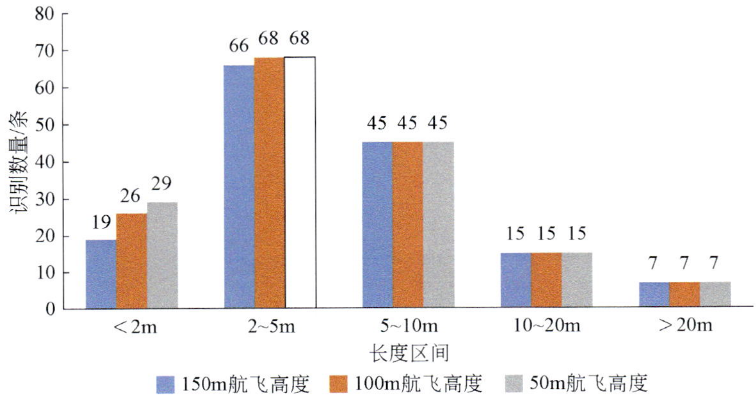

图 6.32　不同航飞条件下的机载 LiDAR 测区拉裂缝长度识别数量结果对比图

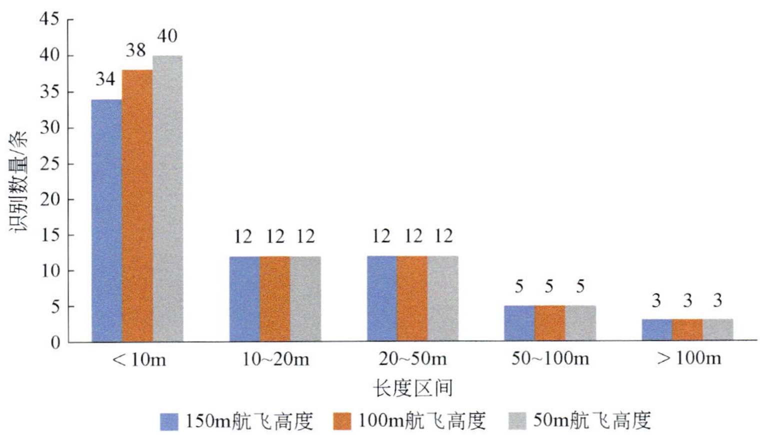

图 6.33　不同航飞条件下的机载 LiDAR 测区拉裂陡坎长度识别数量结果对比图

从统计结果来看，拉裂缝和拉裂陡坎识别长度集中分布在 10m 以下。随着航飞高度降低，低于 5m 的拉裂缝长度识别数量有小幅度提升；低于 10m 拉裂陡坎也随着航飞高度降低，识别数量略有增加。由此说明在低空航飞条件下，可一定程度提高测区裂缝识别精度。

2. 有效识别宽度（高度）对比分析

根据三种航飞条件下机载 LiDAR 技术裂缝识别结果，对研究区的识别裂缝宽度（高度）进行统计分析。拉裂缝宽度区间按＜0.3m、0.3～0.5m、0.5～1.0m、1.0～1.5m、＞1.5m 标准划分，拉裂陡坎高度区间按＜0.5m、0.5～1.0m、1.0～3.0m、3.0～5.0m、5.0～10m、＞10m 标准划分，各航飞条件下测区不同宽度（高度）区间识别数量统计结果如表 6.11、表 6.12，图 6.34、图 6.35 所示。

表 6.11　不同航飞条件下拉裂缝宽度识别数量对比分析统计表　（单位：条）

宽度区间	150m 航飞高度识别数量	100m 航飞高度识别数量	50m 航飞高度识别数量
＜0.3m	0	9	12
0.3～0.5m	99	99	99

续表

宽度区间	150m 航飞高度识别数量	100m 航飞高度识别数量	50m 航飞高度识别数量
0.5～1.0m	47	47	47
1.0～1.5m	5	5	5
＞1.5m	1	1	1
合计	152	161	164

表 6.12　不同航飞条件下拉裂陡坎高度识别数量对比分析统计表　（单位：条）

高度区间	150m 航飞高度识别数量	100m 航飞高度识别数量	50m 航飞高度识别数量
＜0.5m	13	17	19
0.5～1.0m	28	28	28
1.0～3.0m	16	16	16
3.0～5.0m	3	3	3
5.0～10m	3	3	3
＞10m	3	3	3
合计	66	70	72

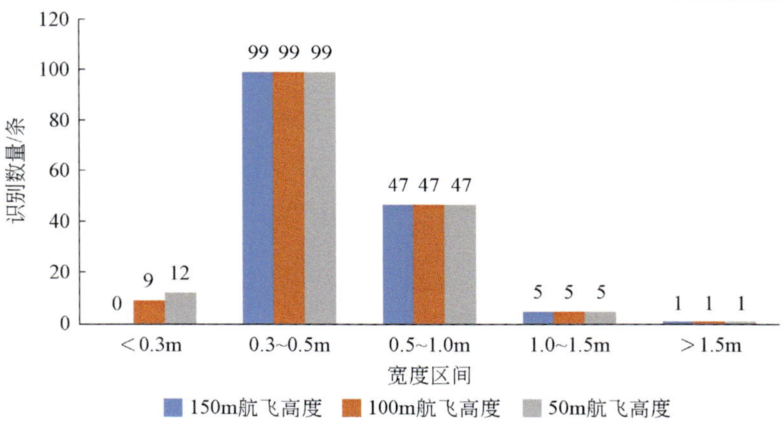

图 6.34　不同航飞条件下机载 LiDAR 测区拉裂缝宽度识别数量结果对比图

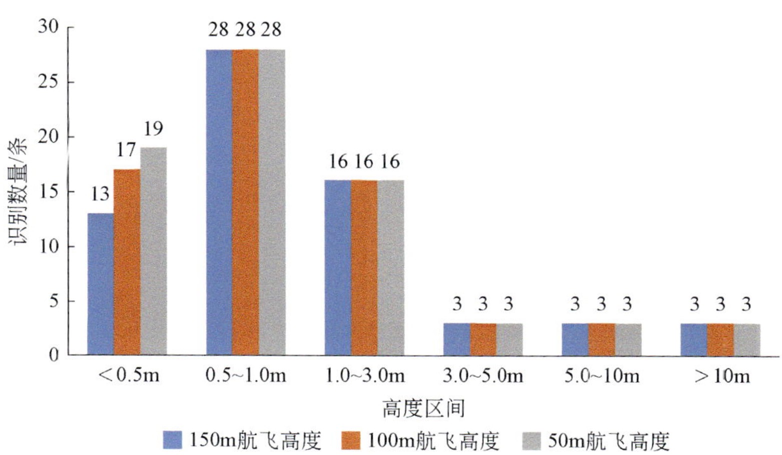

图 6.35　不同航飞条件下机载 LiDAR 测区拉裂陡坎高度识别数量结果对比图

从统计结果来看，拉裂缝识别宽度集中在 0.3～1.0m，拉裂陡坎识别高度集中分布在 3.0m 以下。随着航飞高度降低，宽度较大的裂缝、高度较高的陡坎均能有效识别；但对小规模的裂缝或陡坎，裂缝宽度（高度）识别数量与航飞高度直接相关，低于 0.3m 宽的拉裂缝和低于 0.5m 高的拉裂陡坎均随着航飞高度降低，识别数量增加。由此说明，在低空航飞条件下，可有效提高测区裂缝识别精度。

同时，通过对比不同航飞条件下获得的机载 LiDAR 航摄数据，可以发现随着航飞高度降低，航飞数据精度显著提升，解译识别的裂缝或陡坎越清晰。从图 6.36 可以看出，基于 150m 航飞高度条件下获取的 DEM 数据可以较清楚的解译得到 K36、K37 两条拉裂陡坎，但其清晰度要明显低于 100m、50m 航飞高度获得的 DEM 数据。

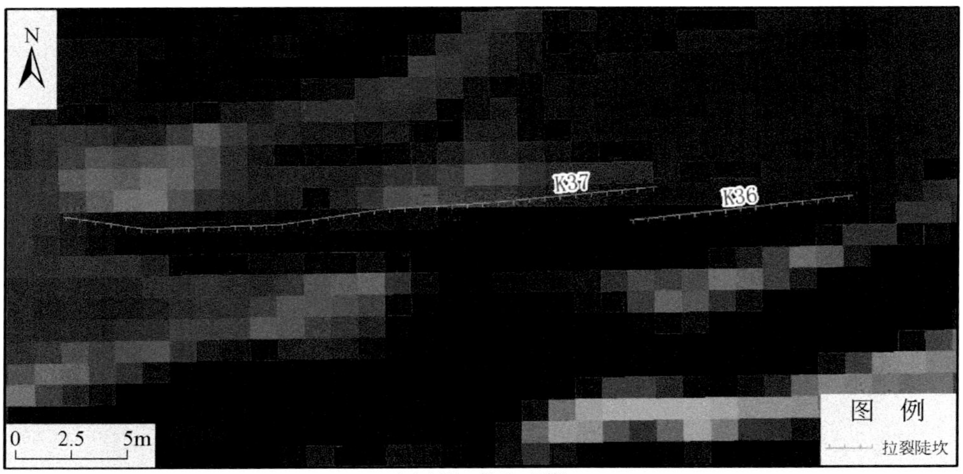

(a) 150m航飞高度

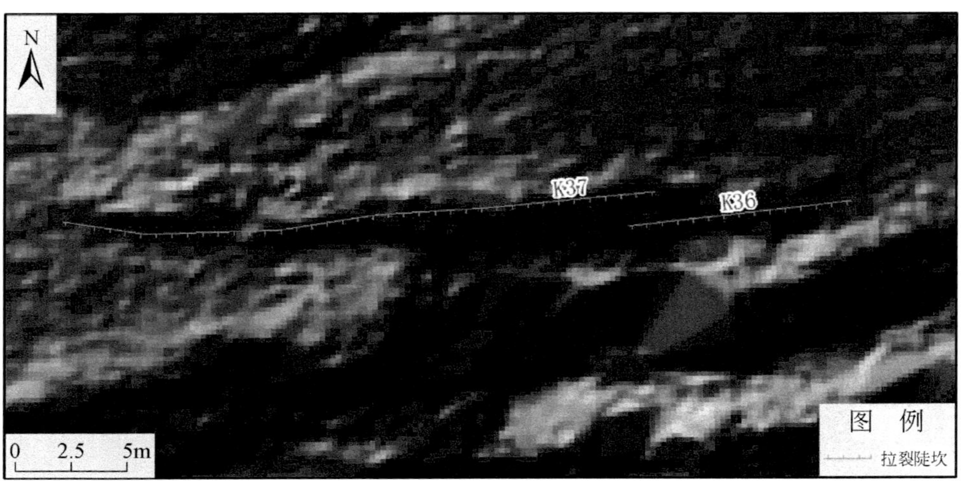

(b) 100m航飞高度

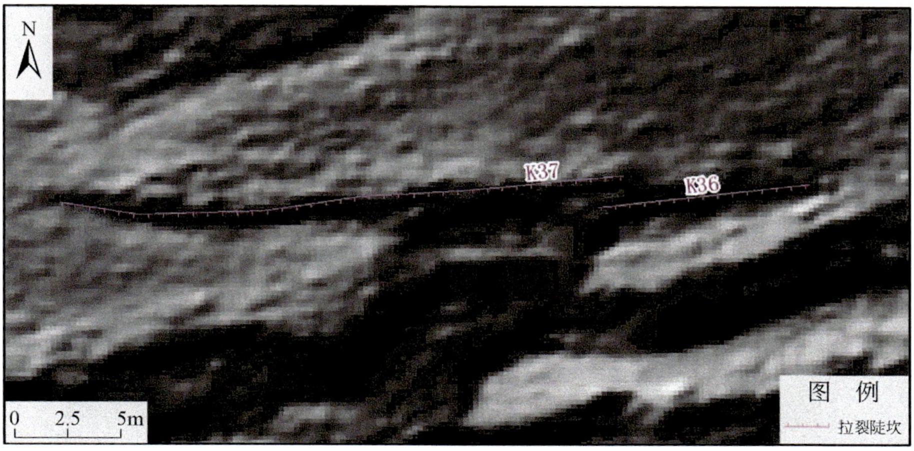

(c) 50m航飞高度

图 6.36　不同航飞条件下的裂缝识别效果对比图（K36、K37 DEM）

6.4.2.2　滑坡地质灾害识别结果对比分析

通过对比机载 LiDAR 三种不同航飞高度条件下的滑坡地质灾害识别结果，可以看出三种航飞高度条件下滑坡识别结果差距不大，测区的五处滑坡均被有效识别。由此说明，在一定航飞高度条件下，滑坡地质灾害的识别与航飞高度关系不是很明显。

同时，通过对比不同航飞高度条件下获得的 DEM 山体阴影图和 DOM 影像图，可以发现，随着航飞高度降低，获取的 3D 产品精度提升，获取的滑坡边界、轮廓、变形特征越明显（图 6.37～图 6.42）。

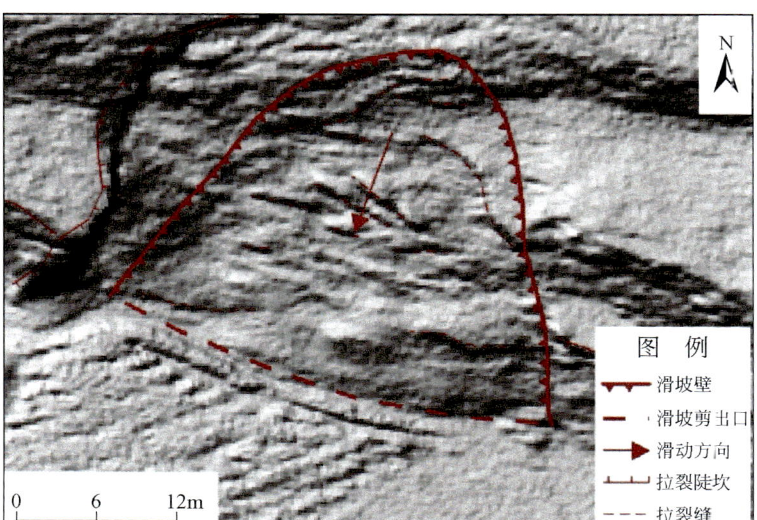

图 6.37　150m 航飞高度机载 LiDAR 滑坡解译

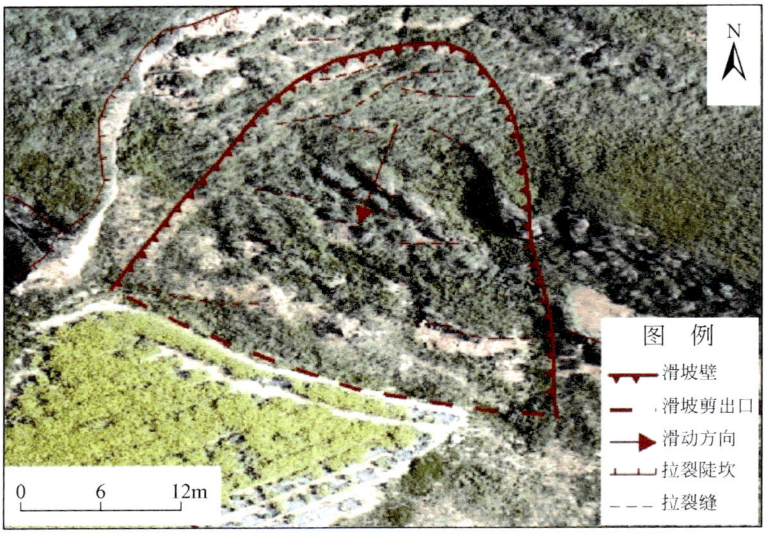

图 6.38　150m 航飞高度滑坡光学解译图

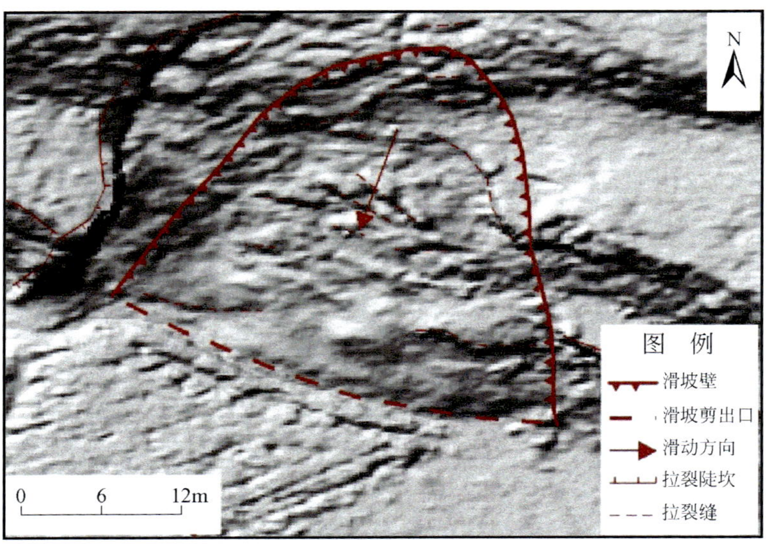

图 6.39　100m 航飞高度机载 LiDAR 滑坡解译

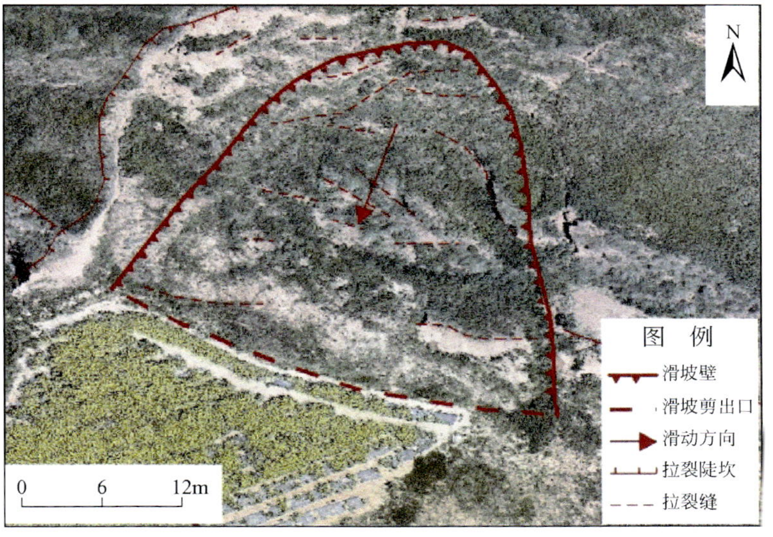

图 6.40　100m 航飞高度滑坡光学解译图

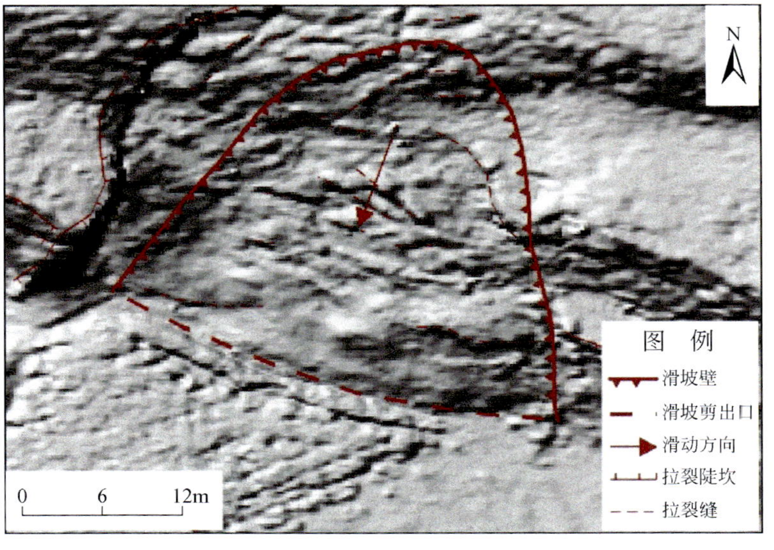

图 6.41　50m 航飞高度机载 LiDAR 滑坡解译图

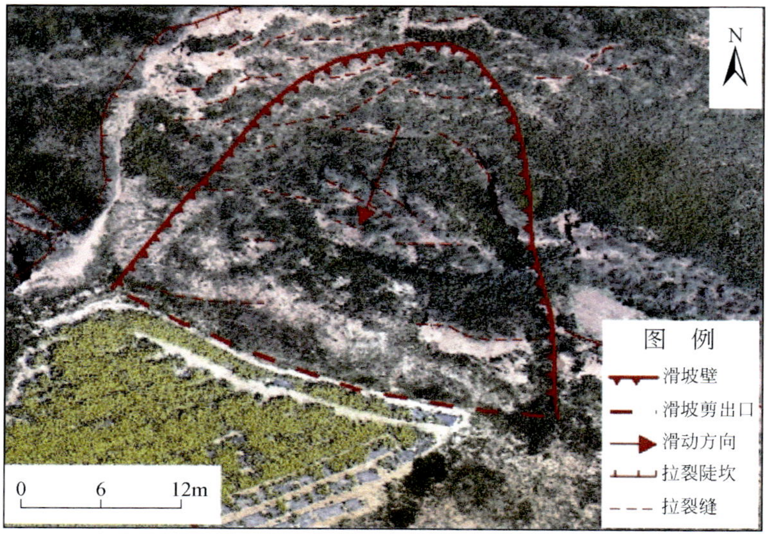

图 6.42　50m 航飞高度滑坡光学解译图

6.4.2.3　地物识别结果对比分析

通过对比机载 LiDAR 三种不同航飞高度条件下的地物识别结果，可以看出三种航飞高度条件下地物识别结果差距不大（表 6.13，图 6.43）。从解译面积来看，测区耕地占比较大，其次为房屋建筑，再次为草地、裸地和灌丛，而林地占比均小于 1%。同时可以看出，在低空航飞条件下各种地物类型的占比变化较小，说明在低于 150m 航飞高度条件下的机载 LiDAR 数据采集对地物精度的提升程度较弱。

表 6.13　不同航飞高度条件下的机载 LiDAR 测区地物识别结果统计表

地物类型	150m 航飞高度		100m 航飞高度		50m 航飞高度	
	面积/m^2	占比/%	面积/m^2	占比/%	面积/m^2	占比/%
林地	8967	0.54	9200.1575	0.55	9670	0.58
灌丛	30811	1.84	32667.676	1.96	36815	2.20
草地	70965	4.25	70324.368	4.21	69899	4.19
耕地	1192906	71.43	1197070	71.68	1202149	71.98
裸地	66762	4.00	66701.643	3.99	66194	3.96
房屋建筑	299589	17.94	294036.15	17.61	285273	17.08

另外，通过对比不同航飞高度条件下获得的 DEM 山体阴影图和 DOM 影像图，可以发现随着航飞高度降低，获取的 3D 产品精度提升，获取的地物边界轮廓特征越明显，识别的地物类型越精确（图 6.44、图 6.45）。

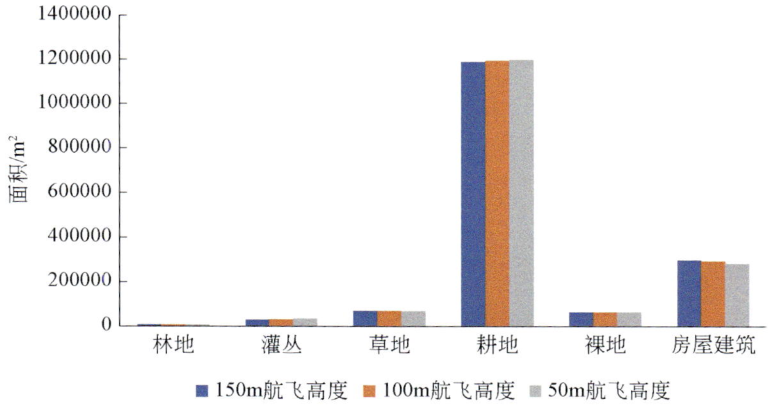

图 6.43　不同航飞高度条件下的机载 LiDAR 测区地物识别结果对比柱状图

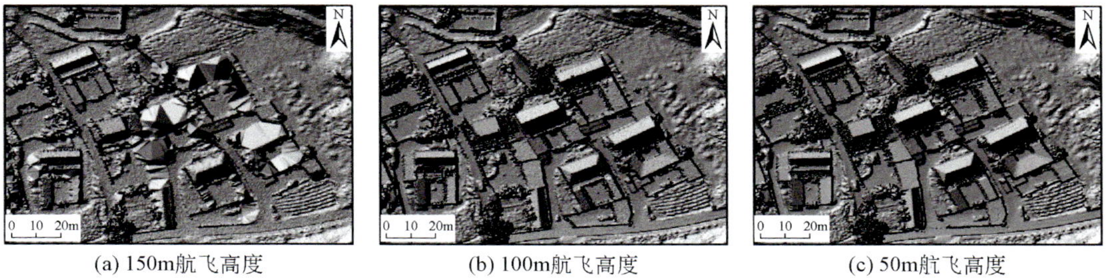

(a) 150m航飞高度　(b) 100m航飞高度　(c) 50m航飞高度

图 6.44　不同航飞高度条件下的房屋建筑机载 LiDAR 识别结果对比图

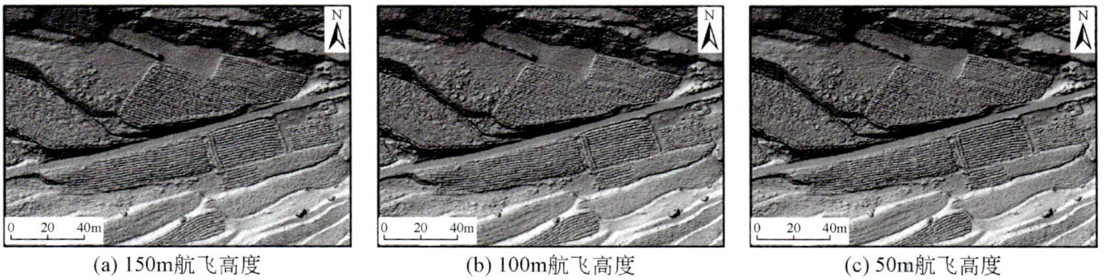

(a) 150m航飞高度　(b) 100m航飞高度　(c) 50m航飞高度

图 6.45　不同航飞高度条件下的耕地机载 LiDAR 识别结果对比图

6.4.3　不同数据类型的对比分析

6.4.3.1　机载 LiDAR 数据与光学遥感数据识别效果对比分析

为了研究机载 LiDAR 数据与光学遥感数据识别效果，选取相同航飞高度条件下的无人机正射影像和机载 LiDAR 数据产品进行对比分析。

可以发现在植被覆盖茂密区域，基于正射影像图难以有效解译裂缝或陡坎，但基于机载 LiDAR 数据产品可以清晰解译识别裂缝或陡坎。从图 6.46 可以看出，在 50m 航飞高度条件下，机载 LiDAR 获取的 DEM 山体阴影可以清楚地解译得到 K39 拉裂陡坎，该陡坎在 LiDAR 影像上呈暗色带状分布，陡坎整体呈北东-南西向，中部多处发生垮塌导致陡坎发生弯折。在 50m 航飞高度条件下获取的正射影像图上难以识别拉裂陡坎，陡坎区植被覆盖茂密，影像上呈浅绿、墨绿色，地表局部可见黄褐色点状图斑，推测为陡坎临空侧发生的坡表溜滑，但陡坎发育不连续，不能进行有效识别。

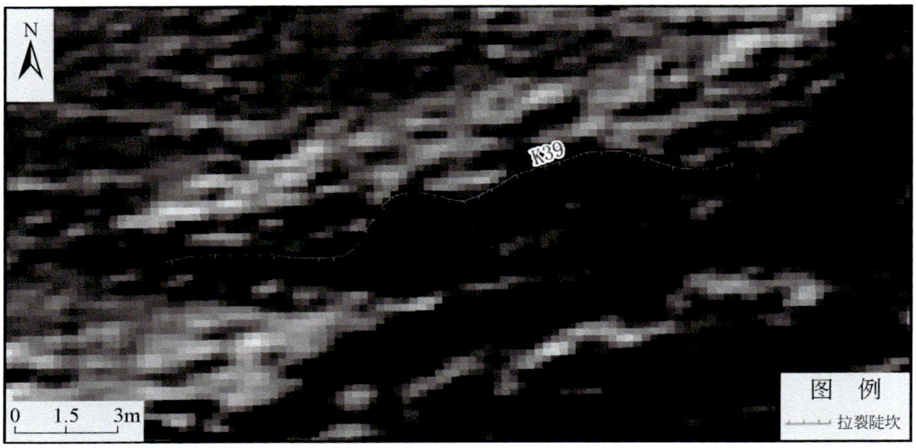

(a) 50m航飞高度机载LiDAR影像

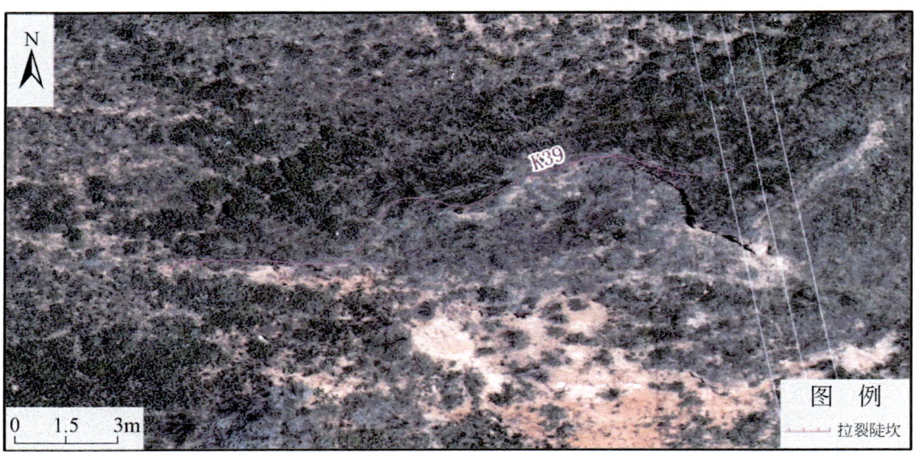

(b) 50m航飞高度正射影像

图 6.46　相同航飞高度条件下植被覆盖区机载 LiDAR 与光学遥感裂缝识别效果对比图（K39）

另外，在地表裸露区对相同航飞高度条件下的无人机正射影像和机载 LiDAR 航摄数据进行对比分析，可以发现正射影像对浅表裂缝的识别效果要明显优于机载 LiDAR 数据的识别效果。从图 6.47 中可以看出，上卓村滑坡中部地表裸露区的浅表裂缝在光学影像上清晰可见，两条裂缝呈近南北向展布，长度分别为 3.50m、3.26m，宽度分别为 0.07m、0.09m。但在机载 LiDAR 影像上，此两条裂缝无任何反应特征，裂缝区地表光滑，难以进行有效识别。

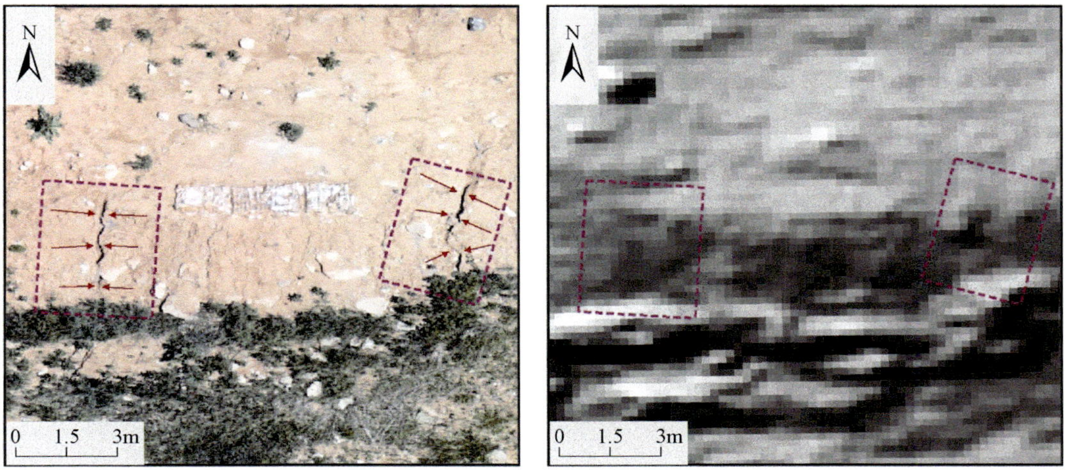

(a) 100m航飞高度正射影像　　(b) 100m航飞高度机载LiDAR影像

图 6.47　相同航飞高度条件下地表裸露区机载 LiDAR 与光学遥感裂缝识别效果对比图

通过上述对比分析可以发现，在植被覆盖区基于机载 LiDAR 航摄数据对裂缝或陡坎的识别效果要明显优于无人机正射影像，而在地表裸露区无人机正射影像对浅表裂缝的识别效果要优于机载 LiDAR 航摄数据，同时其识别精度相对于机载 LiDAR 数据有明显的提高。由此说明，在植被茂密区可以选择机载 LiDAR 数据对隐蔽性裂缝进行识别，而在地表裸露区选择无人机正射影像进行裂缝识别效果更佳。

6.4.3.2　不同滤波数据识别效果对比分析

为了研究不同地物覆盖区滤波方法对地表形变识别效果的影响，在上卓村滑坡变形强烈的区域选取一处重点区针对不同地物类型进行差异滤波（图 6.48）。

图 6.48　滤波研究重点区

该重点区位于上卓村滑坡中前部，面积约为 16.46×10^{4}m^2，重点区整体呈阶梯状，多陡坎，流域内发育多处次级滑体，坡体上拉裂缝和拉裂陡坎发育，其地物类型主要为耕地-草地和房屋。重点区南西侧为居民住房，面积约为 2.64×10^{4}m^2，占比 16.04%；其余大部分区域为耕地-草地，面积约为 13.82×10^{4}m^2，占比 83.96%。

在进行滤波对比研究时，针对耕地-草地区域，选取的滤波参数如图 6.49 所示，主要设置最大建筑物参数为 1m，迭代距离为 0.8m，这样就能尽量多保留地面点，保留草地区域的陡坎等微地貌。针对房屋建筑区域，选取的滤波参数如图 6.50 所示，主要设置最大建筑物参数为 15m，迭代距离为 1m，将房屋进行过滤。

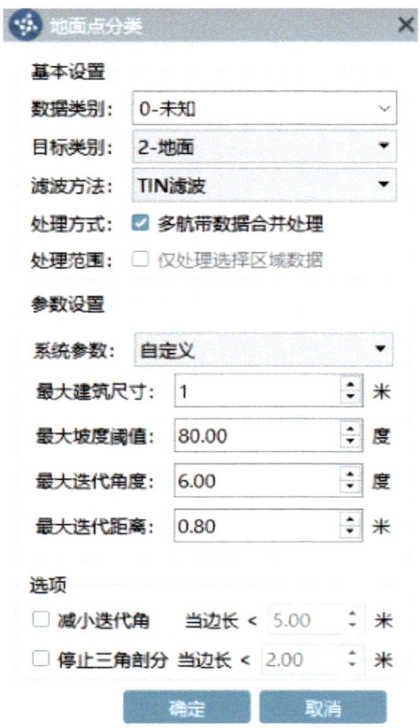

图 6.49　耕地-草地区域滤波参数

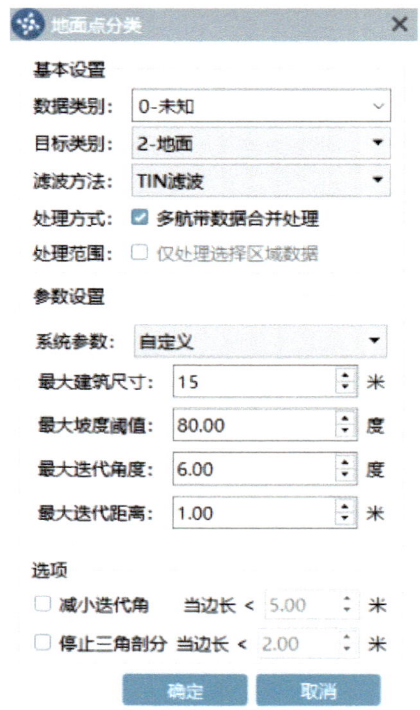

图 6.50　房屋建筑区域滤波参数

基于上述滤波方法，出图精度设置为 0.1m。在 150m 航飞高度条件下重点区通过数据处理后获得的 DEM 山体阴影图如图 6.51 所示，100m 航飞高度条件下重点区通过数据处理后获得的 DEM 山体阴影图如图 6.52 所示，50m 航飞高度条件下重点区通过数据处理后获得的 DEM 山体阴影图如图 6.53 所示。

通过对比重点区机载 LiDAR 整体滤波和单独滤波生成的 DEM 山体阴影图，可以发现单独滤波的识别效果要明显优于整体滤波。从图 6.54 可以看出，基于 50m 航飞高度整体滤波生成的山体阴影图，能够解译得到滑坡侧壁的拉裂陡坎，测量的两处陡坎高度分别为 2.26m、2.69m，同时陡坎中部由于点云缺失形成一处不规则三角面；基于 50m 航飞高度单独滤波生成的山体阴影图，同样能够清晰解译得到滑坡侧壁的拉裂陡坎，但测量的两处陡坎高度分别为 1.67m、2.05m，陡坎高度有明显的变化，而陡坎中部的不规则三角面因为滤波方法的不同并未形成不规则三角面。由此说明，单独滤波生成的 DEM 山体阴影图解译效果要明显优于整体滤波，并且在微地貌的处理细节上更精细，更有利于变形裂缝或陡坎的识别。

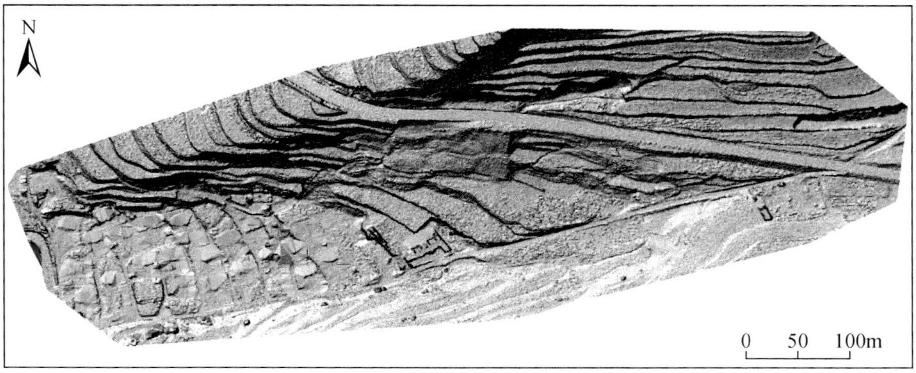

图 6.51 150m 航飞高度重点区单独滤波处理 DEM 山体阴影图

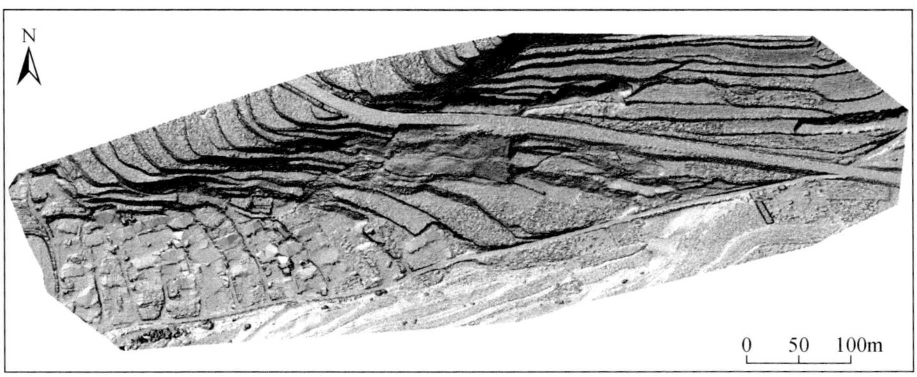

图 6.52 100m 航飞高度重点区单独滤波处理 DEM 山体阴影图

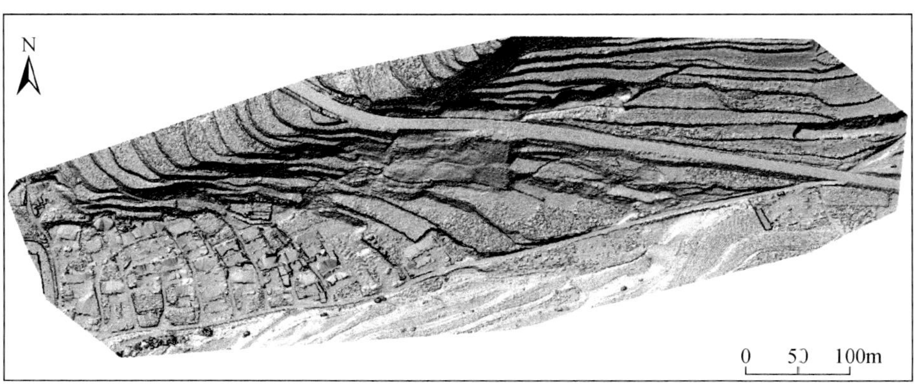

图 6.53 50m 航飞高度重点区单独滤波处理 DEM 山体阴影图

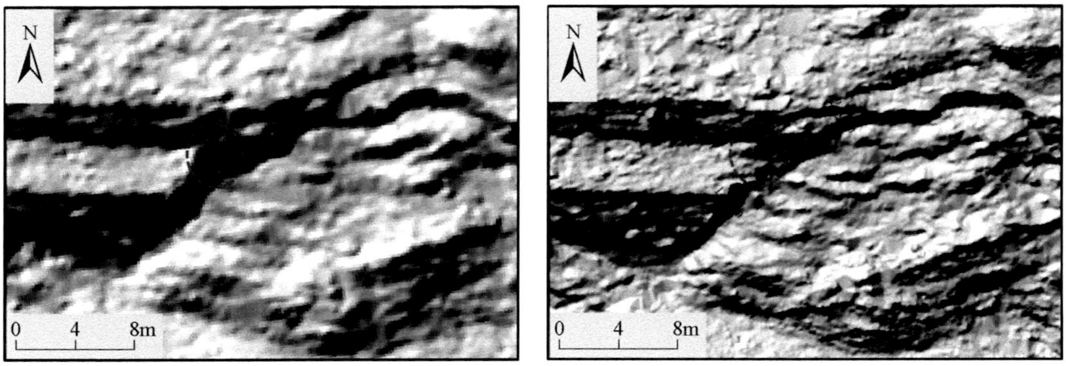

(a) 50m航飞高度整体滤波　　(b) 50m航飞高度单独滤波

图 6.54　不同滤波处理陡坎识别效果对比

另外，通过对比重点区房屋建筑区域整体滤波和单独滤波生成的 DEM 山体阴影图，亦可以发现单独滤波的识别效果要优于整体滤波。从图 6.55 可以看出，50m 航飞高度条件下整体滤波房屋建筑区域滤波后生成的山体阴影图比单独滤波的效果要差，整体滤波后形成的不规则三角面更大、更粗糙，许多细节被直接过滤，而单独滤波形成的不规则三角面相对更精细，较大程度上保留了原始的地形地貌特征，更有利于微地貌的解译和识别。

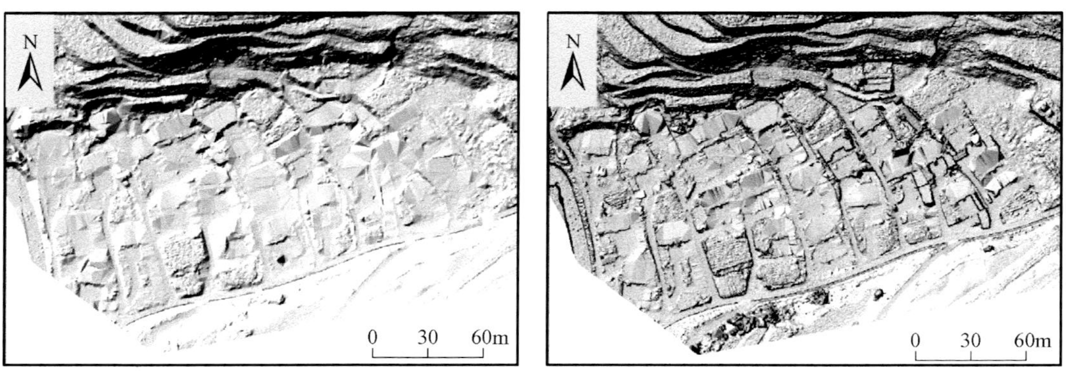

(a) 50m航飞高度整体滤波　　(b) 50m航飞高度单独滤波

图 6.55　不同滤波处理房屋建筑区识别效果对比

基于上述对比分析可以发现，在相同区域机载 LiDAR 的整体滤波效果要比单独滤波效果差。分析认为，单独滤波根据不同地物类型进行滤波高度的区分，规避了整体滤波时滤波不均匀的情况，能够更清晰地反映微地貌的特征，更有利于拉裂缝或拉裂陡坎的解译识别。

6.4.3.3　机载 LiDAR 技术在黄土滑坡灾害识别的适用性

2019 年，在洮河流域中游岷县地区分别对西寨镇冷地村滑坡、清水镇王家沟村滑坡、岷阳镇纸坊村修理厂滑坡、岷阳镇 S306 路边滑坡、茶埠镇 G212 路边滑坡、秦许乡政府后山滑坡、梅川镇文斗学校后山斜坡等七个测区开展了机载 LiDAR 航摄，合计航飞面积约

10.00km²，并基于机载 LiDAR 航飞结果形成了“基于机载 LiDAR 技术在高山陡坡区地质灾害调查应用报告”及相关图件。

2020 年，在洮河流域中游岷县梅川镇对马场村滑坡开展了不同航飞高度（250m、200m、150m）的机载 LiDAR 航摄，合计航飞面积 2.70km²，并基于机载 LiDAR 航飞结果形成了“洮河流域 2020 年度机载 LiDAR 数据技术资料服务成果报告”及相关图件。

2021 年，在洮河流域中游卓尼县柳林镇对上卓村滑坡开展了不同航飞高度（150m、100m、50m）的机载 LiDAR 航摄，分别航飞面积 1.67km²，并基于机载 LiDAR 航飞结果形成了“卓尼县柳林镇上卓村滑坡机载 LiDAR 遥感识别研究报告”及相关图件。

基于上述三年机载 LiDAR 技术在黄土滑坡灾害的识别效果，本书从点云密度、航飞高度、飞行系统等多方面总结了机载 LiDAR 技术在黄土滑坡灾害识别的适用性，为二级项目的成果应用提供了有力支撑。三年机载 LiDAR 航飞情况见图 6.56 和表 6.14。

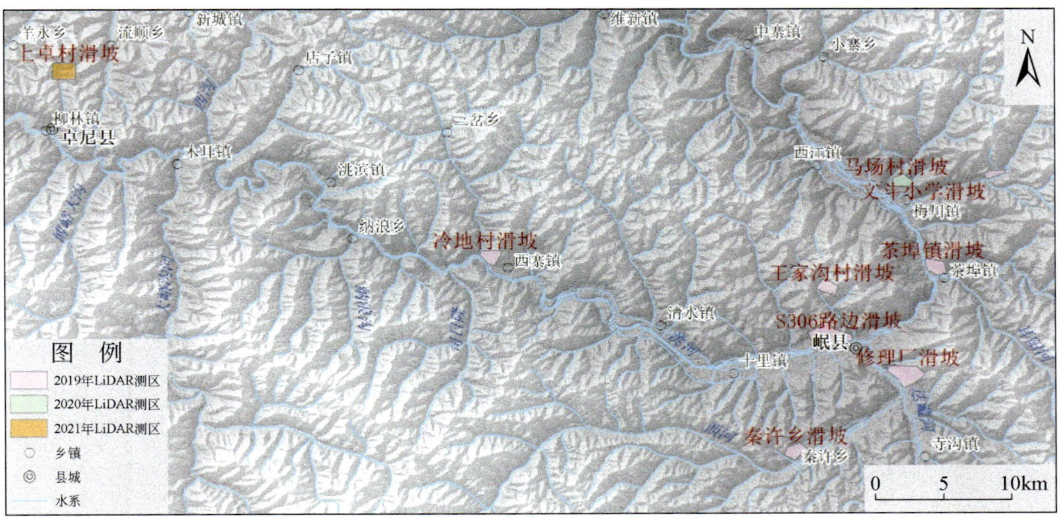

图 6.56　洮河流域中游机载 LiDAR 航测分布图

表 6.14　洮河流域中游机载 LiDAR 航测情况统计表

序号	测区名称	航飞时间	飞行平台	雷达系统	光学镜头	平均航飞高度/m	航飞方式	航飞架次/次	航飞面积/km²	采集点云密度/(个/m²)	有效点云密度/(个/m²)
1	西寨镇冷地村滑坡	2019 年	M6FC 六旋翼无人机	UAVL-600	SONY A7R Ⅱ	365	平高	3	1.00	15	1
2	清水镇王家沟村滑坡		M6FC 六旋翼无人机	UAVL-600	SONY A7R Ⅱ	310	平高	2	1.00	23	4.3
3	岷阳镇纸坊村修理厂滑坡		M6FC 六旋翼无人机	UAVL-600	SONY A7R Ⅱ	400	平高	4	2.30	20	3.5
4	岷阳镇 S306 路边滑坡		M6FC 六旋翼无人机	UAVL-600	SONY A7R Ⅱ	290	平高	5	3.00	25	4.5
5	茶埠镇 G212 路边滑坡		M6FC 六旋翼无人机	UAVL-600	SONY A7R Ⅱ	260	平高	3	1.20	25	5

续表

序号	测区名称	航飞时间	飞行平台	雷达系统	光学镜头	平均航飞高度/m	航飞方式	航飞架次/次	航飞面积/km²	采集点云密度/(个/m²)	有效点云密度/(个/m²)
6	秦许乡政府后山滑坡	2019年	M6FC六旋翼无人机	UAVL-600	SONY A7R Ⅱ	325	平高	2	1.00	25	4.5
7	梅川镇文斗学校后山斜坡		M6FC六旋翼无人机	UAVL-600	SONY A7R Ⅱ	345	平高	2	0.50	23	1.3
8	梅川镇马场村滑坡	2020年	飞马D2000旋翼无人机	mini VUX-1UAV	Sony ILCE-6000	250	变高	1	0.90	16.17	1.55
9			飞马D2000旋翼无人机	mini VUX-1UAV	Sony ILCE-6000	200	变高	1	0.90	20.03	3.45
10			飞马D2000旋翼无人机	mini VUX-1UAV	Sony ILCE-6000	150	变高	2	0.90	25.2	5.13
11	柳林镇上卓村滑坡	2021年	飞马D2000旋翼无人机	D-LiDAR2000	飞马D-CAm2000	150	变高	2	1.67	110	22
12			飞马D2000旋翼无人机	D-LiDAR2000	飞马D-CAm2000	100	变高	3	1.67	174	42
13			飞马D2000旋翼无人机	D-LiDAR2000	飞马D-CAm2000	50	变高	4	1.67	230	65

1. 点云密度对识别结果的影响

综合三年的航测结果，同时查阅论文文献资料可知，点云密度的多少直接决定了LiDAR的航测结果；点云密度越高，航测结果越精细，越有利于黄土滑坡及其变形裂缝或陡坎的识别。基于三年的机载LiDAR航测数据（图6.57），研究了多种手段和方法，目的均在于提高测区的机载LiDAR采集点云密度。

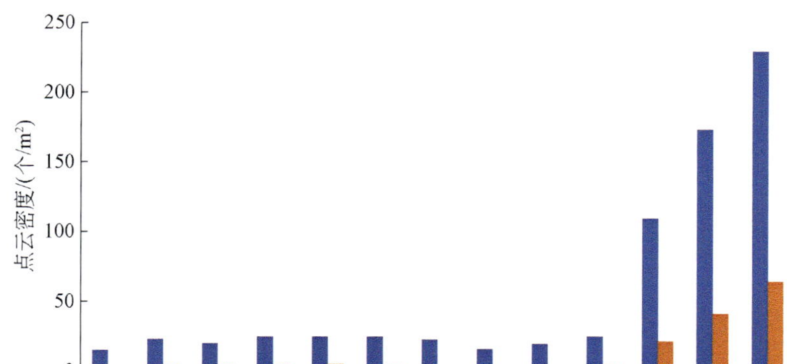

	2019年							2020年			2021年		
采集点云密度	15	23	20	25	25	25	23	16.17	20.03	25.2	110	174	230
有效点云密度	1	4.3	3.5	4.5	5	4.5	1.3	1.55	3.45	5.13	22	42	65

图6.57　洮河流域中游机载LiDAR点云数据采集统计图

从三年的裂缝或陡坎解译结果来看，点云密度的提高，相对提高了黄土滑坡裂缝或陡坎的识别精度（图 6.58）。

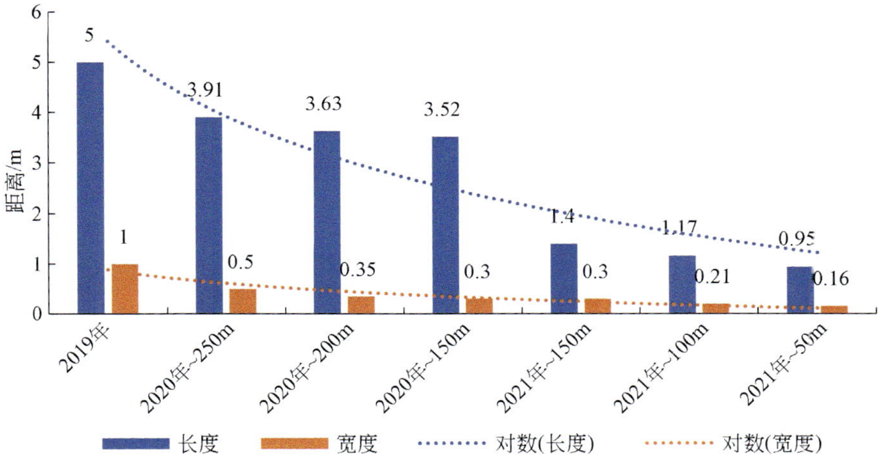

图 6.58　洮河流域中游机载 LiDAR 识别精度统计图

2019 年，通过对七个机载 LiDAR 航测区滑坡裂缝或陡坎的识别，其最小识别裂缝或陡坎的长度是 5.0m，宽度是 1.0m；2020 年，通过对同一测区选择三种不同航飞高度进行机载 LiDAR 航测，250m 航飞高度的最小识别裂缝的长度和宽度分别为 3.91m、0.50m，200m 航飞高度的最小识别裂缝的长度和宽度分别为 3.63m、0.35m，150m 航飞高度的最小识别裂缝的长度和宽度分别为 3.52m、0.30m；2021 年，同样通过对同一测区进行更低航飞高度的仿地、变高 LiDAR 航测，150m 航飞高度的裂缝识别精度为长 1.40m、宽 0.30m，100m 航飞高度的裂缝识别精度为长 1.17m、宽 0.21m，50m 航飞高度的裂缝识别精度为长 0.95、宽 0.16m。

另外，从三年的滑坡解译识别结果来看，机载 LiDAR 航测数据对滑坡的识别效果差异主要体现与无人机影像数据的对比上。毫无疑问，无人机正射影像精度更高，具有更丰富纹理特征，但正是因为其成像内容的丰富性增加了解译识别的困难性，尤其是在植被茂密地区，机载 LiDAR 数据更能体现其优势（图 6.59～图 6.62）。

机载 LiDAR 技术在地质灾害识别中的优势主要体现其对微观地形的清晰描述，该技术能够穿透一定的植被覆盖而获取地表信息，并且其数据采集方式相对于航片来说能够最大限度地减小地形切割带来的阴影影响，具体表现在以下两个方面：①边坡整体变化特征，利用 LiDAR 生成的 DEM 山体阴影图，可以识别的斜坡凹陷和突变；②结合 LiDAR 生成的 DEM 山体阴影图，可以根据地面粗糙度的变化，识别一些滑坡变形特征，如拉裂缝、张裂缝、拉裂陡坎以及坡表滑塌等。

同样，点云密度的提高有利于滑坡识别，点云密度越高生成 DEM 模型的精度就越高，衍生的 DEM 山体阴影精度越高，越有利于滑坡的识别；虽然识别数量提升不大，但识别的滑坡轮廓与变形特征精度升高。

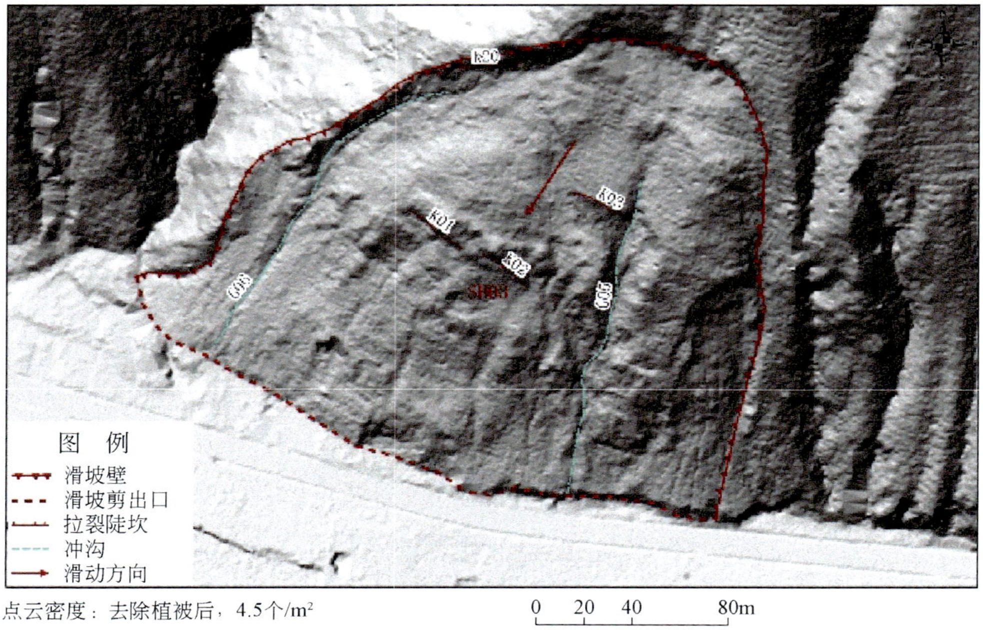

点云密度：去除植被后，4.5个/m²

图 6.59　2019 年岷阳镇 S306 路边 SH03 滑坡 LiDAR 遥感解译图

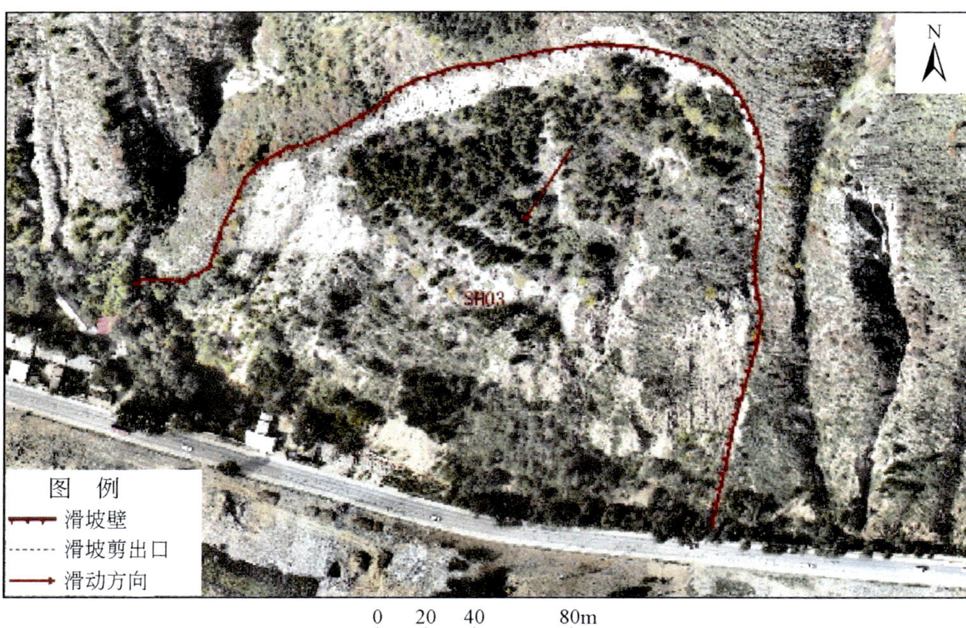

图 6.60　2019 年岷阳镇 S306 路边 SH03 滑坡光学遥感解译图

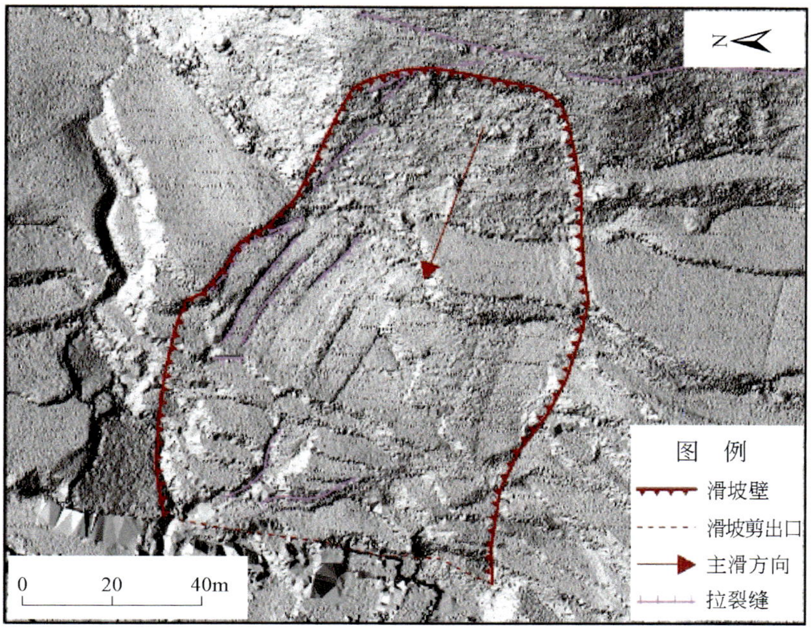

图 6.61　2020 年马场村滑坡 LiDAR 解译图（150m 航飞高度）

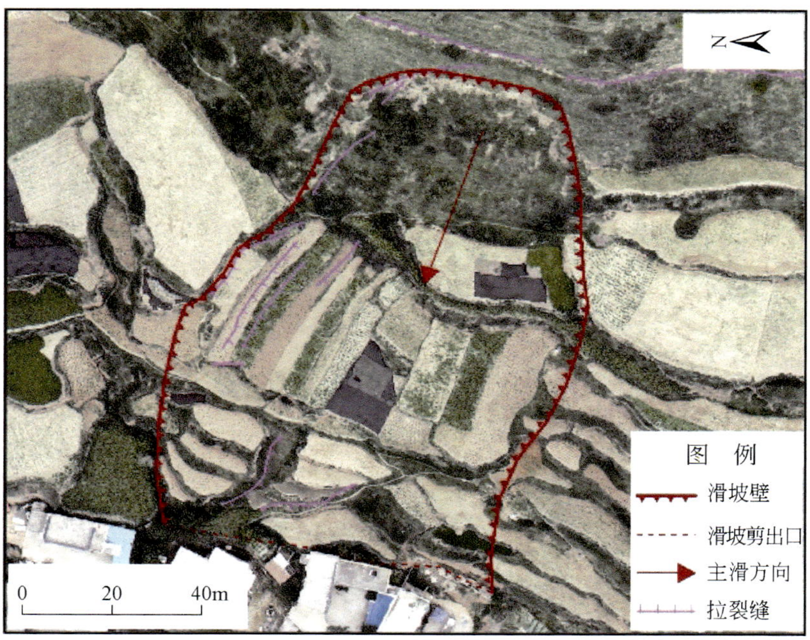

图 6.62　2020 年马场村滑坡光学解译图（150m 航飞高度）

2. 航飞方式对识别结果的影响

洮河流域中游三年的机载 LiDAR 航测主要采用了两种航飞方式，分别为平高飞行和变高飞行。平高飞行是指无人机在作业过程中，在测区选取一处合适的起飞场地，根据航测任务需求以起飞点为基准点预设一个航飞高度进行航测，其优点是数据采集快，能够有效避开障碍物，但采集的点云密度往往是坡顶高、坡脚低，构建的DEM模型精度存在差异，不利于斜坡中下部的裂缝识别。变高飞行是指无人机在作业过程中，通过设定与已知三维地形的固定高度，使得飞机与目标地物保持恒定高差，借助仿地飞行功能，无人机能够适应不同的地形，根据测区地形自动生成变高航线，保持测区采集点云密度一致，从而获取更好的数据效果，构建的DEM模型精度更均匀，有利于整体评价和识别斜坡的变形特征。

2019年，采用平高飞行的冷地村滑坡（图6.63），坡脚采集点密度为10个/m^2，坡体中部采集点云密度为15个/m^2，坡顶采集点云密度为20个/m^2，生产的DEM山体阴影图形成大量的三角网格，严重影响了后续滑坡变形特征的解译。2020年，采用变高飞行的马场村滑坡（图6.64），150m航飞高度条件下，全区采集点云密度为25.20个/m^2，生产的DEM山体阴影图精度均匀，保证了滑坡变形特征的解译和地物类型的识别。

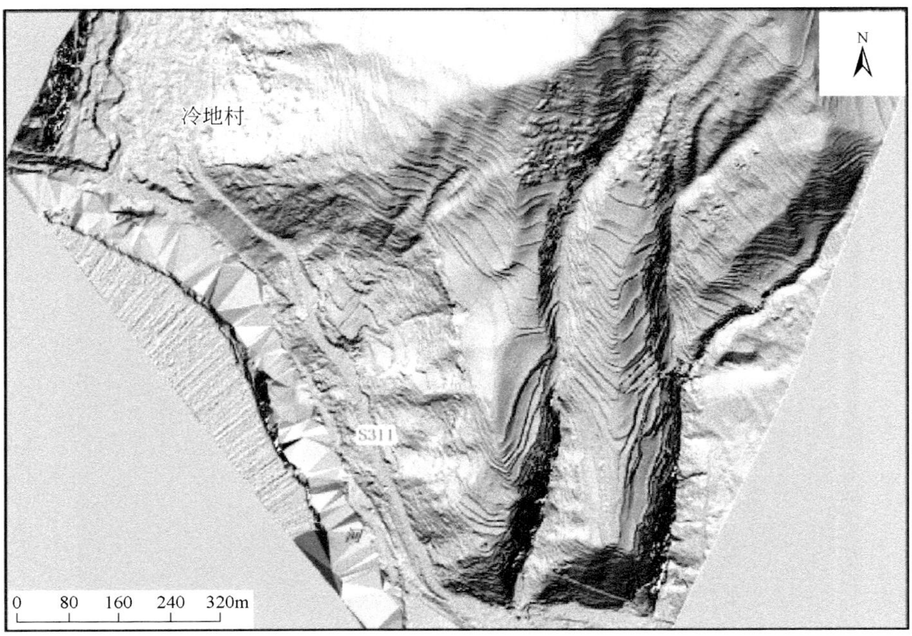

图6.63　2019年西寨镇冷地村滑坡LiDAR生产DEM山体阴影图

3. 航飞高度对识别结果的影响

航飞高度的变化对点云密度的采集影响较大，2020年和2021年分别在马场村滑坡和上卓村滑坡采用仿地飞行的方式进行了不同航飞高度对滑坡识别效果的研究。其中，2020年马场村滑坡航飞高度分别为250m、200m、150m，2021年上卓村滑坡航飞高度分别为150m、100m、50m。根据不同航飞高度获得的机载LiDAR数据，其差异主要体现在对裂缝或陡坎的识别效果上。

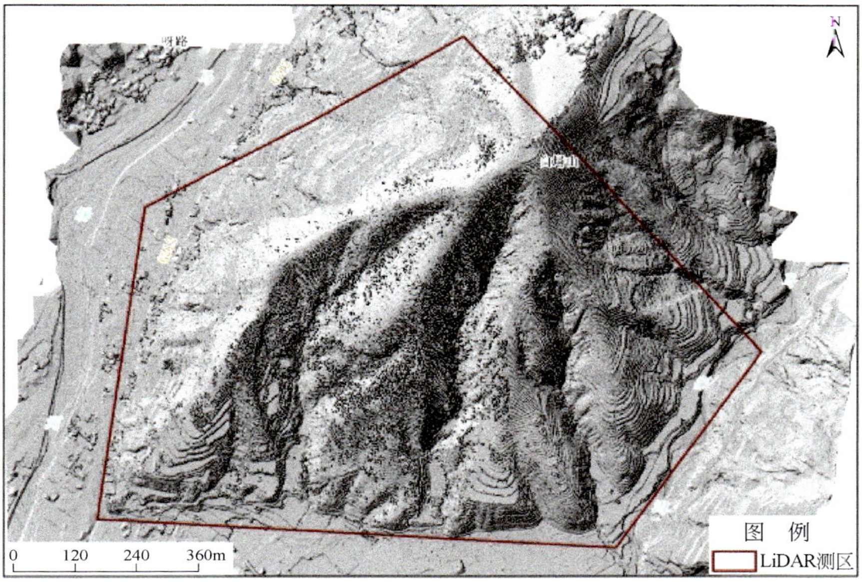

图 6.64　2020 年梅川镇马场村滑坡 LiDAR 生产 DEM 山体阴影图

2020 年，马场村滑坡测区在 250m 航飞高度条件下，解译得到拉裂缝 26 处、拉裂陡坎 7 处，拉裂缝识别最小长度和最小宽度分别为 3.91m、0.50m，拉裂陡坎识别最小长度和最小高度分别为 8.57m、1.80m；200m 航飞高度条件下，解译得到拉裂缝 40 处、拉裂陡坎 18 处，拉裂缝识别最小长度和最小宽度分别为 3.63m、0.35m，拉裂陡坎识别最小长度和最小高度分别为 7.89m、1.20m；150m 航飞高度条件下，解译得到拉裂缝 55 处、拉裂陡坎 55 处，拉裂缝识别最小长度和最小宽度分别为 3.52m、0.30m，拉裂陡坎识别最小长度和最小高度分别为 4.96m、0.81m（图 6.65）。

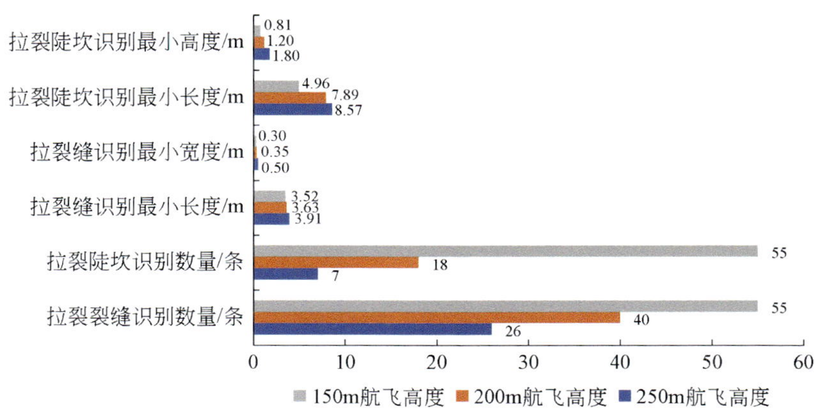

图 6.65　2020 年梅川镇马场村滑坡 LiDAR 裂缝识别效果对比图

2021 年，上卓村滑坡测区在 150m 航飞高度条件下，解译得到拉裂缝 152 处、拉裂陡坎 66 处，拉裂缝识别最小长度和最小宽度分别为 1.40m、0.30m，拉裂陡坎识别最小长度和最小高度分别为 1.69m、0.38m；100m 航飞高度条件下，解译得到拉裂缝 161 处、拉裂陡坎 70 处，拉裂缝识别最小长度和最小宽度分别为 1.17m、0.21m，拉裂陡坎识别最小长度和最小高度分别为 1.39m、0.31m；50m 航飞高度条件下，解译得到拉裂缝 164 处、拉裂陡坎 72 处，拉裂缝识别最小长度和最小宽度分别为 0.95m、0.16m，拉裂陡坎识别最小长度和最小高度分别为 1.21m、0.26m（图 6.66）。

从两年裂缝或陡坎的识别统计结果来看，随着航飞高度降低，拉裂缝或拉裂陡坎的识别数量和识别精度有明显提升，由此说明在低空航飞条件下，可有效提高测区裂缝识别精度。2021 年的裂缝识别结果显示，当航飞高度低于 150m 时，裂缝的识别数量提升不高，但识别精度有一定程度的提升。

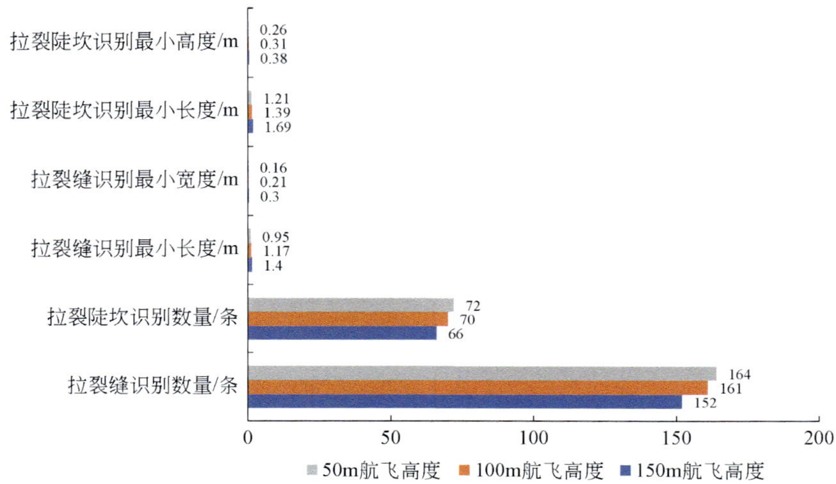

图 6.66　2021 年柳林镇上卓村滑坡 LiDAR 裂缝识别效果对比

6.5　机载 LiDAR 技术在黄土滑坡隐患识别领域的适用性评价

基于三种不同航飞高度的机载 LiDAR 数据，在卓尼县柳林镇上卓村滑坡测区开展了地质灾害遥感识别及其变形特征的对比研究分析，主要从点云数据、滑坡灾害、拉裂缝、拉裂陡坎、地物特征等方面进行了相关论述，达到了预期目的，取得了一定的研究成果，主要获得了以下结论：

（1）不同航飞高度对机载 LiDAR 采集点云密度影响较大，航飞高度越低采集点云密度越大。①在 150m、100m、50m 航飞高度条件下，测区平均采集点云密度分别为 110 个/m^2、174 个/m^2、230 个/m^2，航飞高度越低，平均采集点云密度越大；②在 150m、100m、50m 航飞高度条件下，测区有效点云密度分别为 22 个/m^2、42 个/m^2、65 个/m^2，航飞高度越低，有效点云密度越大。

（2）低空条件下，不同航飞高度对裂缝识别数量影响较小，但航飞高度越低识别效果越好。①在 150m、100m、50m 航飞高度条件下，测区分别识别拉裂缝 152 处、161 处、164 处，拉裂缝长度范围分别为 1.40～47.89m、1.17～47.89m、0.95～47.89m，宽度范围分别为 0.30～1.67m、0.21～1.67m、0.16～1.67m，航飞高度越低，识别拉裂缝数量变化不大，但识别长度越短、宽度越窄；②在 150m、100m、50m 航飞高度条件下，测区分别识别拉裂陡坎 66 处、70 处、72 处，拉裂陡坎长度范围分别为 1.69～252.59m、1.39～252.59m、1.21～252.59m，高度范围分别为 0.38～13.41m、0.31～13.41m、0.26～13.41m，航飞高度越低，识别拉裂陡坎数量变化不大，但识别长度越短、高度越矮。

（3）在设定三种航飞条件下（150m、100m、50m 航飞高度），航飞高度对滑坡地质灾害遥感解译影响不大，均识别 5 处滑坡灾害（1 处中型滑坡、4 处次级滑坡）和 2 处潜在滑坡隐患，但滑坡或潜在滑坡隐患边界轮廓及变形特征随着航飞高度降低，影像更清晰，特征更明显，解译精度更高。

（4）在设定三种航飞条件下（150m、100m、50m 航飞高度），航飞高度对地物类别遥感解译影响不大，但随着航飞高度降低，影像更清晰，特征更明显，地物边界轮廓更清晰。

（5）通过对比机载 LiDAR 数据与光学遥感数据，机载 LiDAR 数据适用于植被覆盖区的裂缝识别与解译，光学遥感数据在地表裸露区选择无人机影像进行裂缝识别效果更佳。

（6）通过对重点区进行单独滤波处理，单独滤波相较于整体滤波能够更清晰地反映微地貌的特征，更有利于拉裂缝或拉裂陡坎的解译识别。

基于洮河流域中游机载 LiDAR 三年的航测结果，讨论了机载 LiDAR 技术在黄土滑坡灾害识别的适用性，主要获得以下几点认识：

（1）采集点云密度和有效点云密度直接决定了机载 LiDAR 航测结果精度，点云密度越高越有利于黄土滑坡的解译识别；

（2）变高飞行比平高飞行更有利于点云密度的均匀采集，能够保证机载 LiDAR 航测数据均匀性，更有利于斜坡变形特征的解译；

（3）航飞高度决定了机载 LiDAR 的点云采集密度，航飞高度越低，采集点云密度越高，考虑机载 LiDAR 的经济性与实用性，航飞高度设置在 150～200m 较为合适；

（4）在高密度植被覆盖区，利用机载 LiDAR 技术获得的 DEM 山体阴影图可以清晰地识别一定规模的滑坡轮廓边界，解决了光学数据受植被影响识别不够精确的问题；

（5）根据机载 LiDAR 技术获得的 DEM，提取不同方位角的山体阴影图，能够直观呈现不同朝向的滑坡微地貌特征，突破了以往由于数据精度不高导致对灾害体认识不够全面的阻碍；

（6）机载 LiDAR 技术获得的 DEM 可提取滑坡灾害的坡度图、地表粗糙度图，清晰反映滑坡后缘、滑坡体、滑坡侧缘在坡度与地表粗糙度上的变化特征，为地质灾害识别与分析提供定量的地貌参数，为滑坡边界的圈定提供科学依据；

（7）在地表裸露区，无人机正射影像对浅表裂缝的识别效果要优于机载 LiDAR 航摄数据，同时其识别精度相对于机载 LiDAR 数据有明显的提高；

（8）基于不同地物类型开展单独的滤波方式，能够有效规避整体滤波导致滤波不均匀的情况，能够更清晰地反映微地貌的特征，更有利于拉裂缝或拉裂陡坎的解译识别；

（9）当航飞高度低于 150m 时，对滑坡或地物类别遥感解译影响不大，但随着航飞高度降低，影像更清晰，特征更明显，地物边界轮廓更清晰。

第 7 章　普适型地质灾害监测预警试验

7.1　监测系统建设

7.1.1　目的任务

遵循“以人为本，科技防灾”理念，依托“洮河流域中游灾害地质调查”二级项目，以洮河流域等地典型地质灾害为监测对象，开展地质灾害监测预警普适型仪器设备示范试用，以降雨、裂缝位移、滑坡体绝对位移等为主要监测内容，构建监测预警模型，研究预警预报判据，开展地质灾害分级预警预报，为临灾响应决策提供支撑，促进地质灾害普适型仪器设备推广应用，提升地方地质灾害防治科技水平和防灾减灾能力。

具体任务有以下几点。

（1）开展三处普适型监测预警设备示范试用工作，以降雨、裂缝位移、土体含水率、滑坡体绝对位移为主要监测内容，掌握地质灾害发生条件与灾害特征，准确捕捉地质灾害发展趋势与稳定性状态，通过监测数据研究灾害成灾机理与演化过程（侯圣山等，2020）。

（2）基于灾害隐患的地质特征、影响因素及发展变化趋势构建监测预警模型，以滑坡时间-位移曲线的切线角为主要判据，结合滑坡变形加速度特征、不同工况滑坡稳定性以及宏观变形特征，综合确定预警预报判据，及时分析研判、分级发布预警信息；开展降雨诱发地质灾害规律的研究，提出基于雨量监测的预警预报判据。

（3）及时总结经验并分析存在问题，持续优化改进，促进地质灾害普适型仪器设备更大范围推广应用，持续有效提升地方地质灾害防治科技水平和防灾减灾能力。

7.1.2　监测方案设计

7.1.2.1　监测设备布设原则

（1）依照“危险性、典型性、可行性”的原则，重点选择群测群防难度大、变形失稳较明显、成灾风险相对高的滑坡体，优先选择高位远程滑坡体，开展示范应用。

（2）滑坡监测内容以降雨、裂缝位移和滑坡体绝对位移为主，通过普适型设备实时监测滑坡裂缝等变形量、速率及降雨强度、累积雨量、土体含水率变化等。本次监测预警建设工作主要采用雨量计、裂缝计、土体含水率监测仪、GNSS 等手段，监测环境因素和滑坡变形情况。

（3）监测网布设应统筹兼顾、突出重点。本次示范工作选择了三处典型滑坡开展普适型监测试验。

（4）监测剖面应穿过滑坡的不同变形地段或块体，纵向剖面线方向应与滑坡主要变形方向一致或相近。本次的三个监测示范点，均选取一个典型剖面开展监测，获取滑坡后缘、中部和前缘的变形情况。

（5）监测仪器设备安装点位的选择应遵循监测有效性、环境适宜性、施工可行性、维护安全性和便利性等原则，监测点位应具备较好的人机可达性和一定的基础施工条件，应避开地势低洼或易于积水淹没之处、埋设有地下管线处、位置隐蔽或信号不佳处。

（6）坚持普适型仪器设备监测工作和群测群防监测相结合的原则，安排群测群防人员开展对地质灾害进行巡查、排查和简易监测。

7.1.2.2　监测内容及设备选择

本次拟在洮河中游示范区建设三个示范监测点，灾害类型均是滑坡。监测内容以降雨、裂缝位移和 GNSS 为主，通过普适型设备实时监测滑坡裂缝等变形量、速率以及降雨强度、累积雨量等。

根据监测精度和需求选择监测仪器设备。在满足监测精度的前提下，宜选用运行可靠、功能简约、性价比高、安装便捷、易于维护、可实现智能预警的普适型监测设备。

监测设备应具备双向控制功能，在关键时间段，可以手动或自动加密采集，以适应监测需求；监测设备应具有良好的稳定性和可靠性，适应监测点的地质环境条件，具备防雷、防水、防尘及耐高低温等基本性能；监测设备应经过具有法定计量测试资质的机构校准或标定合格，且校准记录和标定资料齐全，并应在规定的校准有效期内使用。

普适型设备原则上以内置高性能电池供电为主，部分高功耗设备采用太阳能供电。采用一次性电池供电的低功耗仪器设备，在 1h 采集和上报一次的工作频率下，应保证电池至少能供设备正常工作一年（即电池更换周期为一年）。采用太阳能供电仪器设备，配套的蓄电池容量必须保证监测设备在无日照条件下至少连续工作 30d，在久雾、久雨及日照率小于 30%的地区适当增大容量，太阳能电池板功率应与蓄电池容量匹配。

选择普适型设备及组合有针对性地开展专群结合监测预警，对地质灾害体孕育、发生过程及降雨等触发过程等关键性指标和指示性信息进行实时监测。

考虑到本项目的实际情况，监测设备主要选择了雨量计、裂缝计、土体含水率监测仪和 GNSS。雨量计用于诱发滑坡的环境因素的监测；裂缝计安装在滑坡区裂缝或潜在裂缝的两端，监测裂缝的变化；土体含水率监测仪监测滑坡体含水率的动态变化；GNSS 则在变形区安装多台，与安装在滑坡区外的组网解算，形成监测剖面，监测滑坡多部位的形变。

7.1.2.3　监测设备部署方案

洮河流域中游灾害地质调查项目布设了三处普适型监测预警示范点，分别为岷县梅川乡马场村滑坡、岷县文斗学校滑坡和兰州市城关区九州开发区石峡口滑坡（表 7.1）。

表 7.1　普适型监测预警试验应用布设信息表

地质灾害名称	地理位置（坐标）	仪器设备类型及数量	安装布设位置
马场村滑坡	岷县梅川镇马场村 G212 东侧（104°3′37″E，34°33′17″N）	2 套普适型裂缝计	裂缝变形处
		4 台 GNSS	1 条剖面
		1 处含水量监测（3 个探头）	滑坡变形区
		1 台雨量计	滑坡区房顶
文斗学校滑坡	岷县梅川镇文斗学校后山（104°7′30″E，34°33′28″N）	2 套普适型裂缝计	裂缝变形处
		4 台 GNSS	1 条剖面
		1 台雨量计	滑坡区房顶
		1 套声光报警器	威胁对象处
石峡口滑坡	兰州市城关区武警总队加油站西侧（103°48′54″E，36°4′36″N）	2 套普适型裂缝计	裂缝变形处
		4 台 GNSS	1 条剖面
		1 处含水量监测（3 个探头）	滑坡变形区
		1 台雨量计	滑坡区

马场村滑坡和文斗学校滑坡是“洮河流域中游灾害地质调查”项目 2020 年勘查点，普适型监测预警工作将和勘查工作相结合，相互配合开展。勘查可以获取滑坡区大比例尺地形图和地质图，以及滑坡的具体规模、参数，为监测提供依据；通过监测可以监控滑坡的动态，为成因机理的确定和灾害预警提供支撑。

石峡口滑坡位于兰州市城关区武警总队加油站西侧，2007 年 9 月 17 日和 2009 年 5 月 16 日发生过滑坡，造成了较大损失。滑坡区局部进行过治理。未治理的部分落水洞和裂缝发育，稳定性差，威胁坡脚小区居民的生命财产安全。

7.1.3　监测点概况

7.1.3.1　马场村滑坡

马场村滑坡位于岷县梅川镇马场村马场沟沟口左岸低山山前第一斜坡带。该滑坡处于构造剥蚀中低山地貌区，地势陡峻，植被稀少，以耕地为主的人类活动强烈，经人类耕作活动的改造坡面形态呈台阶状。山前为马场沟冲洪积堆积区，地势平台，其上以居住和基础设施为主，马场村和国道 212 线就分布在此区域。经初步踏勘，该滑坡平面形态呈不规则簸箕状，滑坡体长约 120m，宽 180m，厚 5m（通过周边基岩出露处判断），滑坡面积为 $1.98\times10^4m^2$，体积为 $10.8\times10^4m^3$，规模为中型。滑坡主滑方向为 291°，滑体后壁坡度为 42°左右，滑体坡面平均坡度为 28°，滑体前缘坡脚位置因人为削坡建房而形成高 8m、坡度 65°左右的人工边坡。目前，该滑坡体中下部发育弧形裂缝（2015 年出现），垂直下错距离为 10～45cm（图 7.1），延伸长度约 30m，基本贯通。滑体前缘村民新建房屋墙体挤压变形开裂（图 7.2）。

图 7.1　滑坡体中下部裂缝错动

图 7.2　滑体前缘村民新建房屋开裂

马场村滑坡物质组成主要为第四系马兰黄土和白垩系下统磨沟组（K_1m）砂砾岩。马兰黄土质地松软，结构松散，具大孔隙，密实度差，垂直节理发育。白垩系砂砾岩相对坚硬，产状为 5°∠15°，裂隙发育，出露处风化强烈，呈松散状分布于裸露坡面。

经现场踏勘，初步判定该滑体为一自然小型黄土老滑坡，后经前缘人为开挖坡脚扰动而变形复活。现状稳定性差，危险性大。主要威胁前缘村民 18 户、约 90 人，砖混或土木结构房屋数十间，距国道 212 线约 200m（图 7.3、图 7.4）。危害严重，险情大。

图 7.3　滑坡前缘村民修建的房屋

图 7.4　滑坡前缘村民及 212 国道

针对马场村滑坡的实际情况，设置了以滑坡体绝对位移监测、裂缝位移监测、降雨量监测和土体含水量监测等组成的监测网络，监测工作布置见表 7.2 和图 7.5、图 7.6。

表 7.2　马场村滑坡普适型监测工作布置一览表

项目	编号	布设位置	经纬度	监测目的	设备类型
滑坡体绝对位移监测	MCGN0	滑坡前方公路旁居民房顶	104°03′43.53″E，34°33′14.91″N	基站	GNSS
	MCGN 1	滑坡体后部	104°03′47.59″E，34°33′13.58″N	监测滑坡变形	GNSS
	MCGN 2	滑坡体中部	104°03′46.87″E，34°33′14.06″N	监测滑坡变形	GNSS
	MCGN 3	滑坡体前缘	104°03′45.96″E，34°33′13.98″N	监测滑坡变形	GNSS
裂缝监测	MCLF1	滑坡前缘裂缝	104°03′45.96″E，34°33′13.98″N	裂缝变形监测	裂缝计
	MCLF2	滑坡中部裂缝	104°03′46.87″E，34°33′14.06″N	裂缝变形监测	裂缝计
降雨量监测	MCYL1	滑坡前方公路旁房顶	104°03′43.53″E，34°33′14.91″N	滑坡位置降雨强度特征	雨量计
土体含水量监测	MCHS1	滑坡变形区	104°03′45.96″E，34°33′13.98″N	监测滑坡体含水量的动态变化	含水量监测仪

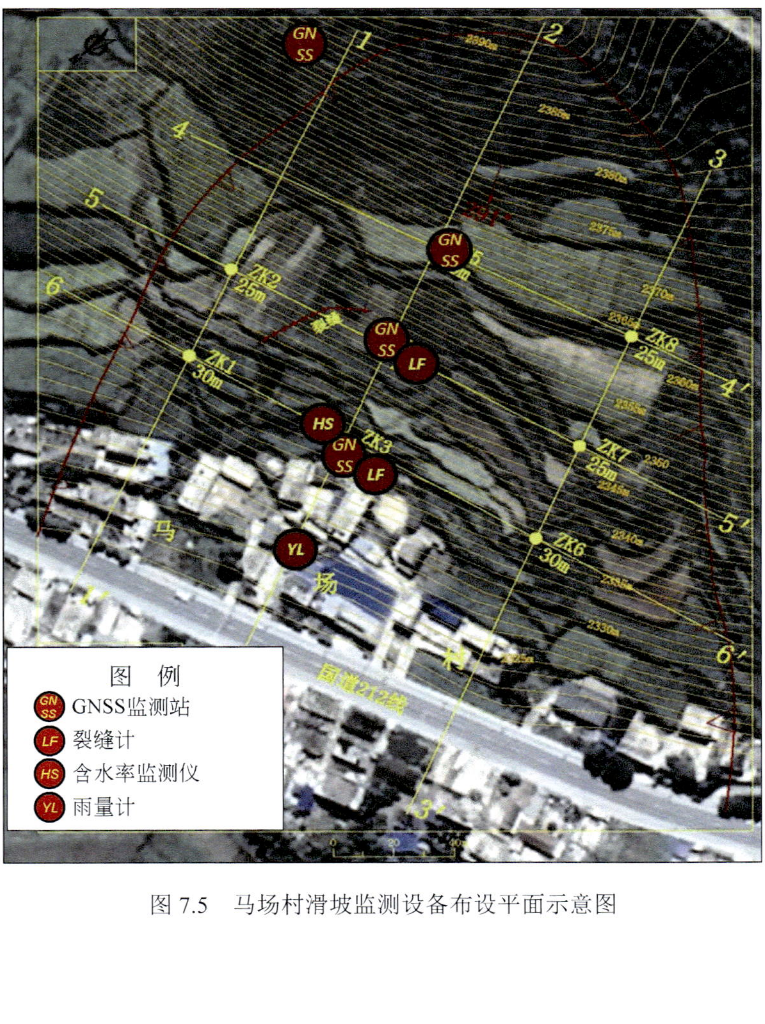

图 7.5　马场村滑坡监测设备布设平面示意图

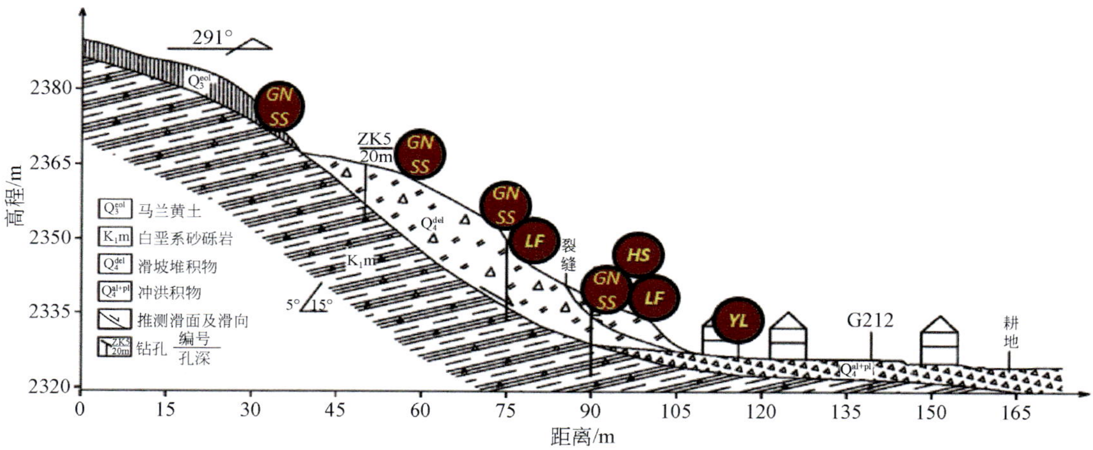

图 7.6　马场村滑坡监测设备布设剖面示意图

7.1.3.2　文斗学校滑坡

该斜坡位于岷县梅川镇文斗九年制学校北山第一斜坡带前缘。地貌单元属构造剥蚀中低山区，地层岩性上部为坡积、残积碎石土，下部为二叠系下统十里墩组（P_1sl）石英砂岩、粉砂岩、板岩，产状为 75°∠30°。文斗中学滑坡勘查点地理坐标为 104°04′17″E，34°34′46″N。经现场初步踏勘，该滑坡为残坡积堆积层老滑坡，滑坡体长 120m、宽 100m，主滑方向为 175°，平均坡度为 25°，体积约为 $18.0\times10^4m^3$，属中型滑坡。目前，滑坡前缘发育一坡宽为 60m，坡长为 45m，坡度为 65°的不稳定斜坡。2019 年 7 月，该斜坡中部出现一条裂缝，延伸长度为 25m，缝宽为 5～30cm。裂缝出现后，当地镇政府高度重视，岷县自然资源局和省地质灾害防治技术指导中心立即组织省内专家和相关技术人员对该斜坡进行了应急监测工作，安装了 GPS 地表裂缝计和裂缝仪进行实时监测。目前，该斜坡仍处于不稳定状态，严重影响坡脚文斗中学操场和教学楼，威胁人口约 500 人，险情大、危险性大，参见图 7.7～图 7.9。

图 7.7　斜坡前缘的学校操场

图 7.8　文斗九年制学校北侧斜坡全貌

图 7.9　文斗九年制学校及北山全貌

针对文斗学校滑坡的实际情况，设置了以滑坡体绝对位移监测、裂缝位移监测和降雨量监测和组成的监测网络，监测工作布置见表 7.3 和图 7.10、图 7.11。

表 7.3　文斗学校滑坡普适型监测工作布置一览表

项目	编号	布设位置	经纬度	监测目的	设备类型
滑坡体绝对位移监测	WDGN0	滑坡区范围外基岩上	104°07′39.39″E，34°33′24.67″N	基站	GNSS
	WDGN 1	滑坡体后部	104°07′38.99″E，34°33′24.32″N	监测滑坡变形	GNSS
	WDGN 2	滑坡体中部	104°07′39.54″E，34°33′23.52″N	监测滑坡变形	GNSS
	WDGN 3	滑坡体前缘挡土墙顶部	104°07′39.82″E，34°33′22.91″N	监测滑坡变形	GNSS
裂缝监测	WDLF1	滑坡体中部	104°07′39.54″E，34°33′23.52″N	裂缝变形监测	裂缝计
	WDLF2	滑坡体前缘挡土墙顶部	104°07′39.82″E，34°33′22.91″N	裂缝变形监测	裂缝计
降雨量监测	WDYL1	文斗学校教学楼楼顶	104°07′37.99″E，34°33′21.74″N	滑坡位置降雨强度特征	雨量计
声光报警器	WDBJ1	文斗学校教学楼楼顶	104°07′37.99″E，34°33′21.74″N	报警	声光报警器

7.1.3.3　石峡口滑坡

石峡口滑坡（图 7.12～图 7.15）位于兰州市城关区武警总队加油站西侧，地理坐标为 103°48′54″E，36°4′36″N，处于黄河Ⅴ级高阶地区。滑坡宽约 217m、高约 90～130m，坡向为 0°～30°，整体坡度为 35°左右。滑坡区坡顶地势平坦，为市政林场和办公室，坡脚为罗锅沟沟道、九州大道和新九州花园小区，坡顶坡面可见多处变形迹象，如不采取防护措施，一旦失稳下滑，将严重影响坡脚新九州花园小区居民、九州大道过往车辆、行人及油库工作人员的生命财产安全，威胁人员约 200 余人，威胁财产约 5000 万元。

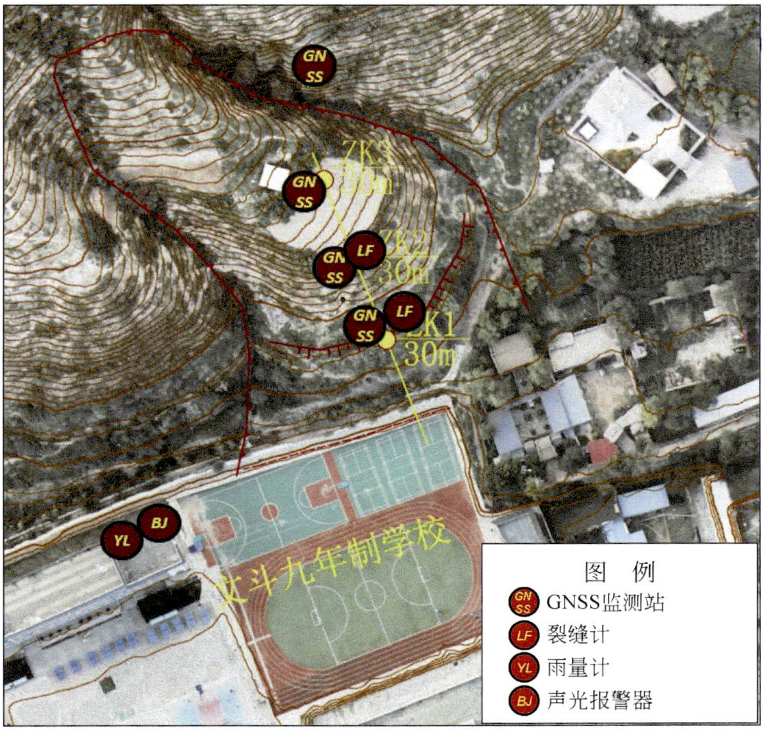

图 7.10　文斗学校滑坡监测设备布设平面示意图

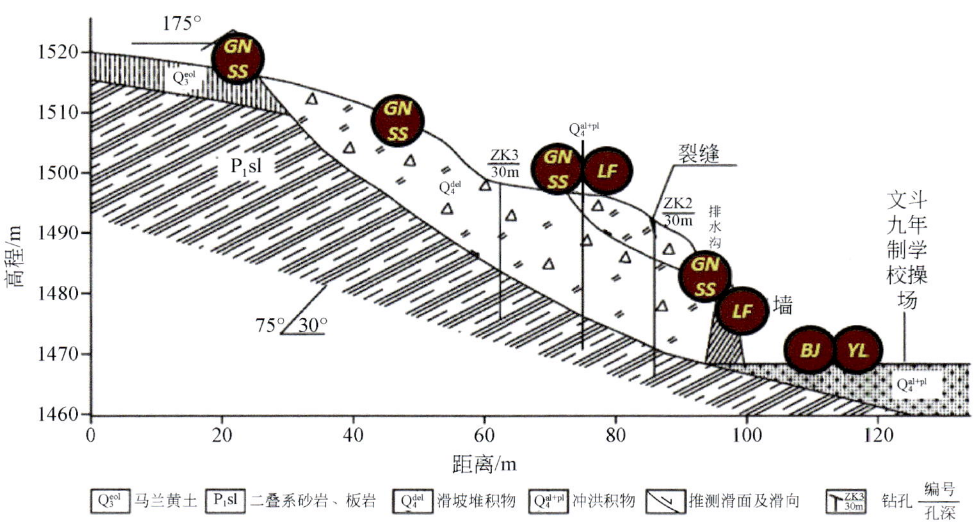

图 7.11　文斗学校滑坡监测设备布设剖面示意图

石峡口滑坡分别于 2007 年 9 月 17 日和 2009 年 5 月 16 日发生过局部滑坡，造成了较大损失。“9 • 17”滑坡部位为石峡口南侧的罗锅沟右岸斜坡中下部，滑坡平面上呈扇形，滑坡体长 75m，后缘宽 25m，前缘宽 95m，滑坡前后缘高差近 60m；主滑方向为 56°，滑坡体上部平均坡度约为 35°，下部平均坡度约 43°；滑坡面积为 4050m^2，平均厚度约为 13m，总体积约为 $6.2\times10^4m^3$。“9 • 17”滑坡为缓慢蠕动下滑，大量黄土和岩块滑落堵断罗锅沟主洪道，压埋九州大道，阻断了交通。“5 • 16”滑坡区位于石峡口滑坡南部，上部黄土快速下滑，推倒前方楼房，造成 1 人受伤，7 人遇难，32 户群众受灾。“5 • 16”滑坡长约 50m，宽约 50m，厚约 7m，体积约为 $2\times10^4m^3$。

两次滑坡发生后，政府对石峡口滑坡进行了局部治理，具体如图 7.14 所示。目前，治理工程范围之外仍有变形的情况，存在进一步发生滑坡的可能。变形区可以划分为 *AB*、*BC* 两段（图 7.14）。*AB* 段不稳定斜坡，呈“倒三角”形，东侧紧邻“5 • 16”滑坡治理区，下部为“9 • 17”滑坡治理区，为土质斜坡，斜坡宽 105m，坡高 60～90m，坡面呈一面坡状，坡度约为 35°，整体呈西北-东南向展布，略呈“M”形，坡顶为市政林场东，坡脚为“9 •17”滑坡治理区，西侧以坡面最凹处为界，东侧以“5 • 16”滑坡治理区西侧截排水渠为界，*AB* 段西侧有条通往坡顶的小路，坡面植被较好。*BC* 段不稳定斜坡东侧位于 *AB* 段西侧，西侧边界由山梁控制，为上部土质斜坡、下部岩质斜坡，斜坡宽 112m，坡高约 130m，坡向为 0°～30°，呈外凸型，下部发育一平台，平台宽 10～30m，其上有一废弃厂房。该平台将坡体分割为两级，第一级斜坡高 19m，坡面上缓下陡，有条斜通平台的道路，路脚为浆砌石挡土墙，坡脚为小区两级挡土墙；第二级斜坡高约 80m，呈一面坡状，坡度约为 32°，坡脚为高 5～8m 的陡坎，坡面基岩出露，崩坡积物呈“倒锥形”堆积于坡脚。

现场调查发现，*AB* 段变形区的北半部分变形迹象明显，裂缝近东西向延伸长度约 100m，最大一条裂缝位于距滑坡后缘约 20m 处，垂直下错 10～60cm，水平错距为 15～25m（图 7.12、图 7.13）。

图 7.12　石峡口滑坡后缘裂缝下错近 1m

图 7.13　石峡口滑坡中下部裂缝

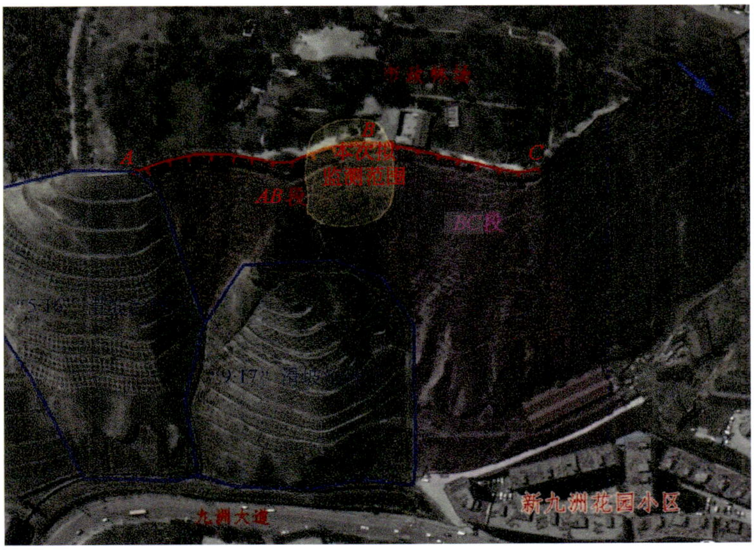

图 7.14　石峡口滑坡分段示意图

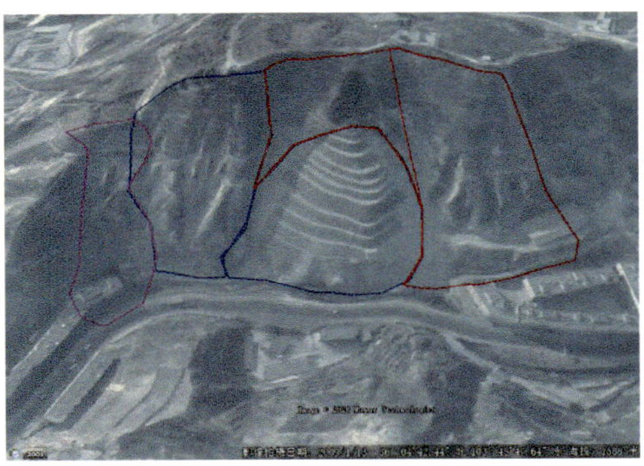

(a) 2009年1月13日

(b) 2009年7月2日

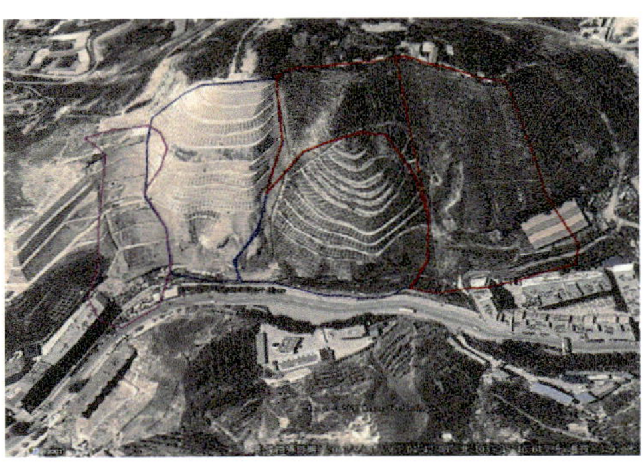

(c) 2013年9月11日

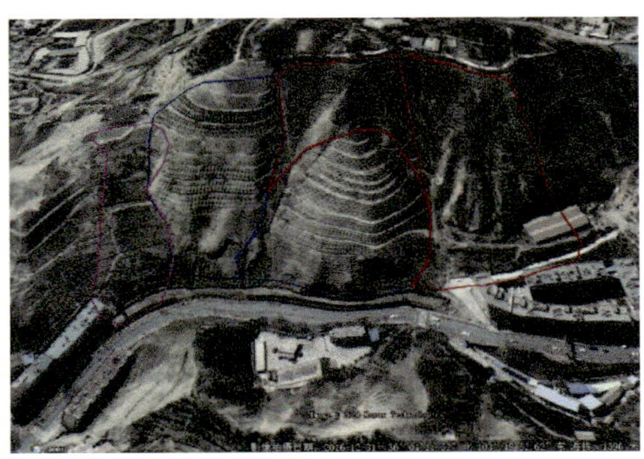

(d) 2016年12月31日

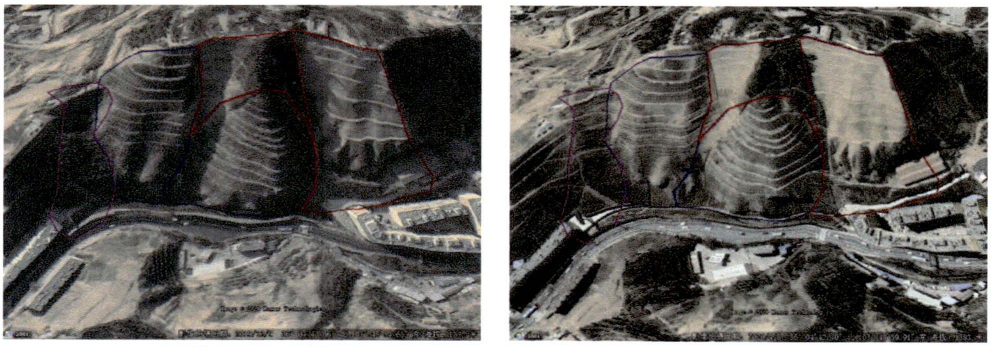

(e) 2019年12月9日　　　　(f) 2020年4月8日

图 7.15　石峡口滑坡区 2009～2020 年遥感影像图

粉色边界为“5·16”滑坡范围；蓝色边界为治理工程范围；红色边界为变形区范围

本次对 *AB* 段变形区的北半部分开展普适型监测示范，监测范围长约 76m、宽约 55m，主滑方向为 22°，平均厚度约 5m，滑坡方量约为 $2.09\times10^4m^3$。直接威胁对象为坡顶市政林场工人（四人），坡脚对岸的武警总队油库、九州大道过往车辆及行人，威胁财产约 2000 万元；间接威胁新九州花园住宅小区居民约 35 户、200 余人，威胁财产约 3000 万元。

针对石峡口滑坡的实际情况，设置了由滑坡体绝对位移监测、裂缝位移监测和降雨量监测组成的监测网络，监测工作布置见表 7.4 和图 7.16、图 7.17。

表 7.4　石峡口滑坡普适型监测工作布置一览表

项目	编号	布设位置	经纬度	监测目的	设备类型
滑坡体绝对位移监测	SXKGN0	滑坡体顶部	103°48′53.04″E，36°04′34.4″N	监测滑坡变形	GNSS
	SXKGN 1	滑坡体中部	103°48′54.4″E，36°04′36.08N	监测滑坡变形	GNSS
	SXKGN 2	滑坡体下部	103°48′55.44″E，36°04′37.4″N	监测滑坡变形	GNSS
	SXKGN3	滑坡体对岸武警油库后山平台	103°49′0.42″E，36°04′41.91″N	基站	GNSS
裂缝监测	SXKLF1	滑坡顶部平台裂缝处	103°48′52.14″E，36°04′33.76″N	裂缝变形监测	裂缝计
	SXKLF2	滑坡体中下部	103°48′55.09″E，36°04′36.86″N	裂缝变形监测	裂缝计
降雨量监测	SXKYL1	滑坡体中部	103°48′54.4″E，36°04′36.08N	滑坡位置降雨强度特征	雨量计
土体含水量监测	SXKHS1	滑坡体中部	103°48′54.4″E，36°04′36.08N	监测滑坡体含水量的动态变化	含水量监测仪

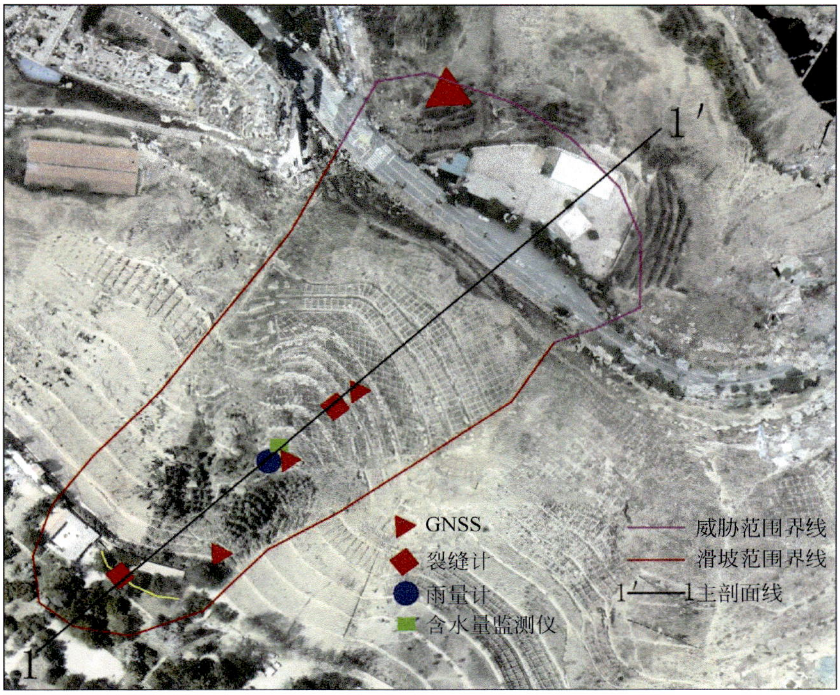

图 7.16　石峡口滑坡监测设备布设平面示意图

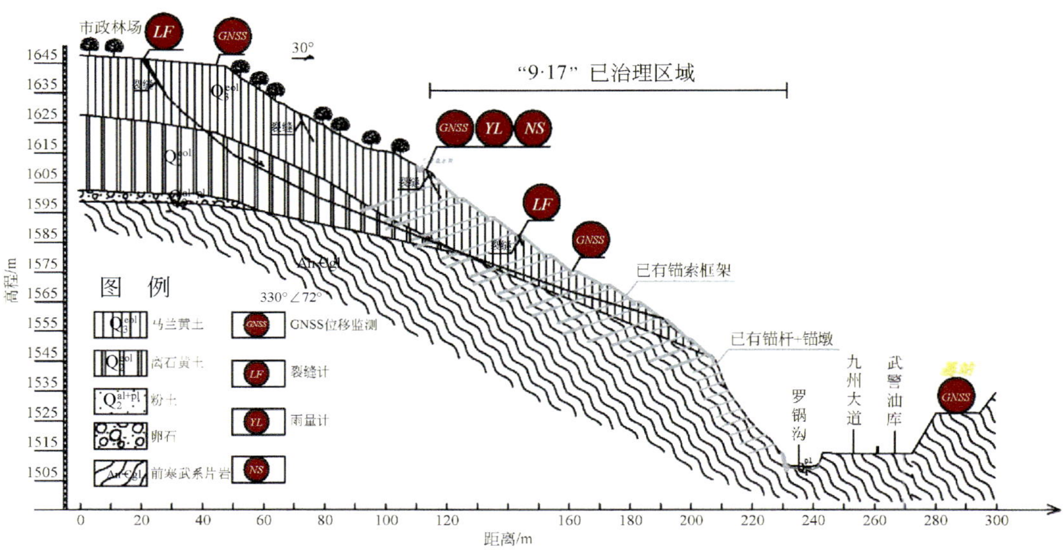

图 7.17　石峡口滑坡监测设备布设剖面示意图

7.2　普适型地质灾害监测点运行情况

从 2020 年 5 月 31 日全部监测设备安装完毕，数据陆续在数据平台上线运行情况良好，数据在线率一直是 100%。

从图 7.18 可以看出，石峡口滑坡 6 号裂缝计（滑坡后缘）的监测数据和累积降雨量之间存在明显的相关性，6 月 15 日前后、6 月 26 日前后、7 月 2 日前后、7 月 9 日前后、7 月 17 日前后、8 月 24 日前后、8 月 28 日前后、9 月 14 日前后、9 月 22 日前后等降雨过程均对应着裂缝数据的增大。6 号裂缝形变和累积降雨量之间的相关系数为 0.9812，显示出强正相关的特征。6 号裂缝增大和强降雨过程密切相关。

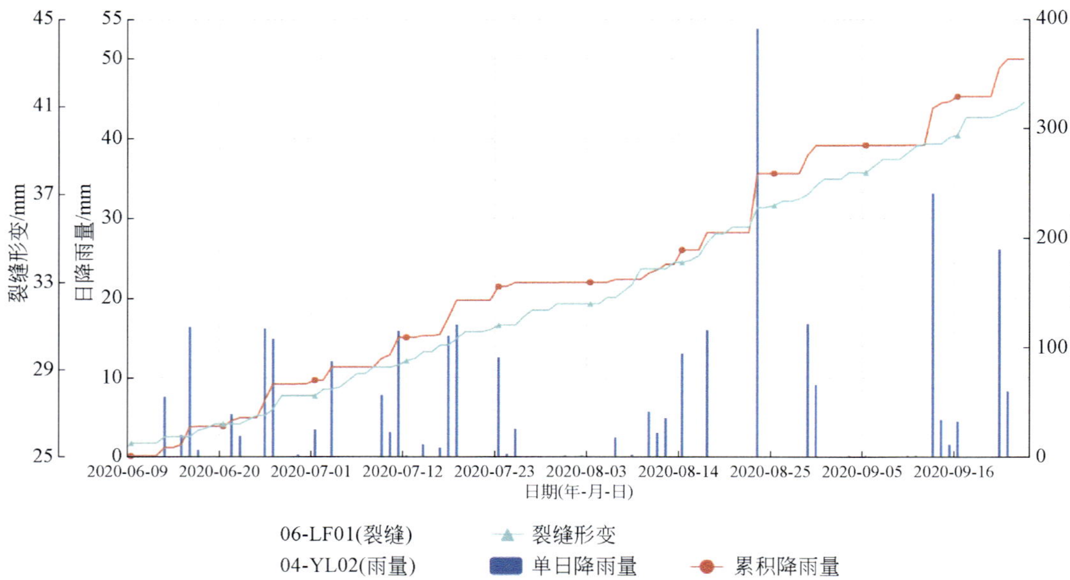

图 7.18　2020 年 6 月 9 日—9 月 25 日石峡口滑坡 6 号裂缝计日降雨量、累积降雨量数据图

6 月 9 日至 9 月 25 日，基本上涵盖了一个完整的汛期，石峡口滑坡所在地累积降雨量为 363.1mm，后缘裂缝增大 15.2mm，目前，通过现场调查并没有发现明显整体失稳的特征，但需要严密监控降雨情况和变形情况，及时分析滑坡稳定性状况。

从图 7.19 可以看出，文斗学校滑坡 4 号 GNSS 监测点监测到的水平位移也同降雨量之间存在明显的相关性，6 月 15 日前后、6 月 21 日前后、6 月 26 日前后、7 月 9 日前后、7 月 8 日前后、8 月 12 日前后、8 月 24 日前后等降雨过程均对应着 4 号 GNSS 水平位移的增大。4 号 GNSS 水平位移和累积降雨量之间的相关系数为 0.9437，显示出强正相关的特征。同样，可以用降雨预测滑坡整体的变形。6 月 9 日至 9 月 25 日文斗学校滑坡所在地累积降雨 747.0mm，4 号 GNSS 水平位移 32.3mm，目前，通过现场调查并没有发现明显整体失稳的特征，但需要严密监控降雨情况和变形情况，随时分析判别滑坡稳定性状况。

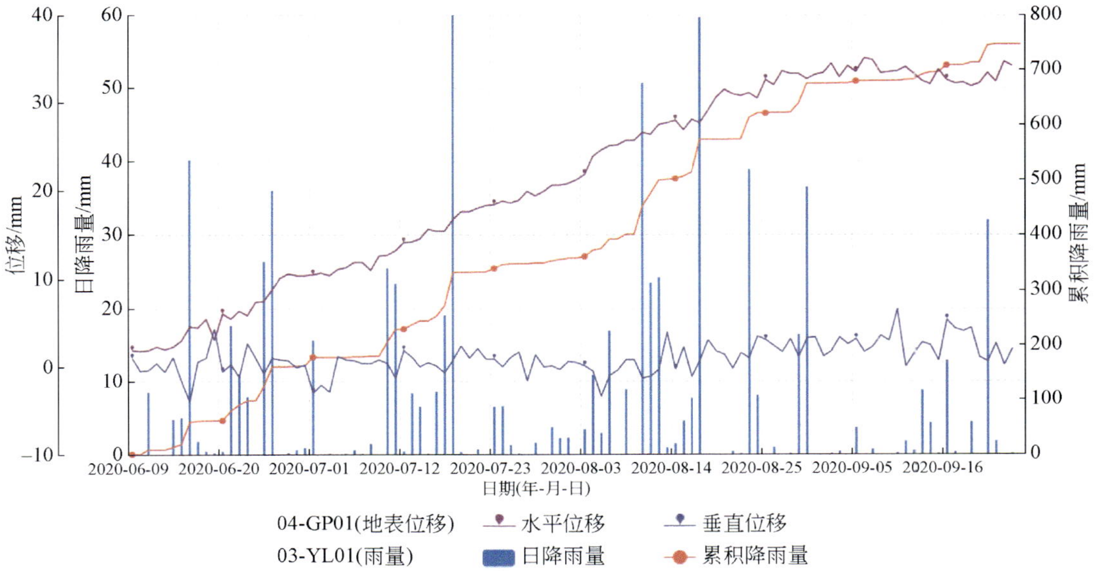

图 7.19　2020 年 6 月 9 日—9 月 25 日文斗学校滑坡 4 号 GNSS 日降雨量、累积降雨量数据图

除以上数据显示出明显的相关规律外，三处滑坡其他监测设备也采集到了连续的监测数据。

7.3　监测预警成功案例

7.3.1　预警系统运行情况

预警判据主要采用中型土质滑坡的判据，分为降雨判据和位移判据。降雨判据体系，利用 10min 降雨量（$R_{1/6h}$）、1h 降雨量（R_{1h}）、1d 降雨量（R_{1d}）、3d 降雨量（R_{3d}）等指标进行综合判断确定预警等级，降雨指标根据地区经验来进行赋值，并在预警运行过程中进行调整。位移判据体系，利用 GNSS 和裂缝监测数据，对滑坡稳定性进行判断。滑坡降雨和位移判据见表 7.5。

表 7.5　滑坡降雨和位移判据表

预警级别	蓝色	黄色	橙色	红色
降雨判据	$11 \leqslant R_{1/6h} < 14$mm 或 $18 \leqslant R_{1h} < 22$mm 或 $30 \leqslant R_{1d} < 40$mm 或 $55 \leqslant R_{3d} < 70$mm	$14 \leqslant R_{1/6h} < 17$mm 或 $22 \leqslant R_{1h} < 26$mm 或 $40 \leqslant R_{1d} < 50$mm 或 $70 \leqslant R_{3d} < 85$mm	$17 \leqslant R_{1/6h} < 20$mm 或 $26 \leqslant R_{1h} < 30$mm 或 $50 \leqslant R_{1d} < 60$mm 或 $85 \leqslant R_{3d} < 100$mm	$R_{1/6h} \geqslant 20$mm 或 $R_{1h} \geqslant 30$mm 或 $R_{1d} \geqslant 60$mm 或 $R_{3d} \geqslant 100$mm
位移判据	10mm≤前 1h 位移＜20mm 或 10mm/d≤前 1d 变形速率＜20mm/d	20mm≤前 1h 位移＜30mm 或 20mm/d≤前 1d 变形速率＜30mm/d	30mm≤前 1h 位移＜40mm 或 30mm/d≤前 1d 变形速率＜40mm/d	前 1h 位移≥40mm 或 前 1d 变形速率≥40mm/d

监测期间共触发了 45 次预警，其中红色预警 9 次、黄色预警 8 次、黄色预警 9 次、蓝色预警 19 次，由降雨判据触发的 10 次、裂缝及 GNSS 位移触发的 35 次。裂缝及 GNSS

触发的约 80%为单条数据的波动所致。

文斗学校滑坡、马场村滑坡监测设备捕捉到持续变形，多次发出橙色、红色预警，滑坡稳定性差，促使地方政府尽快对两处滑坡实施工程治理。

两处滑坡的工程治理的勘查、设计充分利用了本次安装监测设备所采集的数据，为治理工作提供了直接服务。

7.3.2 成功预警

2021 年 9 月 16 日甘肃省岷县梅川乡马场村滑坡监测点成功预警。在滑坡大规模滑动之前，安装到现场的监测设备捕捉到了滑坡变形信息，监测值超过预警阈值后自动触发预警，并自动向地方管理人员、监测技术人员、威胁区群众等发送了预警手机短信。影响流域内群众接报后及时撤离，滑坡未造成人员伤亡（图 7.6、图 7.20～图 7.24）。

滑坡中后部的 04LF01 号裂缝监测仪最先发出预警，分别于 2021 年 9 月 16 日的 20：07：06、20：23：07、20：25：41 和 20：26：08 发出蓝色、黄色、橙色和红色预警。随后，当天晚上 22：14：02，01GP01 号 GNSS 地表位移监测仪也触发了红色预警。

滑坡从 2021 年 9 月 16 日 20：11 开始启动，至 17 日 05：11，9h 累积滑动 2150mm，滑动速度约为 239mm/h。2021 年 9 月 17 日 05：11 后，滑动速度变慢，至 18 日 00：14 滑动停止，19h 累积滑动 816mm，滑动速度约为 43.1mm/h。本次滑坡的滑动速度呈现慢—快—慢的特点，滑动共持续约 28h，累积变形为 2986mm。

本次滑动面积约 600m^2，滑坡方量约 1200m^3。滑坡损毁了变形流域内的耕地及种植的经济作物，损坏了滑坡治理施工方修筑的部分施工便道及施工作业面，压埋滑坡下方民房及院落，造成房屋变形加剧。初步估算，滑坡直接经济损失约为 50 万元。

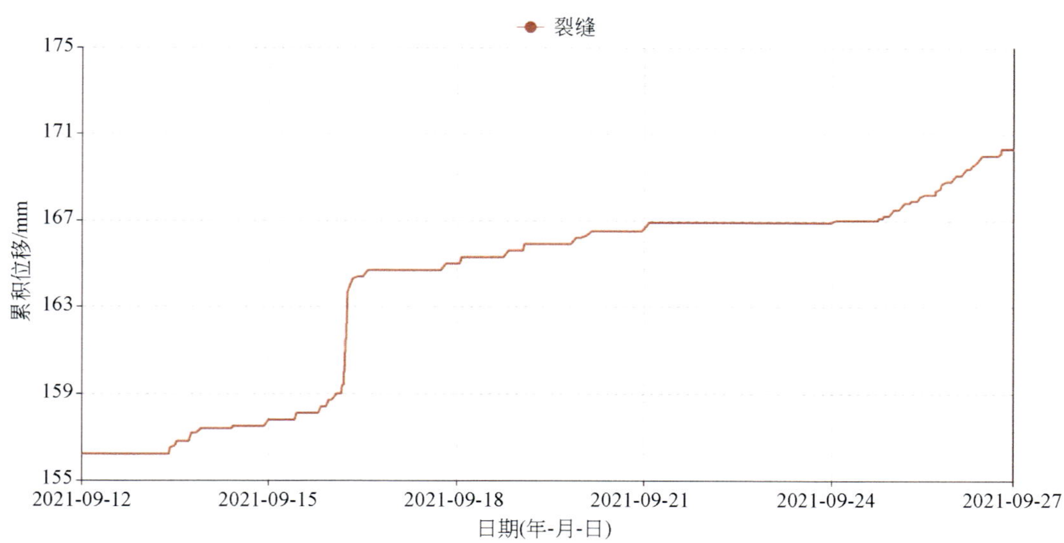

图 7.20　04LF01 号裂缝监测数据

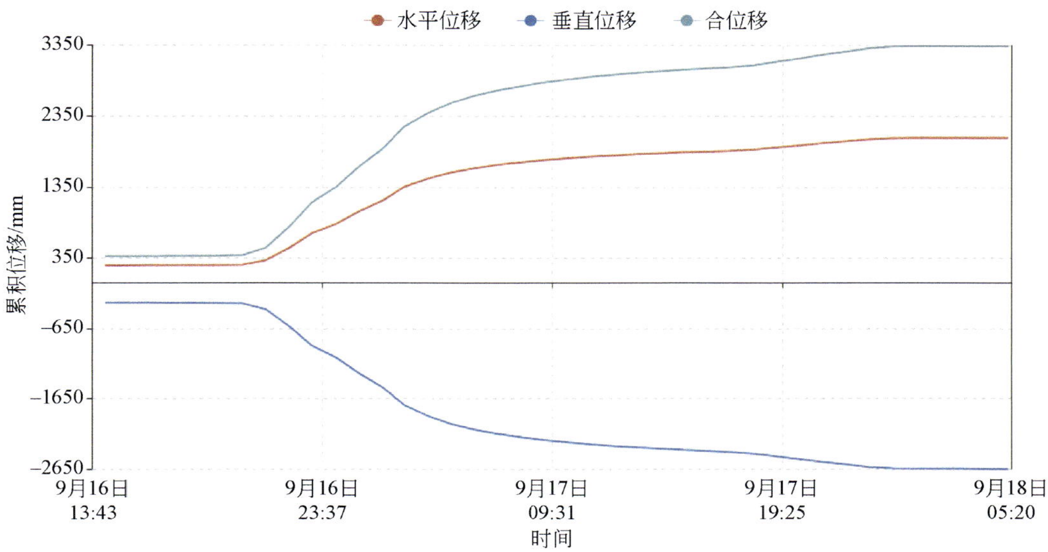

图 7.21　01GP01 号 GNSS 位移监测数据

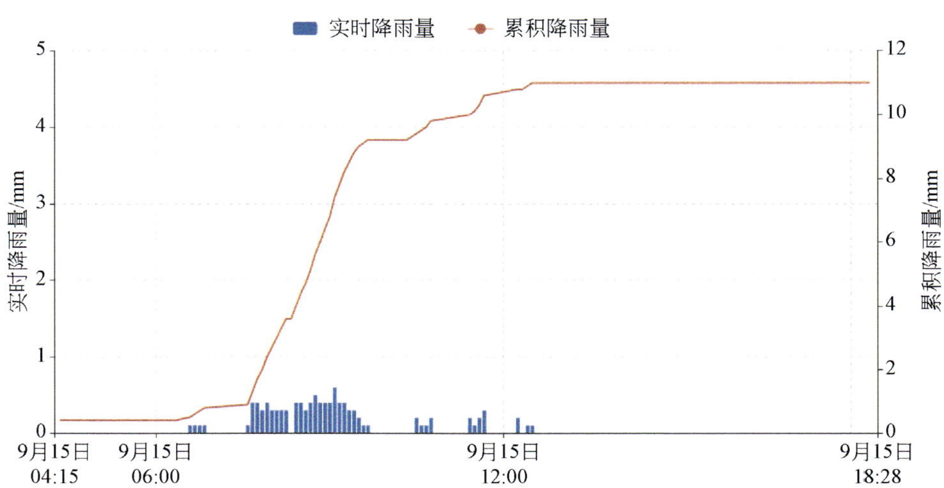

图 7.22　马场村（09YLD1）雨量监测数据

图 7.23　本次滑坡后照片（2021 年 9 月 27 日）

(a) 2020年5月31日　　(b) 2021年9月27日

图 7.24　滑坡前、后前缘房屋变形对比图

马场村滑坡稳定性差，曾于 2020 年 8 月 12 日、13 日、29 日，9 月 25 日和 11 月 23 日先后五次触发红色预警。2021 年 8 月，岷县自然资源局启动了工程治理。

初步分析认为，本次局部滑动为坡脚开挖和前期降雨联合诱发。2021 年 8 月施工单位进场后，在修筑施工便道、作业面、堆料场等设施过程中，对滑坡下方进行了开挖，改变了滑坡体状态，降低了滑坡稳定性。另外，降雨量监测数据显示，2021 年 9 月 15 日 6：40～12：30 约 6h 内，马场村滑坡区有一次 10.6mm 的降雨过程，雨水入渗也对滑坡产生了不利影响。

7.4　普适型地质灾害监测工作成效分析

通过马场村滑坡、文斗学校滑坡、石峡口滑坡的普适型监测网络建设及运行，探索了在我国西北黄土地区地质灾害监测设备的适用性，验证了监测预警系统的运行的可靠性，进一步探索了普适型地质灾害监测工作机制。

（1）地质灾害隐患点选位是监测工作的基础。开展普适型监测，在监测点选取时务必提前查明灾害特征和威胁对象，针对有变形迹象、有失稳可能、有威胁对象的地质灾害开展监测，是取得监测效果的前提条件。

（2）根据目前普适型监测设备研发现状，应优先选择形变监测设备。监测仪器的选型要以变形监测（GNSS 和裂缝）及诱发因素监测（雨量）为主，上述两种类型的设备可以直观获取地质灾害隐患点的变形数据，并根据裂缝或位移形变量判断监测点的稳定状态。

（3）根据地质灾害隐患点的形变特征合理确定设备安装位置。地质灾害实时监测要求裂缝计和 GNSS 安装位置应合理部署，要充分考虑隐患点整体和局部的变形特征，设备安装位置有兼顾点、线相结合，只有这样才能实时获取地质灾害隐患点的整体和局部变形数据。

（4）人防+技防相结合才能使普适型监测取得显著成效。通过马场村滑坡和文斗学校滑坡普适型监测实践，监测设备可以实时获取滑坡的形变信息，并根据预警阈值及时发送预警信息。同时群测群防员经常到现场查看，可以更清晰地判断滑坡的稳定状态，并可第一时间将滑坡监测现状上报或通知威胁对象，做到有危险及时撤离，因此人防和技术相结合的工作机制，是滑坡监测预警取得成功的最佳途径。

第 8 章　巴谢河流域地貌演化及地质灾害形成机理

位于青藏高原东北缘的临夏盆地是我国地质灾害高发频发的地区之一。1983 年 3 月 7 日，甘肃省临夏回族自治州东乡族自治县巴谢河北岸发生洒勒山滑坡，导致 237 人死亡、失踪。研究发现，这一地区的滑坡具有多期次活动的特点，并与地质构造、河流演化、阶地堆积等密切相关。区域性滑坡的大量发生是内、外动力地质作用共同作用的结果。在地质历史时期，滑坡高发时段意味着此时段区域性构造运动活跃、地貌剧烈变迁、气候快速变化。

研究区内的巴谢河流域是研究地貌演化和地质灾害形成机理研究的天然试验场，本章通过年代学测试、地貌分析等手段，开展了相关研究工作。

8.1　地质灾害年代学样品采集

从滑坡宏观形态看，不同期次的滑坡相互叠加，年代较老的滑坡面积和体积较大，新发的滑坡多在之前滑坡区范围内发生，破坏原来的滑坡堆积地貌，形成新的滑坡堆积地貌，这一过程也是构成地表夷平最重要的方式。从图 8.1 中可以明显看出不同期次的滑坡作用形成了数级滑坡平台，从上到下依次排列。这一现象在巴谢河黄土-泥岩斜坡区非常典型，有较明显的多期次滑坡指示意义，为滑坡年代学研究工作和滑坡历史重建工作提供了基本条件。但滑坡滑动年代学指示意义沉积物的选取（图 8.2）则要非常小心。本次取样工作

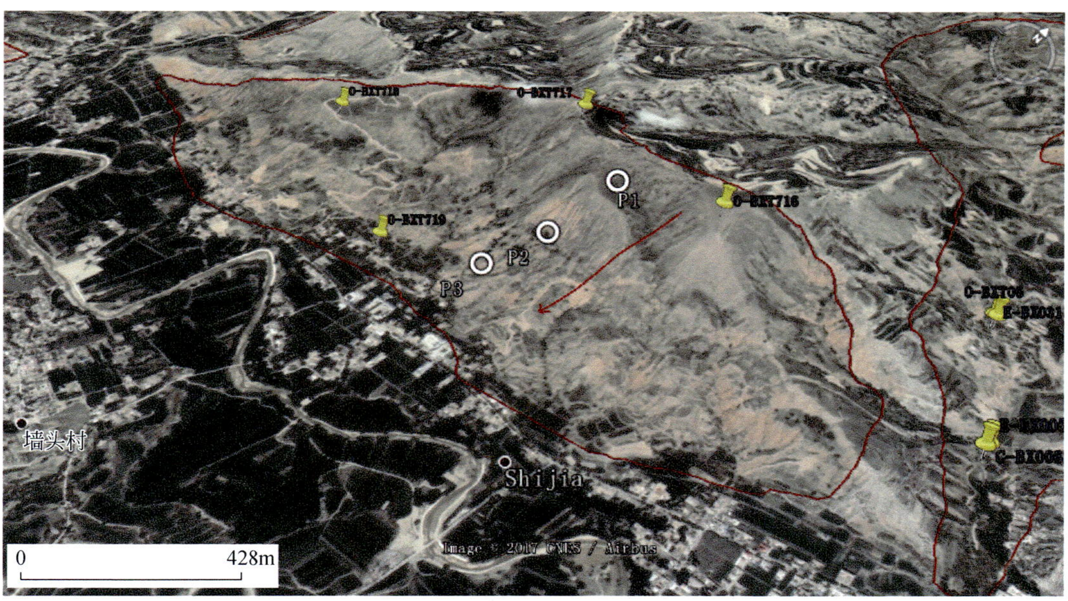

图 8.1　板土滑坡多期次滑动形成多级平台（遥感图像来自 Google Earth）

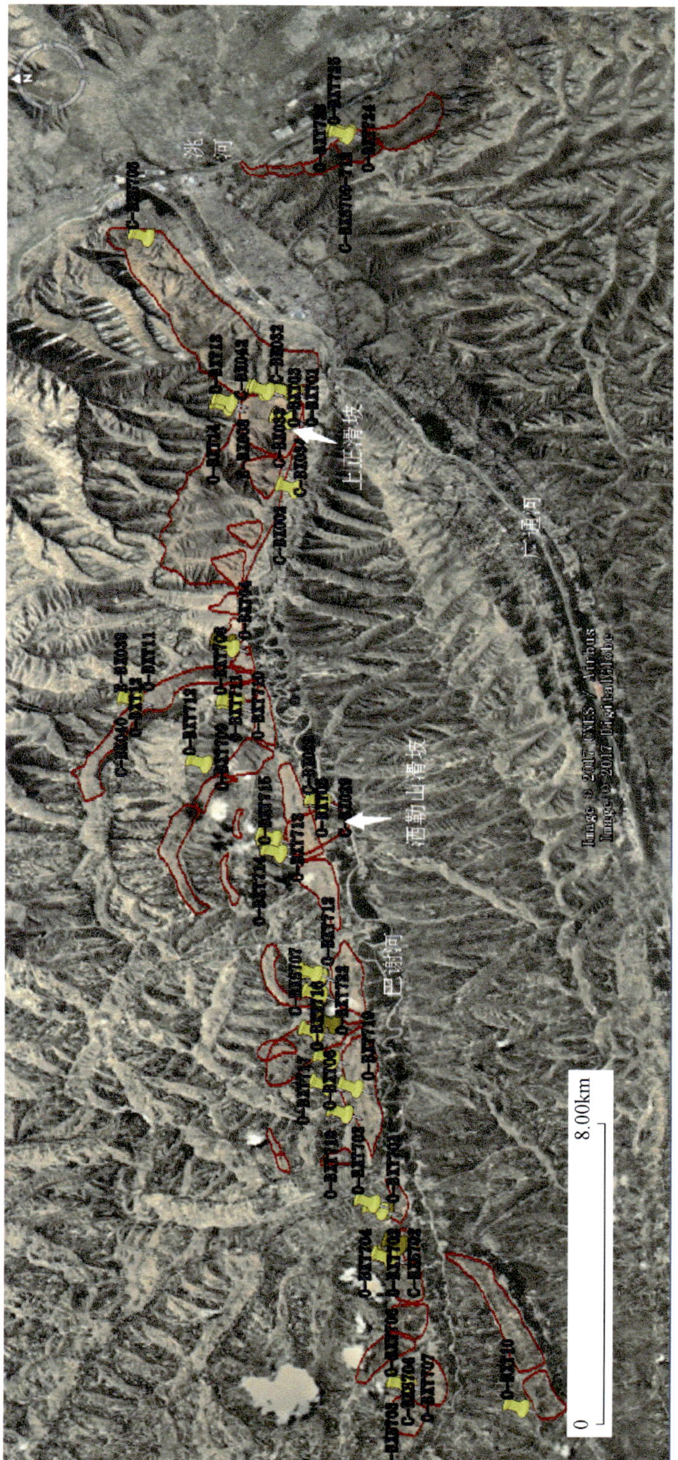

图8.2　滑坡年代学样品采集地点示意图

红线内范围为多期次滑动滑坡的范围，遥感图像来自Google Earth

（表 8.1～表 8.3）主要针对如下部位的沉积物进行取样：滑坡埋压的生物及有机质用 ^{14}C 方法测生物死亡年龄（表 8.3），滑坡后披覆状堆积的马兰黄土底部用光释光方法测沉积年龄（表 8.2），与滑坡有关系的泥岩、砾岩、黄土混杂堆积用光释光方法测埋藏年龄（表 8.2），滑坡作用造成地层倒置、埋压沉积物顶部用光释光方法测埋藏年龄（表 8.2）。

表 8.1　2016 年度 ESR 样品情况表

序号	编号	物质	简单描述	采样位置
1	BX051	粉土	河流相堆积物	上正滑坡左前缘
2	BX052	粉土	风积物	上正滑坡左前缘
3	BX053	粉土	河流相堆积物	上正滑坡 ZK8
4	BX054	粉土	河流相堆积物	巴谢河河漫滩
5	BX055	河砂	河流相堆积物	巴谢河河漫滩
6	BX056	粉砂质泥岩	滑带土	上正滑坡前方巴谢河岸
7	BX057	砾石土	巴谢河 2 级阶地	石拉泉
8	BX058	粉砂质泥岩	滑带土	陈何村古滑坡
9	BX059	粉土	风积物	红庄村
10	BX061	粉土	风积物	吉哈家

表 8.2　光释光样品情况表

编号	年份	物质	简单描述	采样位置
BXT01	2016	冲洪积物，以粉砂为主，不含砾	滑坡凌乱堆积体，代表古滑坡的活动	上正滑坡前缘
BXT02	2016	砂-粉砂	滑坡堆积体上，低洼处堆积的有水平层理的粉砂土	上正滑坡前缘
BXT03	2016	粉土	滑坡堆积体上，低洼处堆积的有水平层理的粉砂土	上正滑坡前缘
BXT04	2016	泥	断层泥	陈何村古滑坡滑带
BXT05	2016	粉土	滑坡堆积体上堆积的粉土	洒勒山滑坡前缘
BXT06	2016	粉土	代表古泥石流-古滑坡活动的具有水平层理的粉土	红庄沟内
BXT07	2016	淤泥	上正滑坡堵河沉积而成的淤泥，富含有机质，以粉土为主	上正滑坡前缘
BXT08	2016	淤泥	上正滑坡堵河沉积而成的淤泥，富含有机质	上正滑坡前缘
BXT09	2016	淤泥	上正滑坡堵河沉积而成的淤泥，富含有机质	上正滑坡前缘
BXT10	2016	粉土	滑坡堆积体上，低洼处堆积的有水平层理的粉砂土	和政 HH020 后缘
BXT11	2016	粉土	巴谢河阶地上的冲洪积物，代表古泥石流活动	池滩沟沟底
BXT12	2016	粉土	巴谢河阶地上的冲洪积物，代表古泥石流活动	池滩沟沟底
BXT13	2016	粉土	滑坡后缘陡壁下方混杂堆积，含泥砾	上正滑坡后缘
BXT14	2016	粉土	滑坡后缘陡壁下方混杂堆积，含泥砾	上正滑坡后缘
BXT701	2017	含砾粉砂	古滑坡堆积物	那勒寺滑坡中部
BXT702	2017	砂-粉砂	河流阶地沉积物	那勒寺滑坡中部

续表

编号	年份	物质	简单描述	采样位置
BXT703	2017	粉土	扰乱的黄土	那勒寺滑坡后部
BXT704	2017	粉土	古滑坡堆积物	板土滑坡左后缘
BXT705	2017	砂	被滑坡扰动的河流相	板土滑坡右前缘
BXT706	2017	粉土	滑坡堆积物	郭泥沟红庄滑坡后缘
BXT707	2017	粉土	滑坡堆积物底部	郭泥沟红庄滑坡后缘
BXT708	2017	粉土	滑坡堆积体底部	石拉泉滑坡后缘
BXT709	2017	粉土	滑坡堆积物	石拉泉滑坡前缘
BXT710	2017	粉土	滑坡堆积物	石拉泉滑坡前缘
BXT711	2017	粉土	滑坡堆积物	石拉泉滑坡前缘
BXT712	2017	粉土	滑坡后缘混杂堆积	努拉芒滑坡后缘
BXT713	2017	粉土	滑坡后缘陡壁	洒勒山滑坡
BXT714	2017	粉土	粉土中灰黑色夹层	洒勒山后缘
BXT715	2017	粉土	黄土中具平层理夹层	洒勒山滑坡后缘
BXT716	2017	粉土	滑坡混杂堆积	板土滑坡后缘
BXT717	2017	粉土	灰色粉土	板土滑坡后缘
BXT718	2017	粉土	滑坡堆积体底部	板土滑坡中部
BXT719	2017	粉土及泥	泥岩和粉土混杂堆积	板土滑坡前部
BXT720	2017	粉土	滑坡后冲沟内混杂堆积	罗家滑坡中部
BXT801	2018	含砾粉砂	泥石流沟口的堆积物	吉哈家清真寺,沟口东侧
BXT802	2018	砂-粉砂	泥石流沟口的堆积物	吉哈家清真寺,沟口西侧
BXT803	2018	粉土	滑坡后缘陡壁前方倒石堆堆积，代表古滑坡的活动	那拉湾村后山顶
BXT804	2018	粉土	滑坡后缘陡壁前方倒石堆堆积，代表古滑坡的活动	那拉湾村后山顶
BXT805	2018	粉土	滑坡后的水平层理沉积物,代表古滑坡泥石流的活动	上正滑坡右前缘
BXT806	2018	粉土	滑坡后的水平层理沉积物,代表古滑坡泥石流的活动	上正滑坡右前缘
BXT807	2018	粉土	巴谢河老阶地	上正滑坡对面半山
BXT808	2018	粉土	滑坡凌乱堆积体，代表古滑坡泥石流的活动	上正滑坡西侧砖厂
BXT809	2018	粉土	滑坡凌乱堆积体，代表古滑坡泥石流的活动	上正滑坡西侧砖厂
BXT810	2018	粉土	滑坡凌乱堆积体，代表古滑坡泥石流的活动	上正滑坡西侧砖厂
BXT811	2018	粉土	滑坡凌乱堆积体，代表古滑坡泥石流的活动	上正滑坡西侧巴拉城侧
BXT812	2018	粉土	滑坡凌乱堆积体，代表古滑坡泥石流的活动	巴拉城清真寺上方

续表

编号	年份	物质	简单描述	采样位置
BXT813	2018	粉土	滑坡凌乱堆积体，代表古滑坡泥石流的活动	巴拉城清真寺上方滑坡中部
BXT814	2018	粉土	滑坡凌乱堆积体，代表古滑坡泥石流的活动	巴拉城清真寺上方滑坡前缘
BXT815	2018	粉土	滑坡凌乱堆积体，代表古滑坡泥石流的活动	巴拉城清真寺上方滑坡前缘
BXT816	2018	粉土	滑坡凌乱堆积体，代表古滑坡泥石流的活动	二户村后滑坡后缘
BXT817	2018	粉土	滑坡凌乱堆积体，代表古滑坡泥石流的活动	二户村后滑坡后缘，大沟西侧
BXT818	2018	粉土	滑坡凌乱堆积体，代表古滑坡泥石流的活动	果园乡政府后山滑坡前缘
BXT819	2018	粉土及泥	滑坡凌乱堆积体，代表古滑坡泥石流的活动	果园乡政府后山滑坡中部
BXT820	2018	粉土	滑坡凌乱堆积体，代表古滑坡泥石流的活动	果园乡政府后山滑坡中部
BXT821	2018	砾石土	巴谢河二级阶地	石拉泉，巴谢河右岸
BXT822	2018	砾石土	滑坡凌乱堆积体，代表古滑坡泥石流的活动	上正滑坡前，西侧公路边

表 8.3　^{14}C 年代学样品情况表

样品代码	年份	AMS 加速器质谱	辐射度法	样品类别	采样位置
BX002	2016	√	×	碳酸盐	果园村
BX006	2016	√	×	有机物	红庄沟卡拉土
BX012	2016	√	×	贝壳	陈何家新滑坡
BX028	2016	√	×	碳酸盐	洒勒山滑坡前缘
BX029	2016	√	×	牙齿	洒勒山滑坡前缘
BX032	2016	√	×	贝壳	上正滑坡前缘
BX033	2016	√	×	有机物	上正滑坡前缘
BX034	2016	√	×	有机物	上正滑坡前缘
BX040	2016	√	×	木炭	池滩沟
BX042	2016	√	×	碳酸盐	上正滑坡后缘探槽
BX701	2017	√	×	有机物	那勒寺滑坡中部
BX702	2017	√	×	化石	板土滑坡下部
BX703	2017	√	×	碳酸盐	郭泥沟红庄滑坡后缘
BX704	2017	√	×	木炭	郭泥沟红庄滑坡后缘
BX705	2017	√	×	木炭	洒勒山滑坡后缘

续表

样品代码	年份	AMS 加速器质谱	辐射度法	样品类别	采样位置
BX706	2017	√	×	化石	三甲集康家
BX707	2017	√	×	碳酸盐	五家乡罗家滑坡中部
BX709	2017	√	×	木炭	上马家滑坡 ZK4
BX711	2017	√	×	木炭	上马家滑坡 ZK4
BX712	2017	√	×	有机物	上马家滑坡 ZK4
BX803	2018	√	×	有机物	石拉泉清真寺南侧
BX805	2018	√	×	有机物	洒勒山滑坡西 200m
BX806	2018	√	×	有机物	洒勒山滑坡西 200m
BX807	2018	√	×	有机物	树洼土滑坡前缘
BX810	2018	√	×	植物	王家滑坡中部
BX811	2018	√	×	木炭	五家乡上庄滑坡堆积平台
BX812	2018	√	×	有机物	五家乡上庄滑坡堆积体
BX813	2018	√	×	有机物	五家乡上庄滑坡堆积体
BX814	2018	√	×	木炭	段家沟泥石流沟口东侧 300m
BX821	2018	√	×	木炭	临洮龙门镇郑家庄泥石流沟口

8.2　上正滑坡多期次活动特征

8.2.1　研究目的

自 1983 年 3 月 7 日甘肃省东乡族自治县发生导致 237 人死亡的洒勒山滑坡灾害以来，巴谢河流域吸引了国内外大量学者在此开展滑坡研究，得到本地区灾难性滑坡多为黄土滑坡或黄土-泥岩滑坡，大多数滑坡都有多期次叠加活动的迹象的基本认识。对黄土及黄土-泥岩滑坡在地质历史时期的活动性的研究尚缺乏关键的数据，而这是滑坡规律及机理的基础工作。在巴谢河下游有一处典型多次滑动的古滑坡——上正滑坡，与洒勒山滑坡同在巴谢河左岸，地质、地形情况较为类似。本研究以上正滑坡为研究对象，在野外调查的基础上，采集了滑坡标志的沉积物，利用 ^{14}C 同位素年代学方法，试图建立上正滑坡滑动的年代学框架，为本地区滑坡发育提供较为准确的年龄学数据。

8.2.2　研究方法

首先，对上正滑坡区进行了野外调查，从宏观角度划定了滑坡区的范围，调查了滑坡后缘、堆积平台等滑坡要素，识别了滑坡多期次滑动的范围及特征；从微观角度，对滑坡体的物质组成进行了研究，对和滑坡相关的野外现象进行了识别和样品采集。然后，将采集到的样品，选择一部分送美国 Beta 实验室开展了 ^{14}C 同位素年代学测试。

上正滑坡主滑方向为202°，滑坡后缘一直延伸到东西向展布的山脊，海拔约为2350m，堆积体展布到巴谢河河谷，最低处海拔约为1860m（图8.3）。滑坡平均长度约为1260m，宽度约为820m，厚度平均约为30m，最厚处可达60～80m，滑坡面积约为1km^2，总方量约为3×10^7m^3，属特大型滑坡。

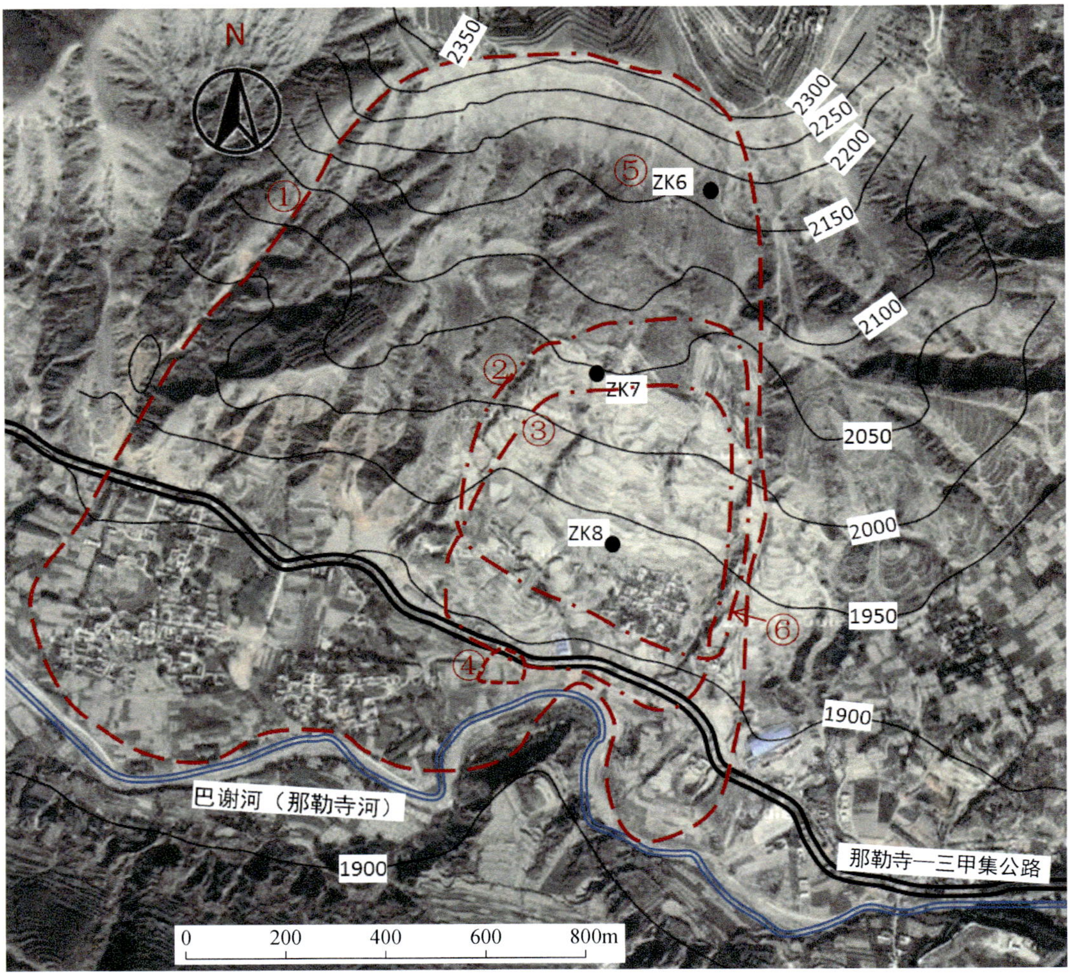

图8.3　上正滑坡遥感影像图（单位：m）

①古滑坡边界（33ka BP）；②第二期滑坡边界（7～5ka BP）；③第三期滑坡边界（160a BP）；④2015年新发生的局部滑坡边界；⑤古滑坡样品（BX042）取样处；⑥第二期滑坡样品（BX033、BX034）取样处

上正滑坡有明显的多期次滑坡的迹象，后缘保留完整的高差约200m的陡壁，应属古滑坡滑动而形成，在其上披覆了厚约5m的马兰黄土。后缘陡壁黄土堆积中开挖的探槽表明，在约5m厚的均质粉土之下为较为凌乱的粉土堆积，不同颜色的黄土及弱发育古土壤形成混杂堆积，深色古土壤形成"泥砾"状混入浅黄色马兰黄土中，古土壤"泥砾"呈不规则棱角状，多在5～20cm。这种混杂堆积可以认为是古滑坡滑动的直接证据。为了研究古滑坡滑动的时间，我们对滑坡后缘黄土中的钙结核层进行了采样（图8.3中的⑤）。

滑坡前缘的上正村 7～8 社坐落在一个长、宽均约 200m 的缓倾平台上。通过对当地居民的走访得知，该平台为约 160 年前由滑坡滑动堆积而成，当地居民口口相传，对上正村的建村历史及约 160 年前的滑坡有比较明确的记忆：滑动持续三天三夜，最终停止形成现今的地形，其后逐步迁移至滑坡前缘平台建房居住，形成了约 20 户居民，有清真寺和小商店的一个村落（图 8.3 中 ZK8 和⑥之间）。

在上正滑坡前缘的公路下方，可见一处 2015 年新发生的局部小滑坡，长度和宽度均为 50～60m（图 8.3 中的④）。新发小滑坡为推移式泥岩滑坡，后缘裂缝垂直位移超过 1m，错断一条小水泥路，并对一处楼房造成严重威胁。

因此，从野外调查可以判定，上正滑坡经历了多期滑动。为了搞清滑坡特征及滑动时间，对滑坡不同部位开展了三个钻孔的钻探工作（图 8.4 中 ZK6、ZK7、ZK8），对老滑坡和新滑坡的典型部位采集了 ^{14}C 同位素年代学样品（图 8.3 的⑤和⑥）。

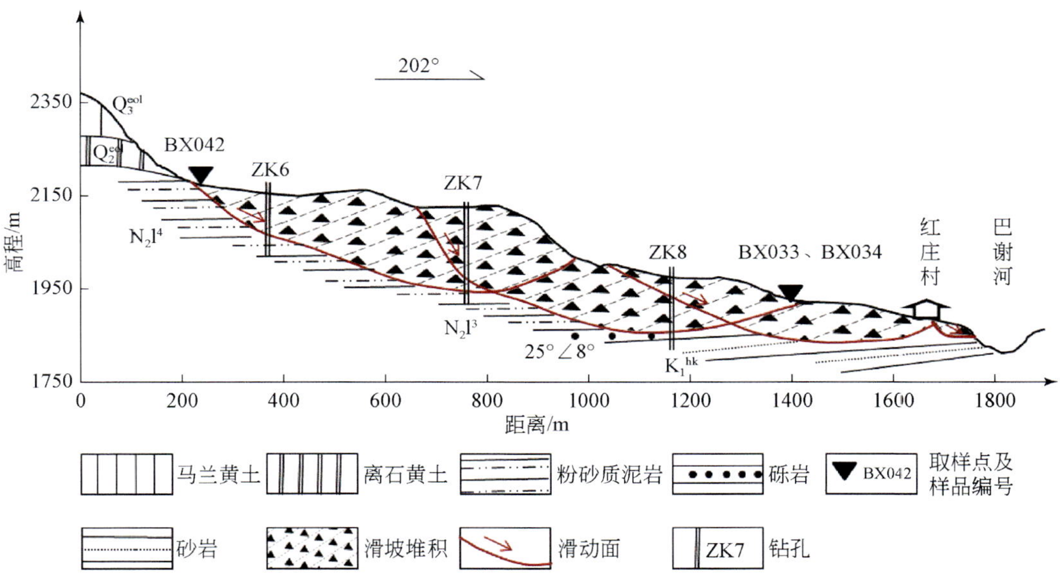

图 8.4　上正滑坡剖面图

8.2.3　勘查及测试结果

钻探工作揭露了古滑坡和新滑坡的滑动面深度在滑坡中部的 ZK7 所处位置，老滑坡的滑动面埋深为 61～66.9m，新滑坡滑动面埋深为 32.7～36.8m；在滑坡下部的 ZK8 所处位置，新滑坡的活动带埋深约为 32.4m。

滑坡后缘采集的古滑坡 ^{14}C 年龄样本（BX042）的碳酸钙 AMS ^{14}C 同位素定年结果为校正年龄 33675～33060a cal① BP，采集在滑坡左侧缘的新滑坡代表性样本（BX033 和 BX034）年龄测试结果为校正年龄 5730～905a cal BP（BX033）和 7315～7180a cal BP

① cal 代表校正（calibrated）。

（BX034）。

8.2.4 研究结论

年代学测试和走访发现，上正滑坡晚更新世以来至少有四个期次的活动：33ka BP 7～5ka BP、160a BP 和 2015～2016 年（局部复活）。

项目组对上正滑坡的多期次滑动特征进行了逐一分析，上正滑坡的滑体物质由新近系临夏组泥岩及上覆第四系黄土构成，多次滑动相互叠加，形成叠瓦状的滑坡堆积体，并不同程度地保留了原始泥岩、黄土的结构。

约 33ka BP 的滑动是此滑坡现今可辨的首次滑动，从山脊一直滑落到巴谢河河谷，切穿马兰黄土、离石黄土及临夏组泥岩，形成了 70～80m 高的陡峭后壁和较为宽广的滑坡堆积平台，滑动范围超过 $1km^2$，体积超过 $3×10^7m^3$，堆积体最厚处可达 60～80m。本次滑坡形成本地区的现今地貌格局的雏形，滑坡后的地形上继续接受马兰黄土和全新世黄土堆积。

这次滑动发生在共和运动的第三幕，构造隆升及河流下切加剧，气候上属末次间冰期的暖湿气候类型，构造活动和气候条件可能是上正滑坡首次大规模滑动的主要因素。

7～5ka BP 的滑动发生在全新世暖期的气候背景之下，温暖、湿润的气候是控滑的主要因素，在古滑坡内部发生滑动，本次滑动体位于古滑坡的右侧，面积约为古滑坡的 1/4，形成滑坡堆积体的第二级平台，并在滑坡左侧和前部留下了明显的混杂堆积遗存。

在一百多年前，复活滑坡体又一次发生复活。本次复活运动速度慢，运动距离短，滑动持续了 70 余小时，形成了第三级滑坡平台，即红庄村七组的现址，修建了十余户农户，并有商店、清真寺等设施。这次滑坡活动时间上处在清朝末年地震活动高发期，文县、岷县地震活跃，上正滑坡的第三次滑动可能和强烈的地震活动有关。

目前，上正滑坡整体基本稳定，但是在局部仍有发生小规模滑坡造成损失的可能性（遥感影像图 8.3 中④，剖面图中位置最低的一级滑动）。在本地区，上正滑坡的滑动模式和多期次的活动特征具有代表意义，对本滑坡的继续深入剖析，将能加深对本地区的滑坡机理和影响因素的认识。

前三个期次的滑动在本区有代表性，指示着区域构造作用的活跃期、气候暖湿期及古地震的活跃期；2015 年的滑动为小规模局部滑坡，诱发因素为加载和灌溉渗漏。

上正滑坡多期次滑动相互叠置，每次滑动均是在之前滑坡范围内重新产生滑动面向下滑移，滑坡堆积体内部结构则表现为不同期次滑动体相互叠置而成的叠瓦状混杂堆积。综合分析，上正滑坡的滑动模式是蠕滑-拉裂型破坏。

8.3 研究区地貌演化特征

8.3.1 临夏盆地形成历史

临夏盆地属于秦岭-祁连山中间隆起带上发育的新生代盆地。主要由上新世临夏组（N_2l）岩性和黄土组成，南北两侧为高峻的古老褶皱山系，北侧为北西走向的祁连山褶皱带，南侧为北西走向的秦岭褶皱带。临夏组与早期岩系呈断层或不整合接触。临夏组岩系在本区主要构成了一个宽缓的构造盆地，仅在局部边缘部位形成了走向平行于盆地边缘的背斜构造，两翼倾角较缓，不对称，属歪斜短轴褶皱。构造盆地中心即为东乡、临夏、和政三县之地。

临夏盆地外围，自前震旦纪构造旋回至印支构造旋回期间，沉积岩系和变质岩系形成了北西及北西西向褶皱、复式褶皱及断裂。

燕山构造旋回期间，本区北及东北部形成了局部的侏罗系和广泛的白垩系沉积，尤其以东北部出露面积宽广，中生代岩层形成了康家崖向斜等褶皱构造，走向北北西，东翼平缓、西翼陡峭。此向斜以南，白垩系岩层呈现南西向倾斜的单斜构造。

喜马拉雅构造旋回期间，较为显著的褶皱构造发育于临夏盆地西南部及西北部。西北部有银川沟背斜，由上新世组成，走向北北东，东陡、西缓；西南部有银滩庄背斜，轴向北西，东北陡、西南缓，西南侧岩层被断层所切割。喜马拉雅构造期，断裂构造较为发育，如盆地南部的太子山逆断层，形成盆地和秦岭山区的地理界限。太子山断层走向 310°，倾向西南，倾角一般在 45°左右。盆地西及西北部王哥集一带，也有一条较大规模的逆断层，使得临夏组泥岩与加里东期石英闪长岩呈断层接触。盆地北缘的三条岘附近，亦有一条逆断层，使得临夏组直接覆盖到三叠系和白垩系沉积岩之上。洮河西岸有本构造期发育的北西西向展布的黑石山断裂，也属于逆冲断层。

8.3.2　巴谢河发育历史

临夏组沉积以后，临夏盆地及周边地区经历了一个持续地壳抬升的时期，外流水系强烈下切侵蚀，形成红土梁，在高出现代河谷 100 多米的位置上形成了由于古河流的摆动形成的早第四纪砾石层，以及覆盖在其上的河漫滩相冲积粉土。这一地区的高位砾石层多和此次抬升导致的下切有关，具有分选好、磨圆度高、定向排列明显的特征，代表着第四纪初期的河流源远流长，水动力作用强烈且稳定。

第四纪初期砾石形成之后，地壳又一次明显抬升，现代水文网开始形成，开始了巴谢河的发育历史。巴谢河切穿上述早期砾石层，并在稍低的地方形成砾石层，构成现在可以辨认的巴谢河最老的，零星而不连续的第四级阶地。此次河流下切作用非常强烈，其下切深度与现代巴谢河河谷相当，并且下切后水平摆动形成比现今河谷宽得多的古巴谢河河床。同时也造成临夏组泥岩被侵蚀形成波状起伏的下垫面，进而后期的三级和二级阶地在不同地段表现为基座阶地和堆积阶地。

第三级阶地：高出河床 60～70m，阶地的冲积砾石层低于第二级阶地面，出露很少。在洒勒山滑坡东侧冲沟内，此级阶地砾石层因断层错动而被带出沟底，且其上河漫滩相沉积亦向北倾斜。滑坡区的三级阶地的基座未出露，推测为堆积阶地。

第二级阶地：高出河床 12～15m，构成居民点及公路所在的平台。性质以基座阶地为主，阶地物质堆积到临夏组泥岩之上。

第一级阶地：高出河水面 3～5m，分布在曲流的凸岸。

河漫滩：较为宽广，高出水面 1～2m，在滑坡区被掩埋。

巴谢河发源于甘肃省东乡族自治县县城南部，向南流经伊哈池、巴苏池、坪庄，到祖祖附近转为向西流，流经那勒寺、赵家、五家、果园，在甘坪和上集之间汇入广通河。

广通河在接纳巴谢河以后，向西北方向流动 6km，在三甲集水家村汇入南东-北西走向的洮河。

巴谢河从东乡县城的发源地，到甘坪的巴谢河河口，流域面积为 $388km^2$，干流长度约为 44km，河道比降为 7.8‰。巴谢河部分河段为季节性河流，多年平均流量为 $0.2m^3/s$，年均径流量为 $0.0631×10^8m^3$。丰枯水季节流量变化极大：枯水流量仅为 $799m^3/h$，而洪水季洪峰流量可达 $14.4×10^4m^3/h$。

巴谢河流域主要是黄土墚峁地貌和河谷地貌，新近系临夏组泥岩构成地貌的基本格架，马兰黄土覆盖于其上。墚顶起伏不大，分水岭高程在 2423～2321m。近东西向的巴谢河河段，南北两侧坡度差异较大，北侧陡峻而南侧宽缓。黄土墚展布方向和河流平行，次级黄土墚和冲沟与巴谢河垂直。

8.3.3　气候演变及地震

临夏盆地位于黄土高原、青藏高原、秦岭山地三大地貌的交汇地带，对古构造、古环境的变化极为敏感。第四纪以来的构造活动期（断层活动期及古地震多发期）、气候暖湿期、古气候转型期等均会对地质灾害的发生造成影响，尤其是青藏高原隆升、黄河水系发育将起到控制性的作用。通过滑坡年代学研究，可以重现全新世暖期、末次盛冰期、新仙女木事件期等晚更新世以来的重要时段的黄土高原滑坡活动强度状况。

研究区及周边地区是地震活动的高发区，有历史记载以来，就有公元 138 年的陇西金城大地震、743 年的秦州大地震、1125 年兰州大地震、1556 年陕西华县大地震、1654 年秦州大地震、1879 年武都文县 8 级大地震、1920 年宁夏海原 8.5 级特大地震、1927 年古浪大地震、1932 年玉门昌马大地震、2008 年 5 月 12 日汶川 8.0 级大地震等。地震对地质灾害有着明显的控制作用，通过 ^{14}C 同位素测年，能够对历史时期地震对研究区的影响和控制作用进行评价。

8.4　研究区古滑坡多期次滑动年代学数据

8.4.1　电子自旋共振

8.4.1.1　测年方法及原理

电子自旋共振（ESR）又称电子顺磁共振（electron paramagnetic resonance，EPR），它是一种微波吸收光谱技术，用来检测和研究含有未成对电子的顺磁性物质。地质环境中 U、Th 和 K 等放射性元素（其他元素通常被忽略）在衰变过程中放射的 α、β、γ 射线及宇宙射线会对石英、方解石、长石等矿物产生辐射损伤，并在矿物晶格中形成顺磁性的自由电子或空穴中心。这些顺磁中心的数量与辐照剂量的强度、晶格中的陷阱数量和截面积、接受辐射损伤的时间相关。在环境辐照剂量相对稳定的条件下，测量顺磁中心的数量就可以获取相对应的辐照时间。所以，在 ESR 测年法中，被测样品实际上是一个剂量计。ESR 测年法的年龄计算公式可表达为

$$P = \int_0^t D(t)\mathrm{d}t \tag{8.1}$$

式中，P 为被测样品中所累积的辐射损伤总量，即古剂量或等效剂量，是时间的累积函数。

如果假定被测样品所接受的辐射损伤是匀速的，那么式（8.1）就可简化为

$$P=DA \tag{8.2}$$

式中，D 为被测样品单位时间内接受的辐射损伤，即年剂量或环境剂量率；A 为被测样品持续接受辐射损伤的时间，即被测样品的年龄。

可用于石英 ESR 测年法的信号应具备以下特征：

（1）在测年起始时间信号可被清零，或者有稳定残留；

（2）信号在没有摩擦、光照等可以衰退信号的环境中保存；

（3）石英晶格中的陷阱数量不随时间变化，保持常量（如没有再结晶、相变、再生晶体等）；

（4）信号的热稳定性至少要比年龄高一个数量级。

测量谱仪：德国布鲁克公司生产的 EMX BRUKER X-Band ESR 波谱仪，主要由控制箱、电磁铁、微波桥、共振腔、计算机和冷却循环水系统组成。

8.4.1.2　样品采集

2016 年，对巴谢河流域重点滑坡地段进行了采样，样品采集情况（表 8.4）。由于 ESR 测试结果对本研究来说，年代过老，因此 2017～2018 年未开展 ESR 研究工作。

表 8.4　电子自旋共振年代学样品采集情况表

序号	编号	物质	成因	采样位置
1	BX051	粉土	河流相、风积	上三滑坡左前
2	BX052	粉土	风积	上三滑坡左前
3	BX053	粉土	河流相	上三滑坡 ZK8
4	BX054	粉土	河流相、风积	巴谢河河边
5	BX055	河沙	现代河流沉积	巴谢河河道
6	BX056	泥岩	粉质黏土（滑带土）	上正前缘巴谢河河边
7	BX057	砾石土	河流阶地中砂层	上三滑坡右前
8	BX058	泥岩	粉质黏土（滑带土）	陈何村滑坡右侧
9	BX059	粉土	河流相、风积	红庄沟内
10	BX061	粉土	风成黄土最顶部	吉哈家

注：滑坡样品均采自甘肃省东乡县巴谢河流域，采样时间为 2016 年 9 月；经纬度约为 103°38′E，35°35′N，海拔约为 2000m；BX055 和 BX061 为现代标记样品，用于校正沉积物 ESR 信号。

8.4.1.3　实验流程

根据样品性状不同取一定数量的原样品称重，放入干燥箱中烘干（温度 40℃）。烘干前后记重量，并计算含水量。然后碎样，过筛分选出 100～200μm 粒径的样品，约 200g 放入 1000mL 烧杯中进行化学处理，获取石英矿物。

（1）用过氧化氢浸泡处理去除样品中的有机质；

（2）盐酸浸泡处理去除样品中碳酸盐类；

（3）氢氟酸浸泡处理（蚀刻）去除长石等矿物。

每一步处理完成后都要用清水反复清洗至中性在进行下一步处理。将处理好的样品放入（40℃）烘箱内烘干后待磁选。

对样品进行磁选（去除磁性矿物）。每个样品称小样 14 个（每份称重 0.25g）送至北京大学钴源实验室进行样品人工辐照，辐照剂量如下：0Gy、200Gy、400Gy、800Gy、1200Gy、1600Gy、2000Gy、2500Gy、3000Gy、4000Gy、5000Gy、7000Gy、9000Gy、11000Gy。辐照后的样品放置一个月，以去除人工辐照而产生的不稳定信号。

8.4.1.4　等效剂量测定

等效剂量测定是在德国布鲁克公司生产的 EMX1/6 型 ESR 信号测量谱仪上对辐照后的样品进行 ESR 信号测量。根据样品岩性、地质地貌特征及估计时代，选用微波功率为 5mW 的液氮低温 Ti 心信号进行样品等效剂量测量。根据 ESR 信号测量结果，利用 Origin 软件拟合，计算等效剂量。

8.4.1.5　环境剂量率测定

环境剂量率测量是电子自旋共振测年的重要参数之一，样品所吸收的环境辐射剂量是其本身及周围物质中放射性核素（U238、Th232 和 K40）衰变所产生的 α、β 和γ粒子电离辐射所提供的，同时也有宇宙射线的少量贡献。

样品的环境剂量（铀、钍、钾）含量委托核工业北京地质研究院分析测试中心测试，仪器型号：ELEMENT 等离子体质谱分析仪。

水对 α、β、γ 辐射有一定的吸收作用，样品埋藏层的水含量，对样品所接收的剂量有不可忽视的影响。本测试根据样品的铀、钍、钾含量和样品埋深宇宙射线的贡献及含水量等参数，计算样品环境剂量（年剂量）。

8.4.1.6　测试结果

电子自旋共振年代学测试结果，如表 8.5 和图 8.5 所示。

表 8.5　电子自旋共振年代学测试结果

实验室号	野外编号	样品物质	U /(μg/g)	Th /(μg/g)	K_2O /%	含水量 /%	等效剂量 /Gy	环境剂量率 /(Gy/ka)	年龄 /ka
16363	BX051	粉土	2.93	11.2	2.26	3.6	789±135	3.23	244±42
16364	BX052	粉土	3.32	14.8	2.07	0.61	1137±177	3.39	335±52
16365	BX053	粉土	3.19	20.2	2.54	4.3	1446±176	4.09	353±43
16368	BX056	粉砂质泥岩	2.32	11.2	2.34	2	940±180	3.17	297±57
16369	BX057	砾石土	4.78	11.1	2.19	1.2	908±170	3.57	254±48
16371	BX059	粉土	2.48	10.8	2.21	6.8	667±72	3.07	217±23

从 2016 年采集的八个样品测量结果分析，16366 号和 16367 号样品石英含量低，在前处理过程中没有提出足够的石英样品，所以样品编号为 16366 号和 16367 号没有给出 ESR 测年结果；其余六个样品的 ESR 测量信号较好。样品年龄结果误差为±10%～20%。

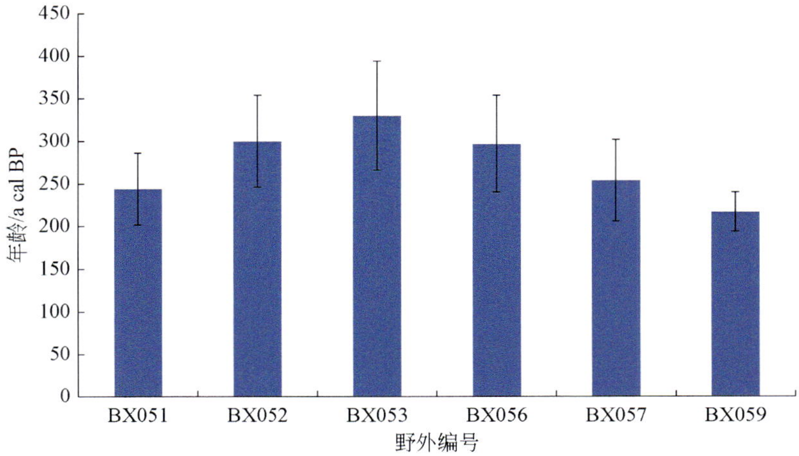

图 8.5　巴谢河流域地质灾害 ESR 年代学测试结果（2016 年）

8.4.2　光释光测年法

8.4.2.1　测年方法及原理

被测矿物由于辐射储存的电离辐射能是通过不同波段的光波激发释放的，利用不同的光源可获得不同矿物的 OSL 信号，即可进行单矿物测年。对与地质灾害相关的沉积物，在避光的情况下采集碎屑样品，可以测得沉积物的形成（埋藏）年龄。

8.4.2.2　采样情况

对巴谢河流域重点滑坡地段进行了采样，样品采集情况如表 8.6～表 8.8 所示。

表 8.6　光释光年代学测试样品采集情况

样品编号	采样日期	埋深/m	含水情况	海拔/m	估计年代和根据	采样地点	经纬度	样品沉积环境
BXT01	2016 年 8 月 17 日	5	干燥	1901	数万年；滑坡凌乱堆积体，代表古滑坡的活动	临夏州东乡县果园乡上正滑坡前缘	103°42′56″E，35°33′33″N	冲洪积物，以粉砂为主，不含砾
BXT02	2016 年 8 月 17 日	5	干燥	1883	数万年；滑坡堆积体上，低洼处堆积的有水平层理的粉砂土	临夏州东乡县果园乡上正滑坡前缘	103°42′57.1″E，35°33′33.2″N	冲洪积物，以粉砂为主，不含砾
BXT03	2016 年 8 月 17 日	5	干燥	1883	数万年；滑坡堆积体上，低洼处堆积的有水平层理的粉砂土	临夏州东乡县果园乡上正滑坡前缘	103°42′57.1″E，35°33′33.2″N	冲洪积物，以粉砂为主，不含砾

续表

样品编号	采样日期	埋深/m	含水情况	海拔/m	估计年代和根据	采样地点	经纬度	样品沉积环境
BXT04	2016年8月17日	10	干燥	1939	数万年；断层泥	临夏州东乡县果园乡陈何村滑坡	103°38′26.5″E，35°34′39.9″N	泥岩滑坡滑动带土，以黏土为主，含一定比例的粉砂
BXT05	2016年8月19日	8	干燥	1971	数万年；滑坡堆积体上堆积的粉土	临夏州东乡县洒勒山滑坡前缘	103°35′33.4″E，35°33′34.3″N	冲洪积物，以粉砂为主，多钙质结核
BXT06	2016年8月19日	5	干燥	2085	数万年；代表古泥石流-古滑坡活动	临夏州东乡县红庄沟内	103°31′31.8″E，35°33′54″N	冲洪积物，以粉砂为主，不含砾
BXT07	2016年8月20日	10	干燥	1855	数万年；淤泥	临夏州东乡县果园乡上正滑坡前缘	103°42′28.4″E，35°33′36.1″N	上正滑坡堵河沉积而成的淤泥，富含有机质，以粉土为主（上）
BXT08	2016年8月20日	11	干燥	1854	数万年；淤泥	临夏州东乡县果园乡上正滑坡前缘	103°42′28.4″E，35°33′36.1″N	上正滑坡堵河沉积而成的淤泥，富含有机质，以粉土为主（中）
BXT09	2016年8月20日	12	干燥	1853	数万年；淤泥	临夏州东乡县果园乡上正滑坡前缘	103°42′28.4″E，35°33′36.1″N	上正滑坡堵河沉积而成的淤泥，富含有机质，以粉土为主（下）
BXT10	2016年8月21日	2	干燥	2271	数万年；滑坡堆积体上，低洼处堆积的有水平层理的粉砂土	临夏州和政县HH020滑坡后缘	103°24′44.2″E，35°31′27.8″N	冲洪积物，以粉砂为主，不含砾
BXT11	2016年8月26日	20	稍湿润	2045	数万年；巴谢河阶地上的冲洪积物，代表古泥石流活动	临夏州东乡县池滩沟沟底	103°37′37″E，35°36′3.1″N	冲洪积物，以粉砂为主，不含砾
BXT12	2016年8月26日	5	干燥	2052	数万年；巴谢河阶地上的冲洪积物，代表古泥石流活动	临夏州东乡县池滩沟沟底	103°37′37″E，35°36′3.1″N	冲洪积物，以粉砂为主，不含砾

表 8.7　光释光样品情况表

序号	编号	物质	简单描述	采样位置
1	BXT701	含砾粉砂	古滑坡堆积物	那勒寺滑坡中部
2	BXT702	砂-粉砂	河流阶地沉积物	那勒寺滑坡中部
3	BXT703	粉土	扰乱的黄土	那勒寺滑坡后部
4	BXT704	粉土	古滑坡堆积物	板土滑坡左后缘
5	BXT705	砂	被滑坡扰动的河流相	崩塌滑坡右前缘
6	BXT706	粉土	滑坡堆积物	郭泥沟红庄滑坡后缘
7	BXT707	粉土	滑坡堆积物底部	郭泥沟红庄滑坡后缘
8	BXT708	粉土	滑坡堆积体底部	石拉泉滑坡后缘
9	BXT709	粉土	滑坡堆积物	石拉泉滑坡前缘
10	BXT710	粉土	滑坡堆积物	石拉泉滑坡前缘

续表

序号	编号	物质	简单描述	采样位置
11	BXT711	粉土	滑坡堆积物	石拉泉滑坡前缘
12	BXT712	粉土	滑坡后缘混杂堆积	努拉芒滑坡后缘
13	BXT713	粉土	滑坡后缘陡壁	洒勒山滑坡
14	BXT714	粉土	粉土中灰黑色夹层	洒勒山后缘
15	BXT715	粉土	黄土中具平层理夹层	洒勒山滑坡后缘
16	BXT716	粉土	滑坡混杂堆积	板土滑坡后缘
17	BXT717	粉土	灰色粉土	板土滑坡后缘
18	BXT718	粉土	滑坡堆积体底部	板土滑坡中部
19	BXT719	粉土及泥	泥岩和粉土混杂堆积	板土滑坡前部
20	BXT720	粉土	滑坡后冲沟内混杂堆积	罗家滑坡中部

注：滑坡样品均采自甘肃省东乡县巴谢河流域，采样时间为 2017 年 5～8 月。大致经纬度为 103°38′E，35°35′N，海拔为 2000～2300m。

表 8.8　2018 年度光释光样品情况表

序号	编号	物质	简单描述	采样位置
1	BXT801	含砾粉砂	泥石流沟口的堆积物	吉哈家清真寺，沟口东侧
2	BXT802	砂-粉砂	泥石流沟口的堆积物	吉哈家清真寺，沟口西侧
3	BXT803	粉土	滑坡后缘陡壁前方倒石堆堆积，代表古滑坡的活动	那拉湾村后山顶
4	BXT804	粉土	滑坡后缘陡壁前方倒石堆堆积，代表古滑坡的活动	那拉湾村后山顶
5	BXT805	粉土	滑坡后的水平层理沉积物，代表古滑坡泥石流的活动	上正滑坡右前缘
6	BXT806	粉土	滑坡后水平层理沉积物，代表古滑坡泥石流的活动	上正滑坡右前缘
7	BXT807	粉土	巴谢河老阶地	上正滑坡对面半山
8	BXT808	粉土	滑坡凌乱堆积体，代表古滑坡泥石流的活动	上正滑坡西侧砖厂
9	BXT809	粉土	滑坡凌乱堆积体，代表古滑坡泥石流的活动	上正滑坡西侧砖厂
10	BXT810	粉土	滑坡凌乱堆积体，代表古滑坡泥石流的活动	上正滑坡西侧砖厂
11	BXT811	粉土	滑坡凌乱堆积体，代表古滑坡泥石流的活动	上正滑坡西侧巴拉城侧
12	BXT812	粉土	滑坡凌乱堆积体，代表古滑坡泥石流的活动	巴拉城清真寺上方
13	BXT813	粉土	滑坡凌乱堆积体，代表古滑坡泥石流的活动	巴拉城清真寺上方滑坡中部
14	BXT814	粉土	滑坡凌乱堆积体，代表古滑坡泥石流的活动	巴拉城清真寺上方滑坡前缘
15	BXT815	粉土	滑坡凌乱堆积体，代表古滑坡泥石流的活动	巴拉城清真寺上方滑坡前缘
16	BXT816	粉土	滑坡凌乱堆积体，代表古滑坡泥石流的活动	二户村后滑坡后缘
17	BXT817	粉土	滑坡凌乱堆积体，代表古滑坡泥石流的活动	二户村后滑坡后缘，大沟西侧
18	BXT818	粉土	滑坡凌乱堆积体，代表古滑坡泥石流的活动	果园乡政府后山滑坡前缘
19	BXT819	粉土及泥	滑坡凌乱堆积体，代表古滑坡泥石流的活动	果园乡政府后山滑坡中部
20	BXT820	粉土	滑坡凌乱堆积体，代表古滑坡泥石流的活动	果园乡政府后山滑坡中部
21	BXT821	砾石土	巴谢河二级阶地	石拉泉，巴谢河右岸
22	BXT822	砾石土	滑坡凌乱堆积体，代表古滑坡泥石流的活动	上正滑坡前，西侧公路边

8.4.2.3 前处理流程

样品的前处理：在记录本上对即将拆开的样品进行登记。此时，每个样品被分配单独的实验室编号（如 CUG-001），该实验室编号遂成为样品名的一部分；在后续处理中凡是标记样品名时，需将样品的实验室编号与野外样品号一起注明。

将管壁上的胶带撕开，取出两端封口，用小刀等工具掏出 2～3cm 样品（该部分样品可能已经曝光）。将钢管中间的样品放到大烧杯中，写上样品编号（颗粒太粗或含其他粗粒物质的样品可先烘干后过 300μm 筛子，将大于 300μm 的样品去除，以节省试剂）。加清水搅拌，待澄清后倒掉上层清水，以去掉部分杂质。样品量多的可备份。

取干净小烧杯并称重，然后将两端的样品（或单独采的年剂量率样品）放于小烧杯中，写上样品编号，称完湿重后在烘箱中烘干（60℃，1～2d，以重量不再发生变化变烘干标准），再称干重，计算含水量。然后在其中随机选取 20～30g 样品，用研钵和球磨机磨成“面粉状”（粒径＜30μm），用于中子活化分析（neutron activation analysis，NAA）。砂样或更细的样品直接放入球磨机研磨，胶结的黏土需先用研钵磨散。颗粒太粗的样品（含较多砾石）需先用研钵研磨一下再用球磨机研磨。

加入 10%盐酸去除碳酸盐（浸泡 1～2d，视样品情况）。

下一步，将大烧杯中滤完清水的样品放入通风橱中（烧杯之间的间隔应该在 3～5cm 范围内，以避免相互污染），加入 10%的盐酸并搅拌，采取的是少量多次的原则，直到样品没有明显的反应。要注意的是，碳酸盐含量高的样品，应更加注意不要一次加盐酸过多或搅拌太剧烈，以避免产生的大量泡沫溢出。

加入，30%双氧水处理去除有机质（3～14d，视样品情况）。

然后，将烧杯中的上层清液倒掉。加清水反复洗涤样品至少三次。加入少量 30%的过氧化氢，观察反应剧烈程度，遵循少量多次的原则。在开始的 2～3d，每加完一次过氧化氢隔 2h 左右搅拌以免泡沫溢出。

下一步，过筛进行粒径分选，并加入盐酸刻蚀。

中颗粒（38～63μm）样品处理方法：用小勺舀入一勺半（约 2g）38～63μm 样品，放入带有盖子的小瓶中，用 35%的氟硅酸（约 50mL）浸泡，瓶子用盖子盖好，前三天盖子半松透气，后几天可盖紧，每天要玻璃棒搅拌样品三到五次。前三天一定要在通风橱中进行。加入 10%的盐酸搅拌清洗样品 30min 然后用清水清洗五次，清洗后放入烘箱将样品烘干，装入小自封袋。

若有较高的长石红外释光（infra-red stimulated luminescence，IRSL）信号，则用 38μm 筛子过一次，以除去被氟硅酸溶蚀变小的长石颗粒；若还有较高的长石 IRSL 信号，则用氟硅酸再处理三天左右。

粗颗粒样品（如 90～125μm 或 125～150μm）处理方法：将粗颗粒样品用 40%的 HF 处理 40～45min。加入 10%的盐酸搅拌清洗样品 30min 然后用清水清洗五次，清洗后放入烘箱将样品烘干，用比样品粒径稍小的筛子（如对 90～125μm 的样品用 63μm 的筛子，对 180～212μm 的样品用 150μm 的筛子）筛再过一遍，以除去被酸溶蚀变小的残留的长石颗粒。

具体操作如图 8.6 和图 8.7 所示。粗颗粒按照图 8.6 提取中颗粒（90～125μm、150μm）

石英，要注意所有实验步骤都应在暗室红光条件下进行。

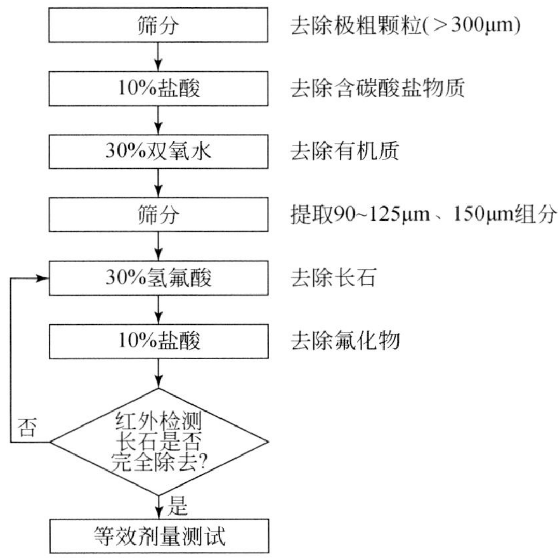

图 8.6　提取粗颗粒石英前处理流程

中颗粒按照图 8.7 提取中颗粒（38～63μm）石英，要注意所有实验步骤都应在暗室红光条件下进行。

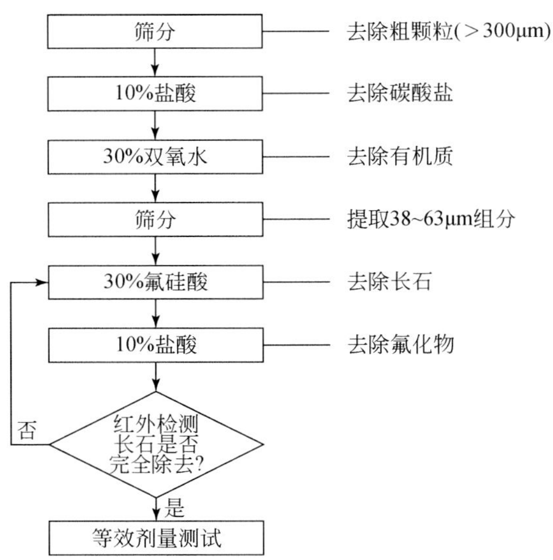

图 8.7　提取中颗粒石英前处理流程

8.4.2.4　等效剂量（D_e）测试

将通过长石污染检测（IRSL/OSL＜10%）的石英进行等效剂量测试与计算。

混合矿物直接上级测试，选取石英信号进行等效剂量计算。

仪器名称：Risø TL/OSL-DA-20 热释光、光释光两用仪。

辐照源和激发光源：辐照源为（$^{90}Sr/^{90}Y$）β 源，并选择强度为 90%的蓝光发光二极管（λ=470±20nm）。

经预热坪测试参数：Preheat 260℃，10s；Cut-heat 220℃，10s。

测试方法：SAR+SGC，即单片再生+标准生长曲线法（图 8.8、图 8.9）。

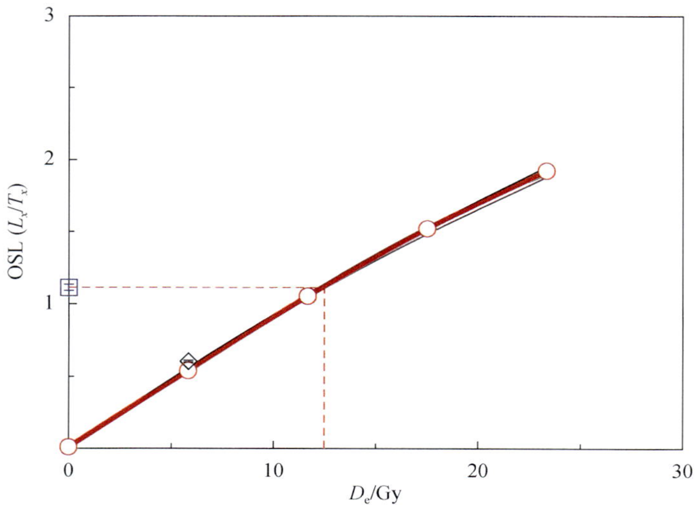

图 8.8　BXT7 生长曲线

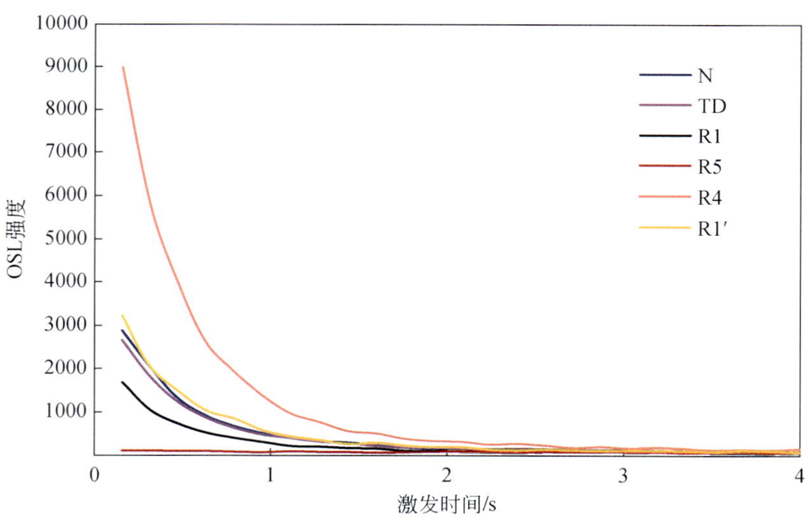

图 8.9　BXT7 衰减曲线

8.4.2.5　剂量率测试

样品的 U、Th、K 含量采用中子活化分析（NAA）在中国原子能科学研究院测试。

8.4.2.6　年代结果

年龄=D_e/D（剂量率）。

试验结果如表 8.9～表 8.11 所示。

表 8.9　光释光年代测试结果（2016 年）

样品编号	粒径/μm	D_e/Gy	年龄/ka（预估）	采样地点	经纬度
BXT1	38～63			上正滑坡前缘	103°42′56″E，35°33′33″N
BXT2	90～125	142.28±12.65	47.43	上正滑坡前缘	103°42′57.1″E，35°33′33.2″N
BXT3	90～125	176.06±6.85	58.69	上正滑坡前缘	103°42′57.1″E，35°33′33.2″N
BXT4	90～125	298.71±12.97（可能为最小值）	99.57（可能为最小值）	陈何村滑坡	103°38′26.5″E，35°34′39.9″N
BXT5	90～125	32.74±1.51	10.91	洒勒山滑坡前缘	103°35′33.4″E，35°33′34.3″N
BXT6	38～63			红庄沟内	103°31′31.8″E，35°33′54″N
BXT7	90～125	12.60±0.12	4.20	上正滑坡前缘	103°42′28.4″E，35°33′36.1″N
BXT8	90～125	23.69±0.94	7.90	上正滑坡前缘	103°42′28.4″E，35°33′36.1″N
BXT9	90～125	25.49±0.43	8.50	上正滑坡前缘	103°42′28.4″E，35°33′36.1″N
BXT10	90～125	12.96±0.75	4.23	和政县 HH020 滑坡后缘	103°24′44.2″E，35°31′27.8″N
BXT11	38～63			池滩沟沟底	103°37′37″E，35°36′3.1″N
BXT12	38～63			池滩沟沟底	103°37′37″E，35°36′3.1″N
BXT13	90～125	289.51（可能为最小值）	96.50（可能为最小值）	上正滑坡后缘	103°42′47″E，35°34′24″N
BXT14	90～125	244.82（可能为最小值）	81.60（可能为最小值）	上正滑坡后缘	103°42′43″E，35°34′26.6″N

8.4.3　^{14}C 测年法

8.4.3.1　测年方法及原理

自然状态下，地球上 CO_2 中的碳元素有 ^{12}C 和 ^{14}C 两种。放射性的 ^{14}C 是由于宇宙射线在高空中作用于空气中的氮原子产生，宇宙射线的通量和 N-C 随机转化的概率是恒定的，因此可以认为地球上 CO_2 中的 ^{14}C 含量也是恒定的。在植物死亡之前植物内的 ^{14}C 含量会与空气中的 ^{14}C 含量保持一致，但是当植物死亡之后，植物将停止与大气进行 CO_2 交换。但是 ^{14}C 会不断地衰变减少，于是植物体内 ^{14}C 含量将会降低，通过测定植物体内的 ^{14}C 含量与原有含量之间的比值，通过公式：

$$t=\frac{1}{\lambda}\cdot\ln\frac{N_0}{N}$$

式中，λ 为 ^{14}C 衰变常数；N_0 和 N 分别为空气中原有 ^{14}C 含量和待测植物体内 ^{14}C 含量。这样就可以计算出样品中的碳元素和外界交换停止的年代，进而推断样品的形成时间。

表 8.10　光释光年代测试结果表（2017 年）

样品编号	采样深度/m	测年物质	粒径/μm	含水量/%	K 含量/%	U 含量/ppm①	Th 含量/ppm	测试样片数量/个	剂量率/(Gy/ka)	等效剂量/Gy	OSL 年代/ka
BXT701	15	石英	90～125	10±5	0.62±0.04	0.80±0.05	3.51±0.13	12	0.98±0.07	284±15（最小值）	290±26（最小年代）
BXT702	5	石英	90～125	10±5	0.52±0.04	0.81±0.05	4.28±0.15	17	1.02±0.07	288±13（最小值）	281±23（最小年代）
BXT703	25	石英	38～63	10±5	1.72±0.06	3.23±0.05	11.5±0.32	12	3.25±0.23	400±40（信号已饱和）	123±15（饱和年代）
BXT704	10	石英	38～63	10±5	1.63±0.05	2.97±0.11	11.0±0.31	12	3.11±0.22	395±34（最小值）	127±14（最小年代）
BXT705	10	石英	90～125	10±5	0.85±0.04	1.50±0.07	6.36±0.21	12	1.53±0.11	344±15（最小值）	224±19（最小年代）
BXT706	15	石英	38～63	10±5	2.05±0.06	3.13±0.12	12.8±0.36	12	3.63±0.26	400±41（信号已饱和）	110±13.8（饱和年代）
BXT707	10	石英	90～125	10±5	1.76±0.06	2.24±0.09	11.2±0.31	12	2.80±0.19	381±12（最小值）	136±10（最小年代）
BXT708	8	混合矿物	38～63	10±5	1.88±0.06	3.79±0.14	11.2±0.31	16	3.58±0.25	152±2.5（最小值）	42±3（最小年代）
BXT709	8	石英	38～63	10±5	1.63±0.05	4.08±0.15	12.0±0.34	12	3.49±0.25	255±22（最小值）	73±8（最小年代）
BXT710	8	石英	38～63	10±5	1.99±0.06	4.17±0.15	11.8±0.33	16	3.82±0.27	303±16（最小值）	79±7（最小年代）
BXT711	8	石英	90～125	10±5	1.70±0.06	3.61±0.13	10.8±0.31	12	3.04±0.21	232±41（最小值）	76±7（最小年代）

续表

样品编号	采样深度/m	测年物质	粒径/μm	含水量/%	K 含量/%	U 含量/ppm①	Th 含量/ppm	测试样片数量/个	剂量率/(Gy/ka)	等效剂量/Gy	OSL 年代/ka
BXT712	8	混合矿物	38～63	10±5	1.82±0.06	2.91±0.11	10.4±0.30	18	3.24±0.23	63.2±2.1	19.5±1.5
BXT713	5	石英	38～63	10±5	2.02±0.06	2.69±0.10	11.4±0.32	18	3.48±0.25	98.2±2.5	28.2±2.1
BXT714	2	石英	38～63	10±5	1.89±0.06	2.70±0.11	10.6±0.31	18	3.38±0.24	112±3.6	33.1±2.5
BXT715	1	混合矿物	38～63	10±5	1.78±0.06	2.62±0.10	10.9±0.32	18	3.33±0.23	4.81±0.28	1.45±0.13
BXT716	0.5	混合矿物	38～63	10±5	1.69±0.06	3.32±0.13	10.9±0.32	18	3.45±0.26	52.3±2.6	15.2±1.4
BXT717	2	石英	38～63	10±5	1.69±0.06	2.87±0.11	10.7±0.31	18	3.26±0.22	14.5±0.43	4.5±0.3
BXT718	3	石英	90～125	10±5	1.90±0.06	3.26±0.12	12.6±0.35	12	3.34±0.22	289±23（最小值）	87±9（最小年代）
BXT719	5	石英	90～125	10±5	1.99±0.06	3.22±0.12	11.7±0.33	12	3.30±0.22	242±29（最小值）	73±10（最小年代）
BXT720	1	石英	90～125	10±5	1.93±0.06	2.88±0.11	11.7±0.33	16	3.29±0.22	251±16（最小值）	76±7（最小年代）
BXT721	1	石英	38～63	10±5	1.62±0.05	2.68±0.10	11.1±0.31	13	3.21±0.22	381±23（最小值）	119±11（最小年代）
BXT722	1	混合矿物	38～63	10±5	1.62±0.05	2.78±0.11	10.8±0.31	18	3.22±0.22	56.2±3.4	17.5±1.6
BXT723	5	石英	38～63	10±5	2.36±0.07	3.83±0.14	12.0±0.34	12	4.11±0.29	383±23（最小值）	93±9（最小年代）
BXT724	2	混合矿物	38～63	10±5	1.77±0.06	2.74±0.11	12.1±0.34	12	3.38±0.23	213±8.7（最小值）	63±5（最小年代）
BXT725	2	石英	90～125	10±5	2.06±0.06	3.53±0.13	11.8±0.33	19	3.50±0.23	2.57±0.28	0.73±0.09

①1ppm=10^{-6}。

表 8.11　光释光年代测试结果（2018 年）

样品编号	采样深度/m	测年物质	粒径/μm	含水量/%	K 含量/%	Th 含量/ppm[①]	U 含量/ppm	测试样片数量/个	剂量率/(Gy/ka)	等效剂量/Gy	OSL 年代/ka
BXT801	1	石英	90～125	10±5	1.43±0.14	16.67±1.67	3.98±0.20	15	3.39±0.27	156.5±6.6	46±4.2
BXT802	1	石英	90～125	10±5	1.91±0.19	12.42±1.24	3.37±0.17	16	3.41±0.29	81.5±9.7	24±3.5
BXT803	5	石英	38～63	10±5	2.08±0.25	11.71±1.17	3.76±0.19	17	3.83±0.37	64.8±2	16.91±1.7
BXT804	3	石英	38～63	10±5	1.98±0.24	11.50±1.15	2.96±0.15	18	3.57±0.35	22.3±1	6.3±0.7
BXT805	8	石英	90～125	10±5	1.91±0.19	12.77±1.28	3.14±0.16	14	3.24±0.28	122.6±8.7	38±4.3
BXT806	8	石英	90～125	10±5	1.54±0.15	9.48±0.95	2.65±0.13	14	2.60±0.23	139.2±6.5	54±5.3
BXT807	2	石英	38～63	10±5	1.93±0.23	11.98±1.20	3.21±0.16	17	3.64±0.35	197.2±7.4	54±5.5
BXT808	4	石英	90～125	10±5	2.07±0.21	12.45±1.25	3.08±0.15	16	3.40±0.30	75.2±3.6	22.1±2.2
BXT809	8	石英	90～125	10±5	1.91±0.19	12.84±1.28	3.02±0.15	16	3.21±0.28	60.3±2.3	18.8±1.8
BXT810	8	石英	90～125	10±5	1.66±0.17	9.85±0.99	2.80±0.14	19	2.76±0.24	227.5±14.9	82±9
BXT811	8	石英	38～63	10±5	1.93±0.23	11.65±1.16	3.31±0.17	17	3.53±0.34	128±6.6	36±4
BXT812	8	石英	38～63	10±5	1.69±0.20	11.03±1.10	3.15±0.16	18	3.22±0.31	137.5±4.5	43±4.3
BXT813	8	石英	38～63	10±5	2.17±0.26	12.50±1.25	3.39±0.17	18	3.83±0.38	165.9±6.2	43±4.6
BXT814	8	石英	38～63	10±5	1.87±0.22	11.50±1.15	2.95±0.15	18	3.37±0.33	179.3±5.6	49±5.5
BXT815	8	石英	90～125	10±5	1.24±0.12	5.20±0.52	1.49±0.07	18	1.82±0.17	296.7±17.2（最小值）	163±17.6（最小年代）
BXT816	8	石英	38～63	10±5	1.68±0.20	12.47±1.25	3.31±0.17	11	3.37±0.32	218.9±7.2	65±6.5
BXT817	8	石英	38～63	10±5	1.91±0.23	12.49±1.25	3.42±0.17	18	3.60±0.35	142.1±7.6	40±4.4
BXT818	8	石英	38～63	10±5	1.78±0.21	12.34±1.23	3.07±0.15	15	3.39±0.33	384.5±13（最小值）	114±11.7（最小年代）
BXT819	8	石英	38～63	10±5	1.90±0.23	12.78±1.28	3.50±0.17	18	3.63±0.35	23.2±1	6.4±0.7
BXT820	8	石英	38～63	10±5	0.91±0.11	5.48±0.55	1.34±0.07	16	1.65±0.16	284.2±12.7（最小值）	172±18.4（最小年代）
BXT821	3	石英	38～63	10±5	1.90±0.23	12.35±1.23	3.04±0.15	18	3.57±0.34	8.18±0.38	2.3±0.24
BXT822	8	石英	90～125	10±5	1.92±0.23	12.03±1.20	3.82±0.19	18	3.34±0.31	33.8±1.5	10.1±1

8.4.3.2　采样情况

采样情况如表 8.12～表 8.14 所示。

表 8.12　^{14}C 年代学样品登记表（2016 年）

样品代码	样品类别	地理位置（经纬度）
BX002	碳酸盐	果园村泥石流（103°41′12.5″E，35°33′36.2″N）
BX006	有机质	红庄沟内（103°31′39″E，35°33′40″N）
BX012	贝壳	陈何村滑坡前缘（103°38′32.6″E，35°34′42″N）
BX028	碳酸盐	洒勒山滑坡前缘（103°35′33.4″E，35°33′34.3″N）
BX029	牙齿	洒勒山滑坡前缘（103°35′33.4″E，35°33′34.3″N）
BX032	贝壳	上正滑坡前缘（103°42′28.4″E，35°33′36.1″N）
BX033	有机质	上正滑坡前缘（103°42′28.4″E，35°33′36.1″N）
BX034	有机质	上正滑坡前缘（103°42′28.4″E，35°33′36.1″N）
BX040	泥岩	池滩沟（103°37′37″E，35°36′3.1″N）
BX042	碳酸盐	上正滑坡后缘探槽（103°42′43″E，35°34′26.6″N）

表 8.13　^{14}C 年代学样品情况表（2017 年）

样品代码	AMS 加速器质谱	辐射度法	样品类别	大致地理位置
BX701	√	×	有机物	甘肃临夏
BX702	√	×	化石	甘肃临夏
BX703	√	×	碳酸盐	甘肃临夏
BX704	√	×	木炭	甘肃临夏
BX705	√	×	木炭	甘肃临夏
BX706	√	×	化石	甘肃临夏
BX707	√	×	碳酸盐	甘肃临夏
BX709	√	×	木炭	甘肃临夏
BX711	√	×	木炭	甘肃临夏
BX712	√	×	有机物	甘肃临夏

表 8.14　^{14}C 年代学样品情况表（2018 年）

样品代码	AMS 加速器质谱	辐射度法	样品类别	大致地理位置
BX803	√	×	有机物	石拉泉清真寺南侧
BX805	√	×	有机物	洒勒山滑坡西 200 米
BX806	√	×	有机物	洒勒山滑坡西 200 米
BX807	√	×	有机物	树洼土滑坡前缘
BX810	√	×	植物	王家滑坡中部
BX811	√	×	木炭	五家乡上庄滑坡堆积平台
BX812	√	×	有机物	五家乡上庄滑坡堆积体
BX813	√	×	有机物	五家乡上庄滑坡堆积体
BX814	√	×	木炭	段家沟泥石流沟口东侧 300m
BX821	√	×	木炭	临洮龙门镇郑家庄泥石流沟口

8.4.3.3　测试结果

^{14}C 年代学测试结果如表 8.15、表 8.16 所示。

表 8.15　^{14}C 年代学测试结果（2016～2017 年）

野外编号	常规年龄/a BP	校正年龄/a cal BP	取样位置（经纬度）
BX042	29160±140	33675～33060	上正滑坡后缘探槽（103°42′43″E，35°34′26.6″N）
BX040	38530±370	43010～42100	池滩沟（103°37′37″E，35°36′3.1″N）
BX034	6330±30	7315～7240、7215～7180	上正滑坡前缘（103°42′28.4″E，35°33′36.1″N）
BX033	5060±30	5905～5730	上正滑坡前缘（103°42′28.4″E，35°33′36.1″N）
BX032	15280±40	18635～18475	上正滑坡前缘（103°42′28.4″E，35°33′36.1″N）
BX029	170±30	290～255、225～135、115～70、35～0	洒勒山滑坡前缘（103°35′33.4″E，35°33′34.3″N）
BX028	17380±50	21080～20840	洒勒山滑坡前缘（103°35′33.4″E，35°33′34.3″N）
BX012	18730±60	22685～22460	陈何村滑坡前缘（103°38′32.6″E，35°34′42″N）
BX006	4940±30	5730～5600	红庄沟内（103°31′39″E，35°33′40″N）
BX002	＞43500		果园村泥石流（103°41′12.5″E，35°33′36.2″N）
BXS701	7640±30	（89%）8480～8384、（6.4%）8517～8493	那勒寺滑坡中部
BXS703	17510±60	（95.4%）21391～20912	郭泥沟红庄滑坡后缘
BXS704	14010±50	（95.4%）17231～16751	郭泥沟红庄滑坡后缘
BXS705	27080±110	（95.4%）31274～30899	洒勒山滑坡后缘
BXS706	36880±320	（95.4%）42015～40860	三甲集康家
BXS707	41480±410	（95.4%）45703～44203	五家乡罗家滑坡中部
BXS709	6010±30	（94.2%）6941～6780、（1.2%）6763～6756	上马家滑坡 ZK4
BXS711	5920±30	（93.8%）6798～6666、（1.6%）6830～6819	上马家滑坡 ZK4
BXS712	5950±30	（93.8%）6860～6678、（1.6%）6880～6871	上马家滑坡 ZK4

表 8.16　^{14}C 年代学测试结果（2018 年）

样品编号	常规年龄/a BP	校正年龄/a cal BP
BXS822	8840±30	（56.2%）9961～9743、（28.8%）10152～10055、（10.4%）10044～9986
BXS821	9230±30	（95.4%）10500～10276
BXS814	30260±160	（95.4%）34626～33947
BXS813	1590±30	（95.4%）1544～1408
BXS812	2550±30	（54.9%）2750～2693、（30.6%）2593～2500、（9.9%）2635～2614
BXS811	160±30	（48.1%）231～124、（17.5%）36～0、（17%）286～244、（12.8%）118～66

将巴谢河流域光释光和 ^{14}C 测得的滑坡事件的年龄进行统计，做滑坡事件累积概率和距今年代的关系图（图 8.10），可以看出，晚更新世以来，巴谢河流域存在四次滑坡多发的时段，年龄分别为 93～63ka BP、45～31ka BP、22～15ka BP 和 8.4～3.5ka BP。这些滑坡多发时段可以较好地与其他代用指标恢复的过去构造运动与气候变化的格局相对应，滑

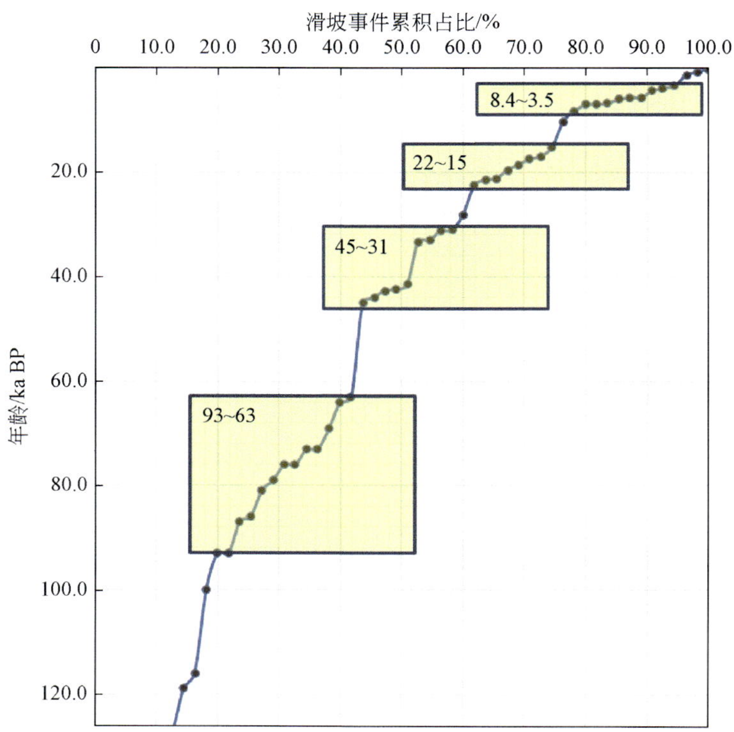

图 8.10　巴谢河流域滑坡年龄分布统计图

坡主要多发于气候温暖、构造活跃的时段。滑坡年代学数据也为研究过去构造运动及气候变迁提供了新的素材和证据。

8.5　巴谢河流域滑坡控制因素和成因机理分析

8.5.1　巴谢河流域滑坡控制因素与成因机理

巴谢河流域主要是黄土墚峁地貌和河谷地貌，由新近系临夏组泥岩构成地貌的基本格架，马兰黄土覆盖于其上。黄土、泥岩均具有较强的水敏性，因此，降雨-蒸发-地表径流-地下径流-冻融等水的作用对坡体物质有很大的影响。由于巴谢河为近东西向，造成两岸受到太阳辐射的作用特征有很大的区别。巴谢河左岸为阳坡，接受太阳辐射较多，降雨-蒸发作用强烈，对岩土体的影响较大，在冬季则经历更多次的冻-融旋回，造成岩体解体和土体松动。因此，北岸表现为更多的滑坡及坡面流，而南岸表现为更密的深切支沟和支沟两岸的对生滑坡。

在巴谢河左（北）岸，古滑坡、老滑坡、新滑坡相互叠置，连片分布，从陈家集经达板空至上正约 37km 的斜坡上，密集分布着 67 个滑坡，形成一个近东西向展布的带状滑坡群。从滑坡结构和失稳模式上看，巴谢河流域滑坡主要可以分为压裂型深层黄土-泥岩滑坡、滑移型深层滑坡-泥岩滑坡、蠕变型中浅层黄土-泥岩滑坡和塌滑型黄土滑坡四种主要类型（图 8.11）。

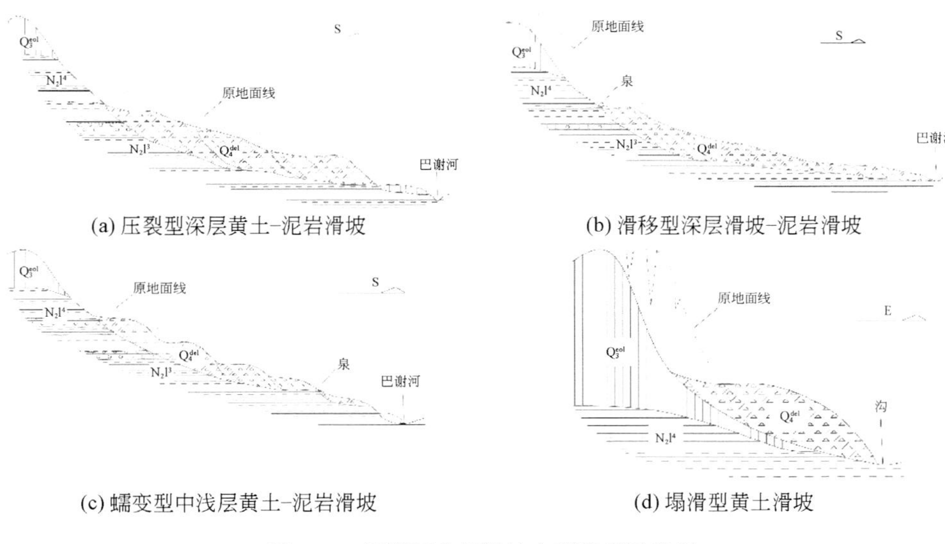

(a) 压裂型深层黄土-泥岩滑坡　(b) 滑移型深层滑坡-泥岩滑坡

(c) 蠕变型中浅层黄土-泥岩滑坡　(d) 塌滑型黄土滑坡

图 8.11　巴谢河北岸滑坡主要类型示意图

8.5.2　洮河流域下游干流及其他支流与巴谢河的对比

巴谢河是洮河流域下游的一条二级支流，位于自南向北流的洮河的左（西）岸，是洮河流域下游诸多支流中的一条。但巴谢河流域的滑坡发育特征在洮河流域下游具有代表意义，这种代表意义不但在于地质灾害的类型和特征，而且在于地质灾害的发育历史和成因机理。巴谢河北岸密集发育的滑坡在洮河下游岸坡及其他支流也有相应的表现。

洮河流域下游为典型的树枝状水系。左岸和右岸分布一系列近东西向流淌的支流。在本二级项目 2016～2018 年的调查工作区，从南到北，洮河支流主要有漫坝河（东侧）、东峪沟（东侧）、康乐河（又名三岔河，西侧）、八羊河（西侧）、大碧河（东侧）、清水河（东侧）、广通河（及八谢河，西侧）、八丹沟（西侧）、安家嘴河（东侧）、达板河（西侧），其中漫坝河、东峪沟、三岔河、广通河（及巴谢河）、八羊河等滑坡灾害较为发育。巴谢河专题研究开展期间，也对上述支流、支沟开展了调查。

野外调查发现，洮河干流、漫坝河、东峪沟等均有和巴谢河类似的阶地发育，在阶地形态及叠切关系上基本上可以相互对比。因此，上述河流在演化规律是一致的，都是受到构造运动，地壳阶段性抬升造成的河流形成，阶段性下切、沉积而形成的现今地貌。

在滑坡发育规律方面，上述河流（支流）也有类似的特征和规律。在从洮河干流左岸新民滩—三甲集段约 8km 的边坡，滑坡连片分布，可以分为五个区段。每个区段都表现为多期次滑坡相互叠加，高陡的滑坡后壁、2～3 级滑坡堆积平台等特征非常明显（图 8.12）。这种情况与巴谢河北岸情况类似。本区段滑坡体物质同样是以马兰黄土-临夏组泥岩为主。

图 8.12 洮河左岸新民滩—三甲集段滑坡分布示意图（卫星图来自 Google Earth）

洮河左侧支流八羊河流向为自西向东，与巴谢河类似。八羊河处于形成期，岸坡陡峭，沟道纵坡降大。在八羊河北侧岸坡同样发育了一系列多期次叠加滑坡，南侧多为河流冲刷形成陡壁，局部发生塌岸（图 8.13）。

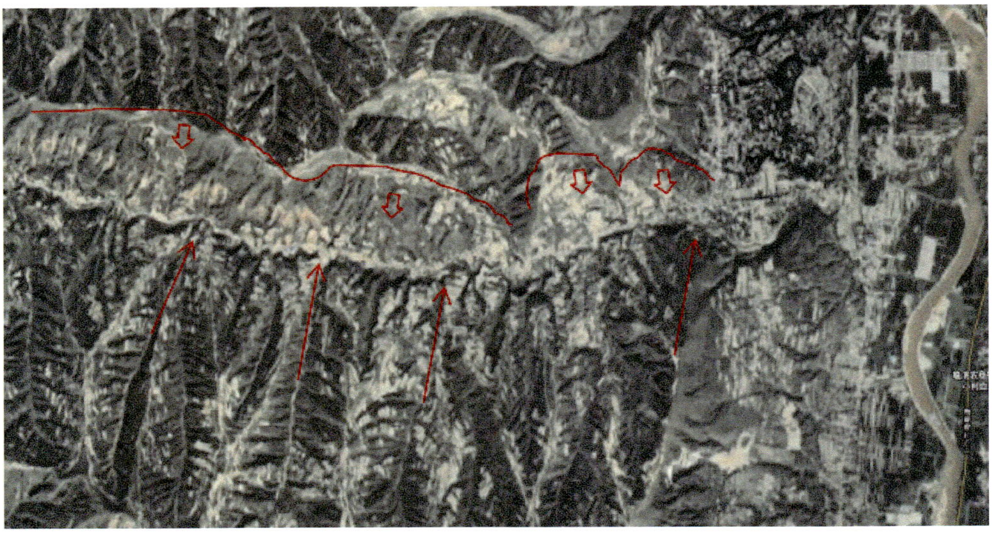

图 8.13　洮河左岸支流八羊河地貌示意图

南侧为密集泥石流冲沟；北侧为陡峭滑坡。卫星图来自 Google Earth

在临洮县城东南方的东峪沟，沟道宽阔，水量充沛。北侧岸坡形成 2～3 级滑坡作用形成的平台，南侧则为密集分布的深切泥石流冲沟，亦和巴谢河情况类似（图 8.14）。

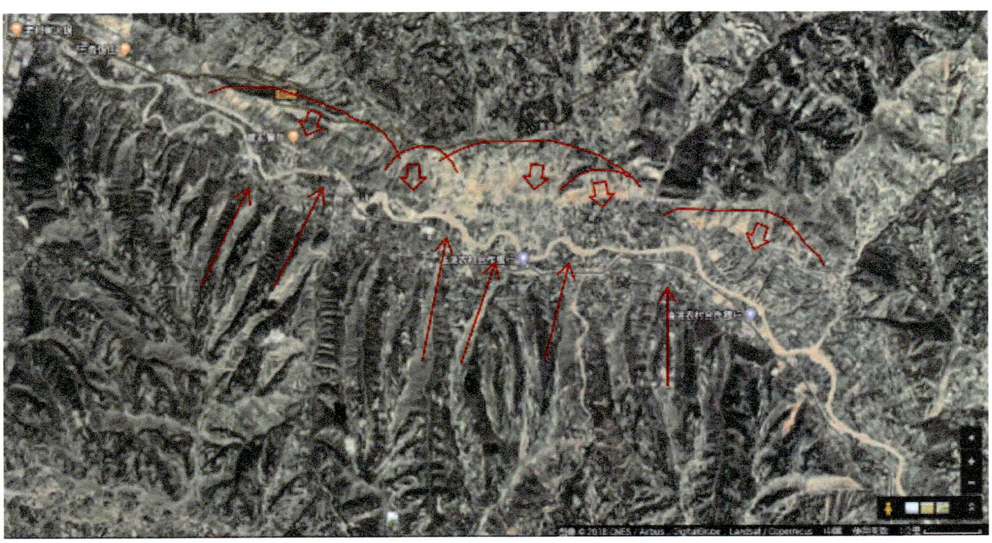

图 8.14　洮河右岸支流东峪沟地貌示意图

南侧为密集泥石流冲沟；北侧为陡峭滑坡。卫星图来自 Google Earth

因此，巴谢河在洮河流域下游有着代表意义，代表了和河流演化有关的岸坡地质灾害发育格局和过程。对巴谢河的剖析能够对洮河流域下游地质灾害的规律、控制因素和成因机理提供样本。

8.6　结　　论

通过对巴谢河流域开展滑坡历史重建、滑坡分布规律与控制因素研究、成因机理研究，可以得出以下结论：

（1）晚更新世以来，巴谢河流域存在四次滑坡多发的时段，年龄分别为 93～63ka BP、45～31ka BP、22～15ka BP 和 8.4～3.5ka BP。晚更新世以来滑坡发育与新构造运动（地震活动等）及古气候演变有关。

（2）巴谢河流域滑坡主要可以分为压裂型深层黄土-泥岩滑坡、滑移型深层滑坡-泥岩滑坡、蠕变型中浅层黄土-泥岩滑坡和塌滑型黄土滑坡四种主要类型。

（3）巴谢河流域滑坡密集发育的原因主要在于岩土体条件，而地质构造控制了河流展布和滑坡多发区段。

（4）巴谢河两岸地质灾害的不同表现，主要影响因素是阴坡和阳坡接收太阳辐射不同，造成两岸蒸发、冻融等作用特征不同，对岩土体的破坏作用不同。

（5）巴谢河流域在洮河流域下游有代表意义，代表了与河流演化有关的河流岸坡地质灾害演化过程。

第 9 章　小流域泥石流风险评价专题研究

岷县位于甘肃南部，属于西秦岭北支中段，紧邻长江流域和黄河流域的分界线，洮河穿流而过，为典型的中高山侵蚀地貌，是甘肃省泥石流活跃区之一。为了研究工作区泥石流的形成过程、致灾规律，指导泥石流灾害的防灾减灾，以耳阳河流域为例，开展了单体泥石流风险评价研究工作。

9.1　耳阳河泥石流概况

研究区位于甘肃定西市岷县洮河支流耳阳河流域（图 9.1），地处西秦岭山地和黄土高原的交汇区，新构造运动活跃，地貌上呈现为年轻的构造侵蚀中山地貌类型。耳阳河流域面积约为 63km^2，主沟长度约为 15.8km，流域内最高海拔为 3130m，位于东山顶，最低海拔为 2310m，位于耳阳河汇入纳纳河的沟口。耳阳河的主沟和支沟多呈“V”形谷，沟壁陡峭，临空面发育，滑坡塌岸现象多见；沟内耕地众多，土地松散，物源丰富。区内植被覆盖总体上差，空间分布差异性明显，耳阳河两岸岩土裸露，仅有农作物和零星灌木，上游局部可见人为种植的森林。

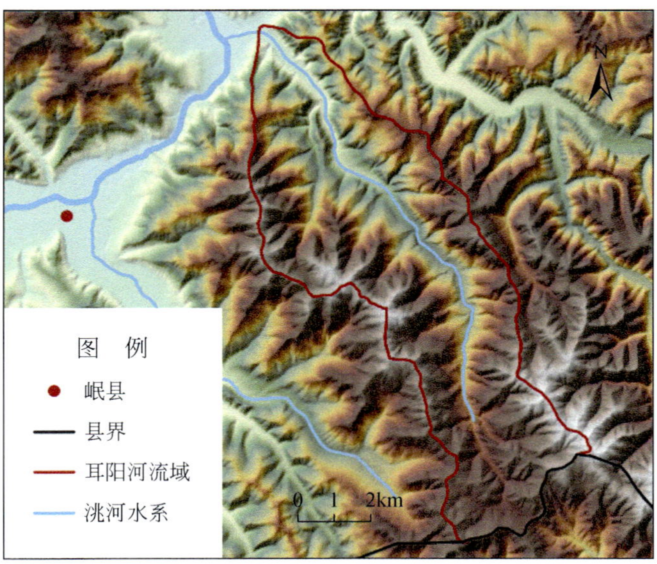

图 9.1　耳阳河流域地形图

流域内出露的地层岩性主要是泥盆系、侏罗系的板岩、页岩和砂岩等，经过构造作用和风化作用，岩体碎散，稳定性较差，区内第四纪沉积物主要为黄土、冲洪积物、泥石流堆积物、残坡积物，研究区东岸（右岸）剖面图（图 9.2）。

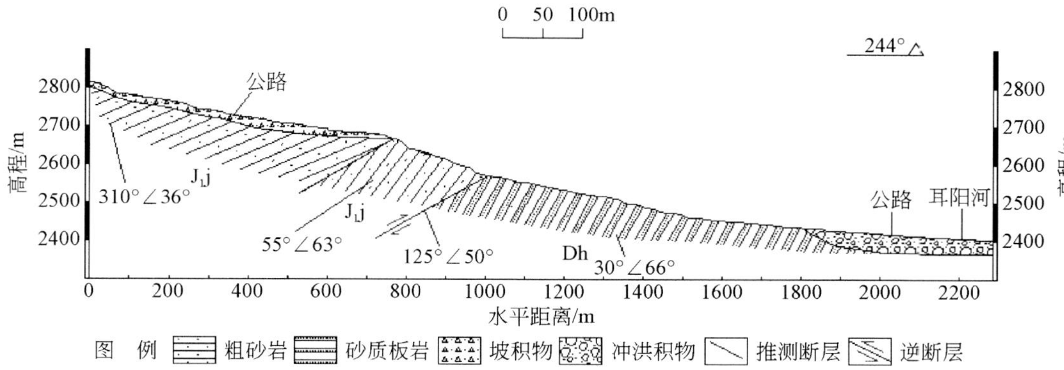

图 9.2　耳阳河右岸地质剖面图

研究区为高寒、湿润气候带，多年平均降水量为 560.8mm，6～8 月降水占总降水量的 60%以上，受地形及海拔影响，降水的时空分布差异较大，呈现出由河谷到山顶，降水量随海拔升高呈逐渐增大的趋势。

耳阳河属于黄河水系，为黄河的三级支流：耳阳河在茶埠镇沟门村汇入纳纳河，之后向西流约 500m，在茶埠镇阳坡汇入洮河。经过野外调查，耳阳河流域内共发育 23 条泥石流沟，其中左岸 9 条、右岸 14 条，泥石流沟线密度为 1.45 条/km。

本研究选取的六条泥石流沟对称分布于耳阳河两岸（表 9.1），都处于活跃期，呈“V”形谷，主沟纵坡降为 189.7‰～316.9‰，平均坡度为 35°～50°，泥石流流域面积为 0.54～2.47km^2，松散物质类型主要为坡面的残坡积物以及耕作土，其次为沟道两岸的小型崩塌、滑坡以及沟岸坍塌，其余为沟底再搬运形成的松散物质。六条沟谷中都有大面积耕地，占沟谷总面积的 51%，义子沟、接哈沟、扎龙沟上游农田已经退耕，牌嘴堡北沟（牌嘴沟）和接哈沟上游有人工造林。六条沟沟底情况相似，可见泥石流相砂砾，碎石以及泥球，碎石粒径多在 2～10cm，最大可见 1.3m，母岩主要为砂岩、砂质板岩、灰岩、灰质板岩。六条泥石流沟的补给段长度占各自沟道总长度的 61.8%～69.2%。接哈沟堆积扇挤压耳阳河河道，使耳阳河出现一处牛轭状河曲（图 9.3）。从野外现场看，耳阳河流域内广泛分布从坡面侵蚀到小型冲沟，再到中型冲沟，最后形成深切冲沟发育各阶段的沟谷，显示出冲沟的演化过程和规律。

表 9.1　泥石流沟特征参数

泥石流沟名称	流域面积/km^2	主沟长度/km	纵坡降/‰	相对高差/m
拉龙沟	1.47	1.31	205.9	350
扎龙沟	1.36	1.66	217.4	400
义子沟	2.12	2.48	189.7	550
接哈沟	2.47	1.67	250	650
拉路沟	0.90	1.19	316.9	450
牌嘴沟	0.54	1.31	246	400

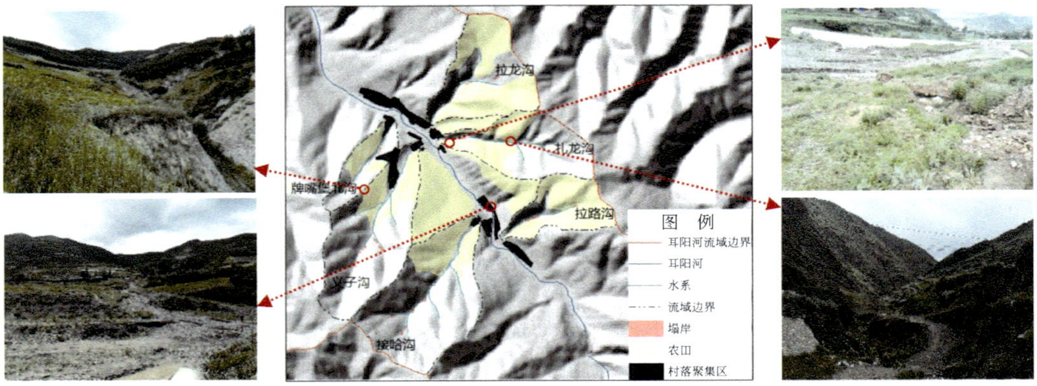

图 9.3　本研究选取的六条泥石流平面分布图

2012 年“5 • 10”特大暴洪泥石流发生之后，在牌嘴沟中修建了 10 道拦挡坝。2019 年 9 月现场调查发现，前六道拦挡坝已被泥石流堆积物、两侧崩滑堆积物淤满、掩埋，后四道拦挡坝仍具有拦挡作用。在扎龙沟沟口修建了约 400m 长的排导渠，宽 10～15m，深 3m。

9.2　耳阳河泥石流危险性评价

泥石流一般是由于强降雨诱发，在地形陡峭、岩性松散的沟谷或者斜坡上形成的特殊洪流，表现为固体、液体、气体三相混合流体，一般具有历时短、强度高、破坏性大的特点（李鸿琏和曾思伟，1982）。山区泥石流灾害防控越来越受到重视，而泥石流危险性评价是泥石流灾害防控的关键环节。泥石流危险性评价方法诸多，传统泥石流危险性评价方法主要有层次分析法、模糊综合评价、逻辑回归模型、物源可拓模型等，其中层次分析法确定指标权重具有很大的主观性，其他评价模型在泥石流危险性区划中以流域为基本单元，无法确定流域中精确地点的危险程度，无法对泥石流的运动进行精确刻画，而数值方法评价的重点在于对泥石流流动过程的刻画，识别流动速度、堆积厚度的空间分布和随时间的变化，非常适合小流域中人口聚集区泥石流的危险性评价（杨涛等，2018）。宋兵等（2018）运用 RAMMS 模型模拟了白沙沟泥石流运动特征；Hungr 使用 DAN3D 模型对泥石流的流动过程进行了模拟；Christopher 使用 Laharz 模型对圣卡塔利纳山脉七条泥石流的运动距离和堆积范围进行了模拟，并与实情相验证；Alexander 将二维动态泥石流模型 Massflow 模型运用于汶川地震震中地区流域尺度的灾害图编制；林志远采用二维洪水与土石流数值模拟软件 FLO-2D 对台风诱发松河地区泥石流进行了分析；常鸣运用 FLO-2D 在对都江堰八一沟泥石流进行了多种降雨频率条件下的危险性评价（常鸣，2014；常鸣等，2019）。上述数值分析方法在泥石流过程模拟方面均取得了较好的效果，尤其是 FLO-2D 模型在泥石流危险性模拟方面的潜力巨大（丛凯等，2019）。

泥石流灾害的致灾因子主要为强降雨，在相对脆弱的自然环境条件下，短时强降雨极易引发群发性泥石流。2012 年 5 月 10 日，甘肃岷县近 1h 大范围冰雹及强降雨诱发耳阳河流域发生特大型泥石流，冲击沟口及河道两侧村落、公路、输电设备，造成 18 人死亡，直接损失 4800 余万元。经过与岷县多个气象站点历史降水记录相对比确定，这次 1h 降水量约为 100 年一遇暴雨。

耳阳河流域泥石流沟众多，主沟平均纵坡降为 235‰，主沟和支沟塌岸严重。本区大量种植黄芪、党参等经济作物和玉米、胡豆等粮食作物，每年 5～6 月为农耕时节，农业生产后土壤松散，抗侵蚀能力差，一旦出现强降雨，容易发生群发性泥石流灾害，部分沟段易于发生堵溃型沟谷泥石流。泥石流的威胁巨大，识别危险地段、预测致灾过程至关重要。因此，本研究选用 FLO-2D 模型，选取耳阳河流域六条具有代表性的支沟，模拟了 2012 年 5 月 10 日实际降雨（1%降雨概率）情况下的泥石流过程，并与地质灾害现场调查成果相对比，来验证模拟的可靠性（曹鹏等，2021）。进而，运用相同的评价模型，模拟上述泥石流在 2%和 0.2%降雨频率条件下的堆积范围、深度、流速，并进行了泥石流危险性分析，为泥石流灾害防治提供依据。

FLO-2D 模型由 O'Brien 提出，采用有限差分，计算出垂向深度和流动速度，合理预测泥石流流动和堆积范围，可用于泥石流、洪水、溃坝、城市淹没等过程的模拟，并可用于灾害危险性评价。

FLO-2D 软件在模拟泥石流运动过程中，将地形分为若干个等大的网格，在每一个网格中，其曼宁系数和高程值都是唯一的，通过运动方程以及连续方程，可以计算出每个网格中流体深度、流体流量，进而得知流体的运动范围，通过动量方程计算出相邻网格间流体的速度变化。FLO-2D 模型方程如下：

$$\frac{\partial h}{\partial t}+\frac{\partial(uh)}{\partial x}+\frac{\partial(vh)}{\partial y}=I$$

式中，t 为泥石流运动时间，s；h 为流体深度，m；I 为有效降雨强度，mm/h；u 为 X 轴方向流速，m/s；v 为 Y 方向流速，m/s。

连续方程控制了泥石流运动时每个网格内质量守恒。

$$S_{fx}=S_{ox}-\frac{\partial h}{\partial x}-\frac{\partial u}{g\partial t}-u\frac{\partial u}{g\partial x}-v\frac{\partial y}{g\partial x}$$

$$S_{fy}=S_{oy}-\frac{\partial h}{\partial y}-\frac{\partial v}{g\partial t}-u\frac{\partial v}{g\partial x}-v\frac{\partial v}{g\partial y}$$

式中，g 为重力加速度，m/s^2；S_{fx}、S_{fy} 分别为 X 方向和 Y 方向摩擦坡降；S_{ox}、S_{oy} 分别为 X 方向和 Y 方向床底坡降。X、Y 方向的运动方程保持了运动平衡。

$$S_f=S_y+S_v+S_{td}=\frac{\tau_c}{h\gamma_m}+\frac{K\eta u}{8h^2\gamma_m}+\frac{n_{td}^2u^2}{h^{4/3}}$$

式中，S_f 为摩擦坡降；S_y 为屈服坡降；S_v 为黏性坡降；S_{td} 为分散坡降；τ_c 为屈服应力；η 为黏滞系数；K 为层流阻滞系数；γ_m 为泥石流容重，kN/m^3；n_{td} 为等效曼宁系数。

流变方程考虑了泥石流运动时颗粒之间的碰撞对泥石流流动阻力的影响。

9.2.1　数据处理与导入

9.2.1.1　地形数据处理

地形数据来自 1∶50000 数字高程模型。将高程数据转化为 ASCII 格式，导入 FLO-2D，将之剖分为 10m×10m 的评价单元，通过插值计算，确定每个评价单元的高程，完成地形数据处理。

用 ArcGIS 将研究区流域边界、出水点、拦挡坝等主要地形要素矢量化，导入 FLO-2D。

9.2.1.2　泥石流参数

根据现场调查，利用工程地质类比法，判断出研究区泥石流为黏性泥石流，泥石流堆积物的平均重度为 2.5g/cm^3。郭富赟等（2014）对耳阳河流域泥石流流体重度进行了测算，为 17.0～17.6kN/m^3，本书采用此泥石流流体重度测算结果，并结合堆积物平均重度，计算出泥石流泥沙体积浓度为 46.67%～50.67%，取中间值 48.67%。

高浓度泥石流在屈服应力的作用下出现层流特征，层流之间的摩擦作用即可用层流阻滞系数（K）表示，本书参考前人研究实例，用工程地质类比法，K 取值定为 2250。

黏滞系数（η）和屈服应力（τ_c）的大小主要取决于泥沙体积浓度，关系式如下：

$$\eta = \alpha_1 \mathrm{e}^{\beta_1 c_\mathrm{v}}$$

$$\tau_\mathrm{c} = \alpha_2 \mathrm{e}^{\beta_2 c_\mathrm{v}}$$

式中，α_1、α_2、β_1、β_2 为实验系数；c_v 为体积浓度。

根据泥石流堆积物、流体的容重和物质组成，判断研究区泥石流为黏性，且为中阻性，泥沙比（R_ns）为 0.75。根据王裕宜等（2003）统一的泥沙比-体积浓度-流变参数关系式：

$$n_\mathrm{c} = 0.033 R_\mathrm{ns}^{-0.51} \exp\left(0.34 R_\mathrm{ns}^{0.17}\right) \ln H_\mathrm{c}$$

$$R_\mathrm{ns} = 2.25 \times 10^{-6} \tau_\mathrm{c}^{-3.36} \exp\left(9.37 \times 10^{-6} \tau_\mathrm{c}^{3.87} \times c_\mathrm{v}\right)$$

$$R_\mathrm{ns} = 4.59 \times 10^{-9} \eta^{-2.2} \exp\left(8.9 \times 10^{-11} \eta^{7.99} \times c_\mathrm{v}\right)$$

式中，n_c 为曼宁系数；H_c 为泥深石流堆积深度，m。

求解可得到拉龙沟、扎龙沟、拉路沟、接哈沟、义子沟、牌嘴沟曼宁系数分别为 0.0193、0.0224、0.0045、0、0 和 0.0224，α_1、α_2、β_1、β_2 分别为 0.00016、0.0023、17.41 和 18.28。

9.2.2　“5 · 10”泥石流数值模拟

根据野外调查和访问得知，耳阳河流域泥石流于 2012 年 5 月 10 日 17 时 50 分许开始暴发，18 时左右达到洪峰，21 时逐步回落，泥石流过程历时约 3h。降雨量数据选用岷县麻子川自动站降雨观测数据（图 9.4）。流量过程曲线计算选用《四川省中小流域暴雨洪水计算手册》（1984 版）中川西地区水文模型，本次研究区位于甘肃省南部，与川西地区距离较小，地质、地貌、气候均有相似性，此计算手册中的参数在本区降雨-径流分析中具有良好的适用性。运用推理公式法概化各泥石流沟清水流流量过程曲线，并乘以放大系数 BF［BF=1/(1−c_v)=2.10］，得到泥石流流量过程曲线（图 9.5）。

从数值模拟结果可以看出，各泥石流沟于暴发 15～30min 后达到洪峰，约 3h 后流量逐步回落；这与现场调查和访问了解到的“5 · 10”当时的情况基本相符。模拟结果显示，泥石流流体在流通区运动速度较快，最大速度可达 7m/s；在沟口附近速度迅速下降，大部分泥石流汇入湍急的耳阳河，部分区域堆积深度较大，堵塞河道（图 9.6）。

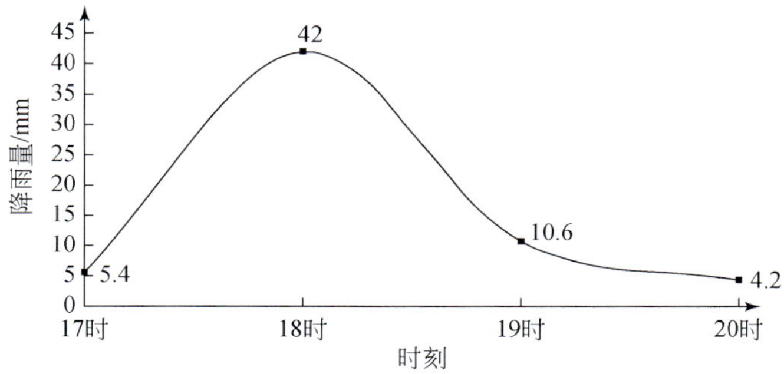

图 9.4　岷县麻子川自动站降雨量曲线图（2012 年 5 月 10 日）

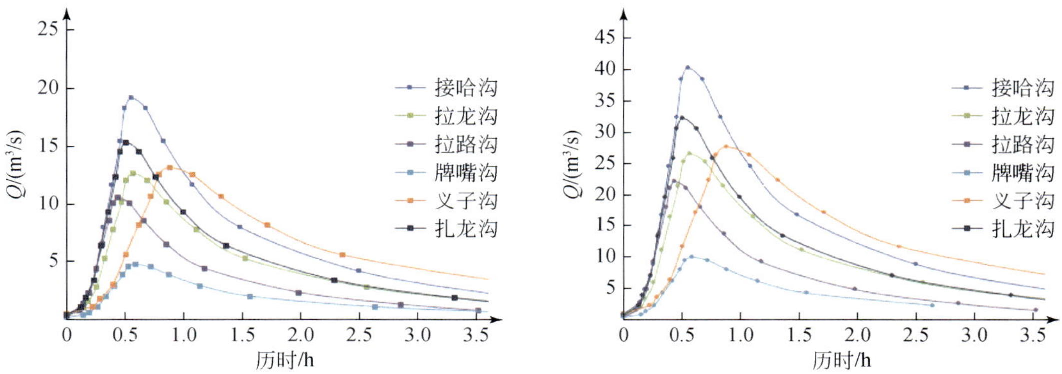

图 9.5　清水流量过程曲线（左）和泥石流流量过程曲线（右）

图 9.6　“5 • 10”泥石流深度（左）和流速（右）

通过 FLO-2D 模拟，得到了六条泥石流沟的堆积扇面积和泥石流堆积平均厚度。通过实地调查测量得到的面积和平均厚度（表 9.2），并将模拟结果和实际面积进行了对比。可以看出，除拉龙沟和拉路沟外，其他各沟堆积扇面积误差率在-6.2%～28.5%、堆积扇均厚误差率在-7.5%～23.3%。模拟堆积厚度大部分低于实际厚度，主要原因是自“5 • 10”泥石流暴发后，每年有少量松散物质冲出沟口，堆积扇厚度逐年加大，实测的厚度比“5 •10”泥石流实际堆积厚度大。拉龙沟与拉路沟堆积面积误差率分别达到 189.8%和 2827.5%，模拟堆积扇面积远远大于实际面积，主要原因为村民在沟口附近建房、开垦土地，对泥石流堆积扇进行了人为改造。

表 9.2　模拟结果与调查结果对比表

沟名	堆积扇面积			堆积扇平均厚度		
	调查值/m^2	模拟值/m^2	误差率/%	调查值/m	模拟值/m	误差率/%
拉龙沟	3968	11500	189.8	1.50	1.12	−25.3
扎龙沟	9826	11600	18.1	1.60	1.31	−18.1
拉路沟	731	21400	2827.5	1.10	0.31	−71.8
牌嘴沟	9218	10500	13.9	0.58	0.57	−1.7
义子沟	15956	20500	28.5	0.60	0.74	23.3
接哈沟	21971	20600	−6.2	1.60	1.48	−7.5

9.2.3　“5 · 10”泥石流危险性评价

当前泥石流危险性分级指标主要有流速-堆积深度、冲击力-堆积厚度、频率-强度等，耳阳河流域泥石流的危害性主要在于泥石流携带的固体物质淤埋农田和房屋，以及中高速黏性洪流对沿岸的冲击和侵蚀，因此，本次选取流速、堆积深度等指标进行危险性分级，采用如表 9.3 所示的逻辑关系，确定泥石流危险性的空间分布。

表 9.3　泥石流危险性分区指标

危险性	堆积深度/m	逻辑关系	堆积深度与流速乘积
高	$H\geqslant 1.5$	OR	$VH\geqslant 1.5$
中	$0.5<H<1.5$	AND	$0.5<VH<1.5$
低	$0.01\leqslant H\leqslant 0.5$	AND	$0.1\leqslant VH\leqslant 0.5$

危险性评价结果如表 9.4 和图 9.7 所示。“5 • 10”泥石流总危险区面积为 57900m^2，占总流通区面积的 60.2%，其中高危险区面积占总危险区面积比例较高的是接哈沟和扎龙沟，分别为 34.23%和 38.60%。

由于“5 • 10”泥石流过后重新规划了房屋建筑，目前耳阳河沿岸的大部分建筑在 1%降雨频率条件下较为安全，但仍有扎龙沟、接哈沟沟口和义子沟沿岸的部分房屋建筑易于受到泥石流威胁，共涉及约 21 处房屋。

表 9.4　泥石流危险性分区统计表　（单位：%）

沟名	占总危险面积比例		
	高危险	中危险	低危险
拉龙沟	13.89	70.83	15.28
扎龙沟	38.60	35.09	26.32
拉路沟	16.36	54.55	29.09
牌嘴沟	2.20	71.43	26.37
义子沟	15.03	58.55	26.42
接哈沟	34.23	47.75	18.02

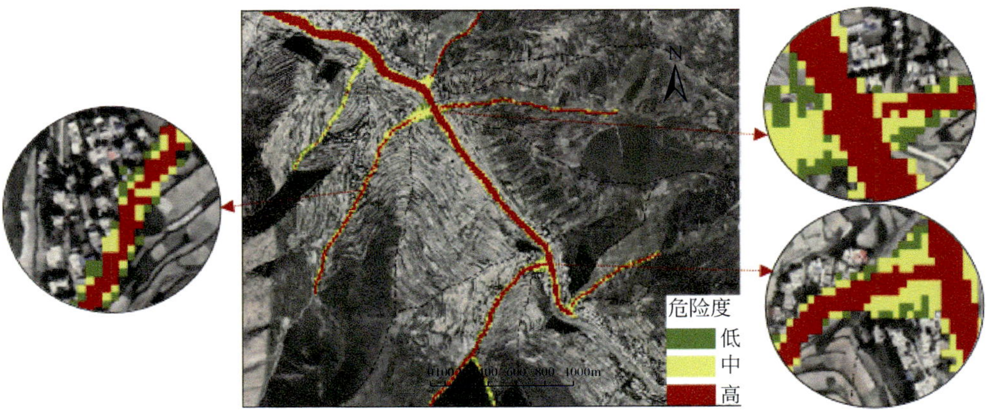

图 9.7　“5・10”泥石流危险性分区图

9.2.4　不同降雨频率条件数值模拟和危险性评价

通过对“5・10”过程进行模拟，并与实际情况进行对比，验证了模型和参数的可靠性，FLO-2D 技术能够较好地重现泥石流过程，模拟出泥石流流速、堆积深度的时空分布。使用同样的参数及方法，对 P=2%及 P=0.2%降雨频率条件下泥石流情况进行了模拟，并开展了上述两个工况的泥石流危险性评价（侯圣山等，2021；Hou et al.，2021）。P=2%及 P=0.2%降雨参数取值（表 9.5），模拟得到的流量过程曲线。

表 9.5　不同频率的降雨参数　（单位：mm）

暴雨历时	降雨参数		
	设计频率为 2%	设计频率为 1%	设计频率为 0.2%
1h	33.2	42.0	49.3
6h	48.2	52.9	64.4

通过模拟，得到了 P=2%及 P=0.2%降雨频率的泥石流流量曲线（图 9.8）和泥石流危

险性分区图（图 9.9，表 9.6）。

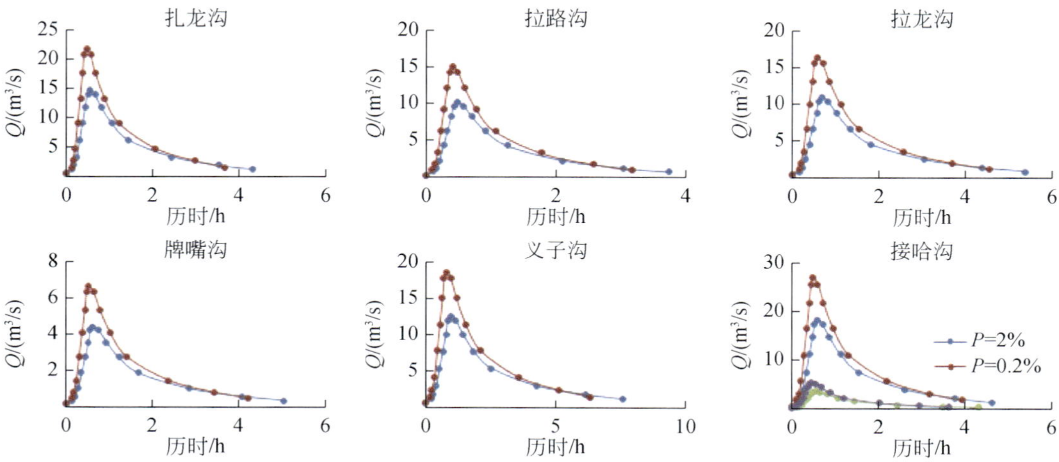

图 9.8　不同降雨频率条件下泥石流流量过程曲线

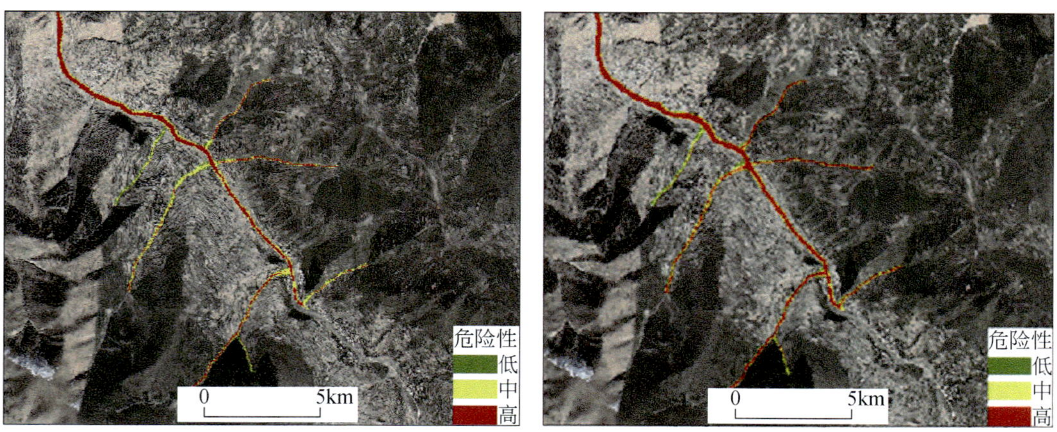

(a) P=2%　　(b) P=0.2%

图 9.9　泥石流危险性分区图

表 9.6　不同降雨频率条件下泥石流堆积区危险性分区统计表

降雨频率	沟名	高危险区面积/m^2	高区危险面积占比/%	中危险区面积/m^2	中区危险面积占比/%	低危险区面积/m^2	低区危险面积占比/%
2%	拉龙沟	100	1.64	3400	55.74	2600	42.62
	扎龙沟	600	13. 95	2300	53.49	1400	32.56
	拉路沟	0	0	2400	58.54	1700	41.46
	牌嘴沟	0	0	1500	27.78	3900	72.22
	义子沟	0	0	4800	50.53	4700	49.47
	接哈沟	600	7.06	5300	62.35	2600	30.59

续表

降雨频率	沟名	高危险区面积/m²	高区危险面积占比/%	中危险区面积/m²	中区危险面积占比/%	低危险区面积/m²	低区危险面积占比/%
0.2%	拉龙沟	2000	23.26	5800	67.44	800	9.30
	扎龙沟	2400	35.82	3200	47.76	1100	16.42
	拉路沟	1100	18.64	3600	61.02	1200	20.34
	牌嘴沟	0	0	4800	57.83	3500	42.17
	义子沟	2500	12.82	13100	67.18	3900	20.00
	接哈沟	4000	34.78	5700	49.57	1800	15.65

模拟结果显示：在 2%降雨频率条件下，泥石流总危险面积为 37900m²，牌嘴沟、拉路沟、义子沟无高危险区，加之牌嘴沟已修建道拦挡坝，危险性不高。低危险区占总危险区的 72.2%。扎龙沟高危险区占比最高，为 13.95%，主要分布于沟口，距离左岸居民建筑最近约 30m，威胁较小。但义子沟沿岸仍有 4 户居民处于中危险区内，接哈沟沟口仍有 5 户居民处于中危险区内。

在 0.2%降雨频率条件下，泥石流危险区总面积为 60500m²，与百年一遇条件下相比，危险区总面积仅增加了 4.5%（2600m²）；但中-高危险区面积占比增大，其中接哈沟堆积区高危险面积约为 4000m²，占总面积的 34.78%；其次为义子沟和扎龙沟，高危险区面积分别为 3100m² 和 2500m²，占比分别为 12.82%和 35.82%。考虑到“5·10”后，在牌嘴沟已增设拦挡坝，牌嘴沟堆积区无高危险区。除拉路沟外，其他各沟沟口和沟道附近居民均受到威胁，共约 38 户，其中中-高危险区居民总户数约 22 户。

9.3　承灾体调查与易损性分析

9.3.1　易损性评价研究思路

泥石流风险评估的目的是为了辨识危害、降低风险损失。对泥石流灾害风险评估而言，它主要包括风险辨识（主要针对泥石流现象本身）、风险估算（主要包括承灾体调查及各承灾体的易损性分析）和风险评价三个环节（图 9.10）。

易损性是泥石流风险研究的一个重要组成部分，也是近年来泥石流风险研究的热点。关于易损性的定义，目前尚未取得完全统一的认识。Maskery 将易损性定义为由于极端事件导致损失的可能性；Tobin 和 Montz 定义易损性为潜在的损失；Deyle 等认为易损性指人类居住地对自然灾害影响的敏感性；Panizza 将易损性定义为在给定地区存在的所有人和物由于自然灾害而趋于损失的总价值；联合国将易损性定义为潜在损失现象可能造成的损失程度；刘希林等结合联合国的定义和 Panizza 的解释，将易损性定义为在给定地区和给定时段内，由于潜在自然灾害而可能导致的潜在总损失。

Birkmann 等用灾害造成的损失量或破坏量来度量一个社会或成员在面临灾害风险时的脆弱性。Fuchs 等通过计算货币损失和重建价值之间的比率来确定承灾体脆弱程度，并把承灾体区分为人的生命价值和财产价值分别进行评估。Pandey 等选用农民或从事农业劳工的数量、0～6 岁儿童的数量、人口密度、性别比、受教育状况等社会因子采用 GIS 叠加的方法来计算承灾体的脆弱性。

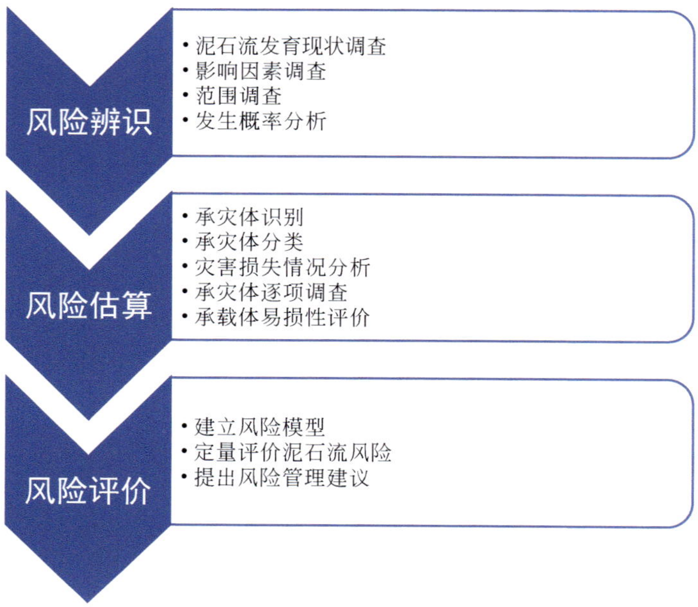

图 9.10　泥石流风险评价研究流程

9.3.2　耳阳河泥石流典型地段承灾体调查方案

耳阳河承灾体调查设计了专用表格（表 9.7、表 9.8），重点调查三个方面的内容：①威胁对象的自然属性，如人口数量、财产多少、行政归属关系等；②威胁对象的易损性，分门别类调查承灾体在受泥石流冲击的情况下的损失概率，如人口调查年龄性别受教育程度健康状况等、房屋调查房屋结构类型建造时间等、道路电力水利等基础设施调查结构和强度等；③威胁对象的空间分布，详细记录承灾体的地理坐标、海拔和泥石流沟之间的水平距离和垂直距离，附近是否有排导槽、防洪堤等设施，历史上受泥石流影响的历史等。

9.3.3　耳阳河流域接哈沟泥石流承灾体调查与易损性评价

选择接哈沟沟口作为研究对象，开展了承灾体调查和易损性研究工作。第一步，按照地形地貌、房屋和基础设施分布、泥石流状况，确定了承灾体调查和易损性评价工作范围；第二步，在高分辨率遥感图（Google Earth 平台，18 级卫星影像）上圈定房屋和财产对象，并进行了编号；第三步，到野外现场，对遥感图上圈出来的承灾对象逐一进行实地调查，对房屋进行入户调查，填写调查表格，对基础设施在现场进行观察描述，填写相应表格；第四步，将野外调查采集的信息进行录入，进行统计、评价；第五步，研究易损性评价模型进行易损性评价。通过这些工作，就为泥石流风险评价和风险管理提供了承灾体数据条件。

表 9.7　耳阳河泥石流承灾体调查表（居民）（空白表）

<table>
<tr><td>地理坐标</td><td></td><td>门牌号（村组）</td><td></td></tr>
<tr><td>户主姓名</td><td></td><td>联系方式</td><td></td></tr>
<tr><td>常住人口</td><td></td><td>流动人口</td><td></td></tr>
<tr><td>房屋类型</td><td></td><td>建筑面积</td><td></td></tr>
<tr><td>建造时间</td><td></td><td>院落面积</td><td></td></tr>
<tr><td>房基标高</td><td></td><td>距沟距离</td><td></td></tr>
<tr><td colspan="4">以往灾情：</td></tr>
<tr><td colspan="2">房屋坐落示意图（和泥石流的关系）</td><td colspan="2">房屋平面示意图</td></tr>
<tr><td colspan="2">调查日期：</td><td colspan="2">调查人：</td></tr>
</table>

表 9.8　耳阳河泥石流承灾体调查表（基础设施）（空白表）

<table>
<tr><td>地理坐标</td><td></td><td>基础设施类型</td><td></td></tr>
<tr><td>管理部门</td><td></td><td>联系方式</td><td></td></tr>
<tr><td>基础设施结构</td><td></td><td>长度（面积）</td><td></td></tr>
<tr><td>建造时间</td><td></td><td>估计价值</td><td></td></tr>
<tr><td>设施基础标高</td><td></td><td>距沟距离</td><td></td></tr>
<tr><td colspan="4">以往灾情：</td></tr>
<tr><td colspan="2">基础设施坐落示意图（和泥石流的关系）</td><td colspan="2">基础设施平面示意图</td></tr>
<tr><td colspan="2">调查日期：</td><td colspan="2">调查人：</td></tr>
</table>

9.3.3.1　承灾体调查范围的确定

根据接哈沟泥石流的特征和承灾体分布特征，结合野外和室内工作量实际情况，选择了接哈沟沟口 480m×380m 的一个矩形区域开展泥石流承灾体的调查和风险评价（图 9.11）。

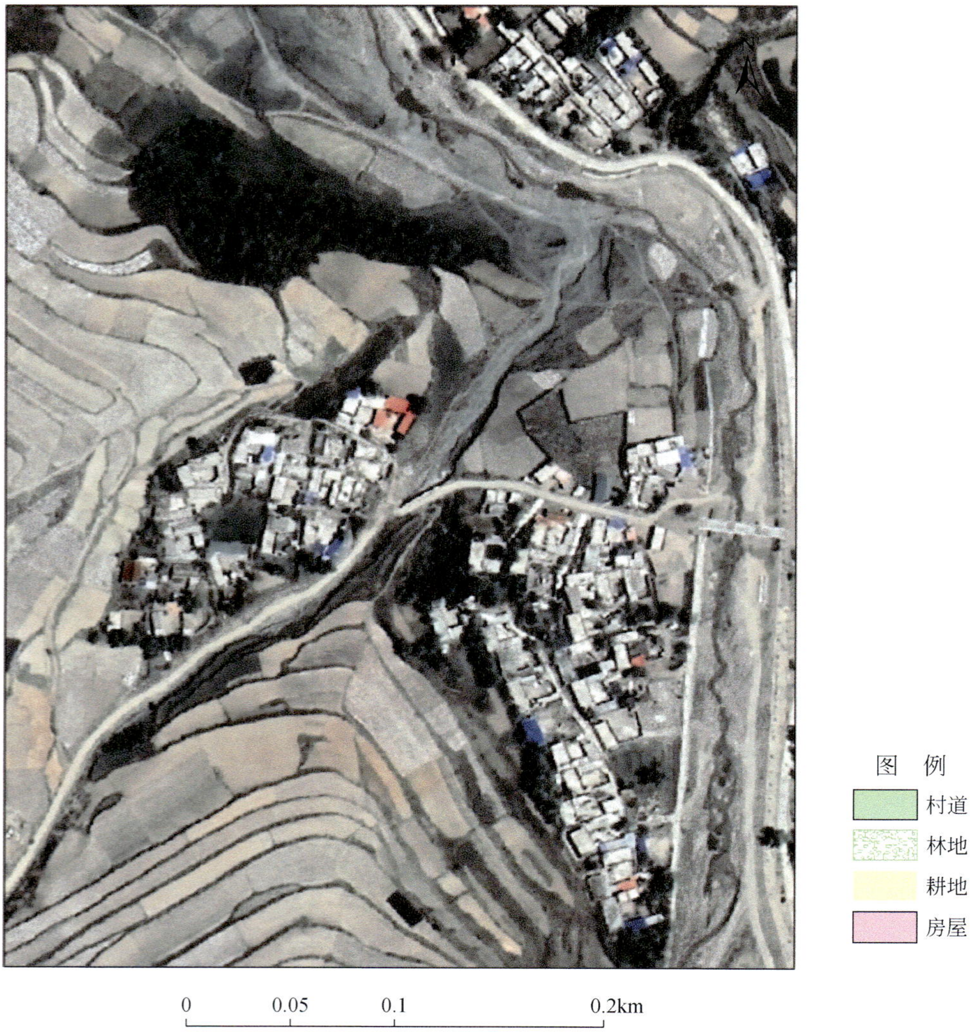

图 9.11　接哈沟沟口泥石流承灾体调查范围

9.3.3.2　数据准备和遥感识别

基于 Google Earth 平台的 18 级卫星影像开展了承灾体对象识别，识别出 137 个房屋对象、3 个耕地对象、1 个林地对象和 7 个道路对象（图 9.12）。

对承灾体对象进行编号，并按照表 9.7 和表 9.8 准备了野外调查和入户信息采集的表格。

9.3.3.3　野外调查和入户信息采集

野外调查和入户信息采集的重点是房屋。作为泥石流承灾体，房屋不单有财产属性，还是人生活居住的场所，在一定程度上能够代表人口承灾体及易损性。

图 9.12　承灾体对象的遥感识别

房屋对象的入户调查结果见表 9.9。

表 9.9　接哈沟沟口房屋承灾体信息统计表

序号	房屋结构	门牌号	建筑年份	距接哈沟中心距离/m	房基海拔/m	室内财产/万元	建筑层数/层	建筑面积/m^2	房屋价值（含室内财产）/元
0	砖混结构	居民 82 号	1991	69	2491	2.1	1	84	189000.00
1	砖混结构	居民 71 号	2000	92	2470	0.05	1	27	54500.00
2	砖混结构	居民 71 号	2000	87	2470	0.2	1	30	62000.00
3	砖混结构	居民 72 号	2000	83	2470	0.15	1	78	157500.00
4	砖混结构	居民 81 号	2016	72	2491	0.05	1	43	86500.00

续表

序号	房屋结构	门牌号	建筑年份	距接哈沟中心距离/m	房基海拔/m	室内财产/万元	建筑层数/层	建筑面积/m^2	房屋价值（含室内财产）/元
5	砖混结构	居民 79 号	2012	22	2483	0.1	1	45	91000.00
6	砖混结构	居民 81 号	2011	56	2479	0.05	1	36	72500.00
7	砖混结构	居民 72 号	2000	50	2470	5	1	12	74000.00
8	砖混结构	居民 79 号	2012	16	2483	2	1	59	138000.00
9	砖混结构	属于小卖部	2005	53	2474	4	1	93	226000.00
10	砖混结构	居民 92 号	2012	35	2479	1.5	1	49	113000.00
11	砖木结构	居民 83 号	1973	63	2479	0.5	1	33	64400.00
12	砖混结构	居民 92 号	2012	29	2473	0.3	1	34	71000.00
13	砖混结构	居民 73 号	2013	88	2470	0.05	1	21	42500.00
14	砖混结构	居民 93 号	2013	50	2479	2	1	58	136000.00
15	砖混结构	居民 91 号	2015	21	2473	2.5	1	52	129000.00
16	土石结构	储物间 91 号	2000	16	2473	0.06	1	9	2850.00
17	土石结构	储物间属于小卖部	2011	63	2473	7	1	21	75250.00
18	砖混结构	居民 85 号	2017	80	2497	5	1	85	220000.00
19	砖混结构	居民已搬走	2001	30	2477	0	1	28	56000.00
20	砖混结构	居民 85 号	2017	83	2497	0.2	1	34	70000.00
21	砖混结构	居民 69 号	2000	90	2470	1.6	1	56	128000.00
22	彩钢结构	储物间 74 号	2019	59	2470	0.2	1	42	16700.00
23	简易结构	居民 69 号	2015	96	2470	0.01	1	27	2800.00
24	砖混结构	无门牌号	2013	112	2469	0.08	1	49	98800.00
25	砖混结构	无门牌号	2012	40	2491	1.6	1	48	112000.00
26	砖混结构	居民 78 号	2012	49	2472	1.3	1	77	167000.00
27	砖混结构	居民 75 号	2000	64	2470	0.3	1	28	59000.00
28	砖混结构	居民 75 号	2000	56	2470	2	1	62	144000.00
29	简易结构	储物间 88 号	2017	44	2491	0.01	1	49	5000.00
30	砖混结构	居民 78 号	2012	50	2462	0.2	1	42	86000.00
31	砖混结构	居民 65 号	2016	99	2469	0.06	1	19	38600.00
32	砖混结构	居民 60 号	2017	93	2470	0.1	1	67	135000.00
33	土石结构	储物间 88 号	2000	38	2491	0.06	1	7	2350.00
34	彩钢结构	已搬走	2015	110	2473	0	1	72	25200.00
35	土石结构	居民 87 号已搬走	2000	47	2498	0	1	42	10500.00

续表

序号	房屋结构	门牌号	建筑年份	距接哈沟中心距离/m	房基海拔/m	室内财产/万元	建筑层数/层	建筑面积/m^2	房屋价值（含室内财产）/元
36	土石结构	居民 66 号	2017	55	2485	0.04	1	32	8400.00
37	土石结构	储物间 64 号	2000	128	2470	0.07	1	44	11700.00
38	砖混结构	无门牌号	2014	109	2472	0.05	1	56	112500.00
39	砖混结构	居民 63 号	2000	128	2470	5.9	1	58	175000.00
40	彩钢结构	储物间 63 号	2018	139	2470	0.2	1	31	12850.00
41	砖混结构	无门牌号	2015	128	2472	0.09	1	24	48900.00
42	砖混结构	居民 62 号	2015	124	2472	1.8	1	78	174000.00
43	砖混结构	居民 57 号	2014	105	2476	2.6	1	71	168000.00
44	砖混结构	无门牌号	2014	147	2472	2	1	61	142000.00
45	砖混结构	居民 55 号	2016	137	2474	5.6	2	61	300000.00
46	砖木结构	居民 60 号	1990	45	2485	3.5	1	86	189800.00
47	砖木结构	居民已搬走	2000	118	2474	0	1	113	203400.00
48	砖混结构	无门牌号	2015	106	2472	3.9	1	128	295000.00
49	砖混结构	居民 66 号	2017	92	2470	1.4	1	71	156000.00
50	砖混结构	居民 65 号	2016	106	2469	1.2	1	77	166000.00
51	砖木结构	已搬走	2000	117	2469	0	1	159	286200.00
52	砖混结构	居民 68 号	2012	100	2469	0.1	1	37	75000.00
53	砖混结构	居民 68 号	2012	114	2469	0.5	1	43	91000.00
54	砖混结构	居民 73 号	2013	85	2470	2.5	1	52	129000.00
55	砖混结构	居民 71 号	2000	97	2470	3	2	51	234000.00
56	砖混结构	居民 68 号	2000	91	2470	2.6	1	84	194000.00
57	砖木结构	居民 57 号	2014	103	2476	0.2	1	20	38000.00
58	砖混结构	居民 57 号	2014	117	2476	0.07	1	44	88700.00
59	砖混结构	居民 74 号	2013	66	2470	3.4	2	51	238000.00
60	简易结构	居民 74 号	2012	73	2470	6	1	77	67700.00
61	彩钢结构	岷县科进中药材种植农民专业合作社，80 号	2015	22	2482	13.2	1	122	174700.00
62	彩钢结构	居民 80 号	2013	23	2482	0.3	1	84	32400.00
63	砖混结构	居民 80 号	2013	43	2482	6.3	2	43	235000.00
64	砖混结构	居民 80 号	2013	36	2482	0.1	1	65	131000.00
65	砖混结构	储物间	2013	42	2482	0.05	1	69	138500.00
66	砖混结构	居民 92 号	2012	24	2473	0.1	1	33	67000.00

续表

序号	房屋结构	门牌号	建筑年份	距接哈沟中心距离/m	房基海拔/m	室内财产/万元	建筑层数/层	建筑面积/m^2	房屋价值（含室内财产）/元
67	砖混结构	居民 82 号	2013	44	2479	0.1	1	62	125000.00
68	彩钢结构	储物间 82 号	2017	63	2491	0.2	1	32	13200.00
69	砖混结构	居民 84 号	2012	95	2497	0.3	1	66	135000.00
70	砖混结构	居民 84 号	2012	92	2497	4	1	94	228000.00
71	砖混结构	居民 86 号	2000	63	2497	0.1	1	44	89000.00
72	砖木结构	无门牌号	2000	56	2498	0	1	87	156600.00
73	彩钢结构	储物间	2018	49	2498	0.25	1	32	13700.00
74	砖混结构	居民 86 号	2000	67	2497	1.5	1	68	151000.00
75	砖混结构	已搬走	2000	24	2495	0	1	77	154000.00
76	土石结构	居民已搬走	2004	48	2496	0	1	110	27500.00
77	砖木结构	无门牌号	2000	58	2498	0.06	1	25	45600.00
78	砖木结构	居民 88 号	2000	52	2491	1.5	1	132	252600.00
79	砖木结构	已搬走	2000	38	2485	0	1	27	48600.00
80	砖木结构	储物间 86 号	2000	50	2497	0.06	1	33	60000.00
81	砖混结构	无门牌号	2012	44	2476	0	1	18	36000.00
82	砖混结构	居民 78 号	2012	44	2472	0.06	1	53	106600.00
83	砖混结构	居民 84 号	2012	82	2497	0.1	1	32	65000.00
84	砖混结构	居民 90 号	2011	24	2473	1	1	195	400000.00
85	砖混结构	无门牌号	2016	81	2478	2.4	1	320	664000.00
86	砖混结构	无门牌号	2013	128	2474	1	1	67	144000.00
87	砖混结构	居民 19 号	2012	99	2472	1	1	77	164000.00
88	简易结构	居民 69 号	2000	92	2470	0.05	1	27	3200.00
89	砖混结构	无门牌号	2013	92	2470	4	1	62	164000.00
90	砖混结构	无门牌号	2013	73	2471	4.5	1	79	203000.00
91	砖混结构	无门牌号	2012	63	2471	2	1	79	178000.00
92	简易结构	储物间 92 号	2010	33	2479	0.05	1	9	1400.00
93	砖混结构	无门牌号	2012	66	2472	3	1	84	198000.00
94	砖混结构	无门牌号	2012	73	2472	2	1	75	170000.00
95	彩钢结构	岷县聚众合种养殖农民专业合作社	2018	72	2471	6	1	64	82400.00
96	砖混结构	无门牌号	2013	60	2479	0.1	1	38	77000.00

续表

序号	房屋结构	门牌号	建筑年份	距接哈沟中心距离/m	房基海拔/m	室内财产/万元	建筑层数/层	建筑面积/m^2	房屋价值（含室内财产）/元
97	砖混结构	无门牌号	2012	98	2479	0.1	1	75	151000.00
98	简易结构	居民 90 号	2011	14	2473	0.02	1	70	7200.00
99	砖木结构	已搬走	2000	16	2495	0	1	62	111600.00
100	简易结构	已搬走	2012	43	2485	0	1	70	7000.00
101	砖木结构	储物间 62 号	2015	134	2472	0.08	1	44	80000.00
102	砖木结构	居民 58 号	2000	80	2476.5	0.04	1	17	31000.00
103	砖混结构	已搬走	2000	27	2495	0	1	34	68000.00
104	砖木结构	居民 59 号	2013	70	2478	2.3	1	66	141800.00
105	砖木结构	居民 81 号	1980	54	2491	2	1	40	92000.00
106	砖混结构	居民 68 号	2012	100	2469	0.05	1	10	20500.00
107	砖混结构	无门牌号	2012	107	2479	0.1	1	58	117000.00
108	彩钢结构	小卖部	2020	154	2472	3.5	1	6	37100.00
109	砖木结构	居民 59 号	2005	70	2479	0.3	1	20	39000.00
110	砖混结构	储物间 64 号	2000	115	2470.5	0.1	1	57	115000.00
111	彩钢结构	储物间	2013	111	2470	1	2	119	93300.00
112	砖木结构	居民 77 号	2013	88	2469	0.5	1	73	136400.00
113	砖混结构	居民 16 号	2012	43	2472	0.5	1	52	109000.00
114	砖木结构	居民 58 号	2000	85	2476.5	0.8	1	92	173600.00
115	砖混结构	居民 17 号	2000	57	2471	0.02	1	18	36200.00
116	砖混结构	居民 18 号	2016	57	2472	0.06	1	45	90600.00
117	土石结构	无门牌号	2012	51	2464	0.04	1	71	18150.00
118	砖混结构	居民 17 号	2016	61	2471	0.1	1	29	59000.00
119	砖混结构	居民 17 号	2000	64	2471	4.2	1	55	152000.00
120	砖木结构	居民 18 号	2000	66	2472	1.1	1	59	117200.00
121	砖混结构	无门牌号	2012	97	2479	1.1	1	31	73000.00
122	彩钢结构	无门牌号	2019	208	2475	0.1	1	14	5900.00
123	砖木结构	居民 51 号	2005	229	2475	1	1	38	78400.00
124	彩钢结构	居民 50 号	2018	228	2478	0.05	1	18	6800.00
125	砖混结构	居民 54 号	2013	152	2474	1.2	1	78	168000.00
126	砖混结构	居民 54 号	2015	156	2474	0.15	1	37	75500.00
127	砖混结构	居民 53 号	2014	166	2475	0.8	1	71	150000.00

续表

序号	房屋结构	门牌号	建筑年份	距接哈沟中心距离/m	房基海拔/m	室内财产/万元	建筑层数/层	建筑面积/m^2	房屋价值（含室内财产）/元
128	砖混结构	无门牌号	2019	187	2474	2.5	2	41	189000.00
129	砖混结构	居民 52 号	2012	178	2474	0.2	1	61	124000.00
130	砖混结构	居民 52 号	2012	192	2475	0.05	1	78	156500.00
131	砖混结构	居民 52 号	2013	171	2475	1.2	1	80	172000.00
132	砖混结构	居民 51 号	2013	195	2475	0.08	1	64	128800.00
133	彩钢结构	储物间 51 号	2014	214	2476	0.03	1	34	12200.00
134	砖混结构	居民 50 号	2016	220	2476	0.8	2	20	88000.00
135	砖混结构	居民 50 号	2013	224	2478	2	1	127	274000.00
136	土石结构	储物间 50 号	2015	230	2478	0.01	1	33	8350.00

9.3.3.4 财产易损性评价

房屋是工作区内最重要的财产类型。房屋的易损性可以用面对泥石流灾害场景时的坚固程度来描述。坚固程度由房屋结构和建筑年代控制。对于表 9.9 中的房屋，分别用表 9.10、表 9.11 中的判别指数，计算了每个房屋对象的强度指数。进而，叠加运算得到了房屋财产相对坚固程度（易损性）指标（表 9.12）。

表 9.10 房屋结构分类及强度指数

房屋结构	结构强度归一化指数
彩钢结构	0.5
简易结构	0.4
土石结构	0.6
砖混结构	1
砖木结构	0.8

表 9.11 房屋建造年代分类及强度指数

建造年代	房屋坚固程度归一化指数
2015 年以后	1
2010～2015 年	0.8
2005～2010 年	0.6
2005 年以前	0.4

表 9.12　接哈沟泥石流房屋承灾体调查评价汇总表

序号	房屋结构	建筑年份	距接哈沟中心距离/m	房基海拔/m	室内财产/万元	建筑层数/层	建筑面积/m^2	房屋价值（含室内财产）/元	房屋相对坚固程度（易损性）
1	彩钢结构	2015	110	2473	0	1	72	25200	0.5
2	砖木结构	2000	117	2469	0	1	159	286200	0.32
3	砖混结构	2000	24	2495	0	1	77	154000	0.4
4	砖木结构	2000	38	2485	0	1	27	48600	0.32
5	砖木结构	2000	16	2495	0	1	62	111600	0.32
6	简易结构	2012	43	2485	0	1	70	7000	0.32
7	砖混结构	2000	27	2495	0	1	34	68000	0.4
8	彩钢结构	2020	154	2472	3.5	1	6	37100	0.5
9	砖混结构	2005	53	2474	4	1	93	226000	0.6
10	彩钢结构	2015	22	2482	13.2	1	122	174700	0.5
11	彩钢结构	2018	72	2471	6	1	64	82400	0.5
12	砖混结构	2001	30	2477	0	1	28	56000	0.4
13	砖木结构	2000	118	2474	0	1	113	203400	0.32
14	土石结构	2004	48	2496	0	1	110	27500	0.24
15	砖混结构	2013	50	2479	2	1	58	136000	0.8
16	砖混结构	2012	35	2479	1.5	1	49	113000	0.8
17	砖混结构	2012	29	2473	0.3	1	34	71000	0.8
18	砖混结构	2012	24	2473	0.1	1	33	67000	0.8
19	砖混结构	2015	21	2473	2.5	1	52	129000	1
20	砖混结构	2011	24	2473	1	1	195	400000	0.8
21	简易结构	2011	14	2473	0.02	1	70	7200	0.32
22	砖木结构	2000	52	2491	1.5	1	132	252600	0.32
23	土石结构	2000	47	2498	0	1	42	10500	0.24
24	砖混结构	2000	63	2497	0.1	1	44	89000	0.4
25	砖混结构	2000	67	2497	1.5	1	68	151000	0.4
26	砖混结构	2017	80	2497	5	1	85	220000	1
27	砖混结构	2017	83	2497	0.2	1	34	70000	1
28	砖混结构	2012	95	2497	0.3	1	66	135000	0.8
29	砖混结构	2012	92	2497	4	1	94	228000	0.8
30	砖混结构	2012	82	2497	0.1	1	32	65000	0.8
31	砖木结构	1973	63	2479	0.5	1	33	64400	0.32
32	砖混结构	1991	69	2491	2.1	1	84	189000	0.4

续表

序号	房屋结构	建筑年份	距接哈沟中心距离/m	房基海拔/m	室内财产/万元	建筑层数/层	建筑面积/m^2	房屋价值（含室内财产）/元	房屋相对坚固程度（易损性）
33	砖混结构	2013	44	2479	0.1	1	62	125000	0.8
34	砖混结构	2016	72	2491	0.05	1	43	86500	1
35	砖混结构	2011	56	2479	0.05	1	36	72500	0.8
36	砖木结构	1980	54	2491	2	1	40	92000	0.32
37	彩钢结构	2013	23	2482	0.3	1	84	32400	0.4
38	砖混结构	2013	43	2482	6.3	2	43	235000	0.8
39	砖混结构	2013	36	2482	0.1	1	65	131000	0.8
40	砖混结构	2012	22	2483	0.1	1	45	91000	0.8
41	砖混结构	2012	16	2483	2	1	59	138000	0.8
42	砖混结构	2012	49	2472	1.3	1	77	167000	0.8
43	砖混结构	2012	50	2462	0.2	1	42	86000	0.8
44	砖混结构	2012	44	2472	0.06	1	53	106600	0.8
45	砖木结构	2013	88	2469	0.5	1	73	136400	0.64
46	砖混结构	2000	64	2470	0.3	1	28	59000	0.4
47	砖混结构	2000	56	2470	2	1	62	144000	0.4
48	砖混结构	2013	66	2470	3.4	2	51	238000	0.8
49	简易结构	2012	73	2470	6	1	77	67700	0.32
50	砖混结构	2013	88	2470	0.05	1	21	42500	0.8
51	砖混结构	2013	85	2470	2.5	1	52	129000	0.8
52	砖混结构	2000	83	2470	0.15	1	78	157500	0.4
53	砖混结构	2000	50	2470	5	1	12	74000	0.4
54	砖混结构	2000	92	2470	0.05	1	27	54500	0.4
55	砖混结构	2000	87	2470	0.2	1	30	62000	0.4
56	砖混结构	2000	97	2470	3	2	51	234000	0.4
57	砖混结构	2000	90	2470	1.6	1	56	128000	0.4
58	简易结构	2015	96	2470	0.01	1	27	2800	0.4
59	简易结构	2000	92	2470	0.05	1	27	3200	0.16
60	砖混结构	2012	100	2469	0.1	1	37	75000	0.8
61	砖混结构	2012	114	2469	0.5	1	43	91000	0.8
62	砖混结构	2000	91	2470	2.6	1	84	194000	0.4
63	砖混结构	2012	100	2469	0.05	1	10	20500	0.8

续表

序号	房屋结构	建筑年份	距接哈沟中心距离/m	房基海拔/m	室内财产/万元	建筑层数/层	建筑面积/m^2	房屋价值（含室内财产）/元	房屋相对坚固程度（易损性）
64	土石结构	2017	55	2485	0.04	1	32	8400	0.6
65	砖混结构	2017	92	2470	1.4	1	71	156000	1
66	砖混结构	2016	99	2469	0.06	1	19	38600	1
67	砖混结构	2016	106	2469	1.2	1	77	166000	1
68	砖混结构	2000	128	2470	5.9	1	58	175000	0.4
69	砖混结构	2015	124	2472	1.8	1	78	174000	1
70	砖混结构	2017	93	2470	0.1	1	67	135000	1
71	砖木结构	1990	45	2485	3.5	1	86	189800	0.32
72	砖木结构	2013	70	2478	2.3	1	66	141800	0.64
73	砖木结构	2005	70	2479	0.3	1	20	39000	0.48
74	砖木结构	2000	80	2476.5	0.04	1	17	31000	0.32
75	砖木结构	2000	85	2476.5	0.8	1	92	173600	0.32
76	砖混结构	2014	105	2476	2.6	1	71	168000	0.8
77	砖木结构	2014	103	2476	0.2	1	20	38000	0.64
78	砖混结构	2014	117	2476	0.07	1	44	88700	0.8
79	砖混结构	2016	137	2474	5.6	2	61	300000	1
80	砖混结构	2013	152	2474	1.2	1	78	168000	0.8
81	砖混结构	2015	156	2474	0.15	1	37	75500	1
82	砖混结构	2014	166	2475	0.8	1	71	150000	0.8
83	砖混结构	2012	178	2474	0.2	1	61	124000	0.8
84	砖混结构	2012	192	2475	0.05	1	78	156500	0.8
85	砖混结构	2013	171	2475	1.2	1	80	172000	0.8
86	砖木结构	2005	229	2475	1	1	38	78400	0.48
87	砖混结构	2013	195	2475	0.08	1	64	128800	0.8
88	彩钢结构	2018	228	2478	0.05	1	18	6800	0.5
89	砖混结构	2016	220	2476	0.8	2	20	88000	1
90	砖混结构	2013	224	2478	2	1	127	274000	0.8
91	砖混结构	2012	99	2472	1	1	77	164000	0.8
92	砖混结构	2016	57	2472	0.06	1	45	90600	1
93	砖木结构	2000	66	2472	1.1	1	59	117200	0.32
94	砖混结构	2000	57	2471	0.02	1	18	36200	0.4

续表

序号	房屋结构	建筑年份	距接哈沟中心距离/m	房基海拔/m	室内财产/万元	建筑层数/层	建筑面积/m^2	房屋价值（含室内财产）/元	房屋相对坚固程度（易损性）
95	砖混结构	2016	61	2471	0.1	1	29	59000	1
96	砖混结构	2000	64	2471	4.2	1	55	152000	0.4
97	砖混结构	2012	43	2472	0.5	1	52	109000	0.8
98	砖混结构	2013	112	2469	0.08	1	49	98800	0.8
99	砖混结构	2012	40	2491	1.6	1	48	112000	0.8
100	砖混结构	2014	109	2472	0.05	1	56	112500	0.8
101	砖混结构	2015	128	2472	0.09	1	24	48900	1
102	砖混结构	2014	147	2472	2	1	61	142000	0.8
103	砖混结构	2015	106	2472	3.9	1	128	295000	1
104	砖木结构	2000	56	2498	0	1	87	156600	0.32
105	砖木结构	2000	58	2498	0.06	1	25	45600	0.32
106	砖混结构	2012	44	2476	0	1	18	36000	0.8
107	砖混结构	2016	81	2478	2.4	1	320	664000	1
108	砖混结构	2013	128	2474	1	1	67	144000	0.8
109	砖混结构	2013	92	2470	4	1	62	164000	0.8
110	砖混结构	2013	73	2471	4.5	1	79	203000	0.8
111	砖混结构	2012	63	2471	2	1	79	178000	0.8
112	砖混结构	2012	66	2472	3	1	84	198000	0.8
113	砖混结构	2012	73	2472	2	1	75	170000	0.8
114	砖混结构	2013	60	2479	0.1	1	38	77000	0.8
115	砖混结构	2012	98	2479	0.1	1	75	151000	0.8
116	砖混结构	2012	107	2479	0.1	1	58	117000	0.8
117	土石结构	2012	51	2464	0.04	1	71	18150	0.48
118	砖混结构	2012	97	2479	1.1	1	31	73000	0.8
119	彩钢结构	2019	208	2475	0.1	1	14	5900	0.5
120	砖混结构	2019	187	2474	2.5	2	41	189000	1
121	土石结构	2011	63	2473	7	1	21	75250	0.48
122	简易结构	2010	33	2479	0.05	1	9	1400	0.32
123	土石结构	2000	16	2473	0.06	1	9	2850	0.24
124	简易结构	2017	44	2491	0.01	1	49	5000	0.4
125	土石结构	2000	38	2491	0.06	1	7	2350	0.24
126	砖木结构	2000	50	2497	0.06	1	33	60000	0.32

续表

序号	房屋结构	建筑年份	距接哈沟中心距离/m	房基海拔/m	室内财产/万元	建筑层数/层	建筑面积/m^2	房屋价值（含室内财产）/元	房屋相对坚固程度（易损性）
127	彩钢结构	2017	63	2491	0.2	1	32	13200	0.5
128	彩钢结构	2019	59	2470	0.2	1	42	16700	0.5
129	土石结构	2000	128	2470	0.07	1	44	11700	0.24
130	砖混结构	2000	115	2470.5	0.1	1	57	115000	0.4
131	彩钢结构	2018	139	2470	0.2	1	31	12850	0.5
132	砖木结构	2015	134	2472	0.08	1	44	80000	0.8
133	彩钢结构	2014	214	2476	0.03	1	34	12200	0.4
134	土石结构	2015	230	2478	0.01	1	33	8350	0.6
135	砖混结构	2013	42	2482	0.05	1	69	138500	0.8
136	彩钢结构	2018	49	2498	0.25	1	32	13700	0.5
137	彩钢结构	2013	111	2470	1	2	119	93300	0.4

对除了房屋以外的承灾体类型，如道路、耕地、林地等，认为各要素的易损性没有差别，灾害损失仅与分布的位置有关（图 9.13～图 9.16）。

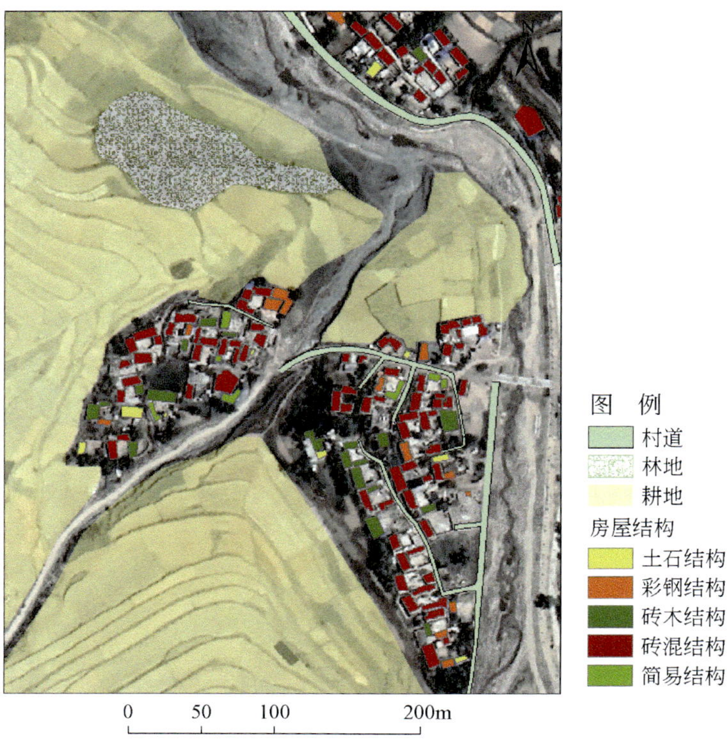

图 9.13　房屋承灾体建筑结构分布图

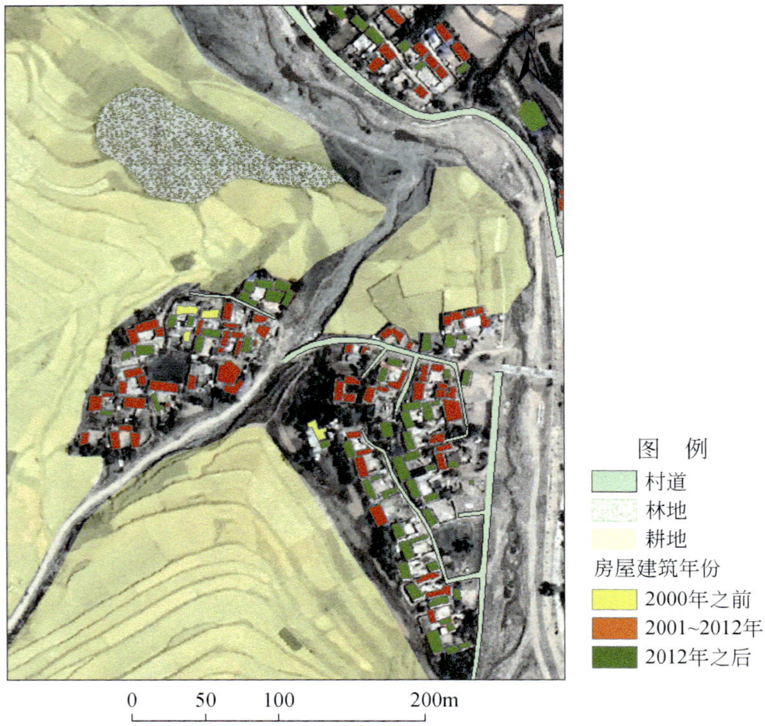

图 9.14　房屋承灾体建筑年代分布图

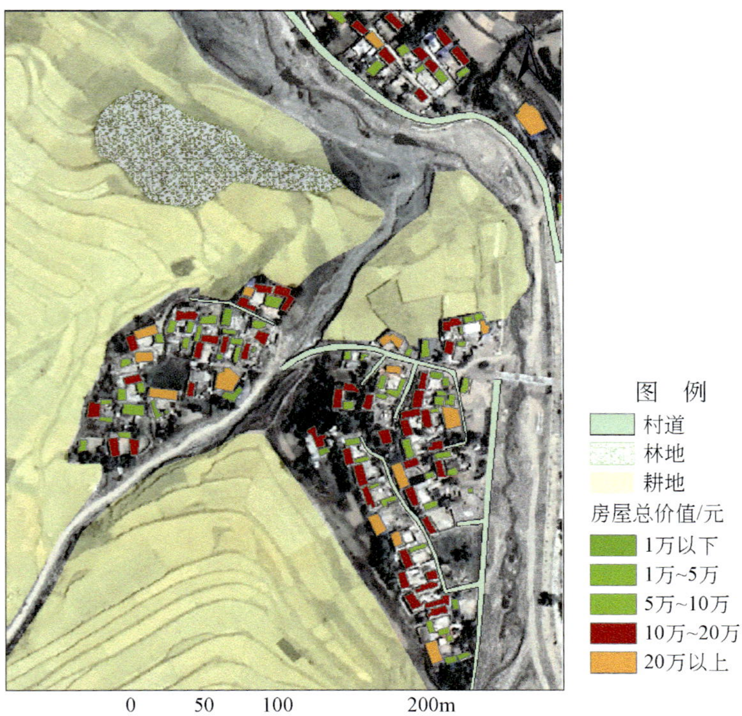

图 9.15　房屋承灾体经济价值分布图

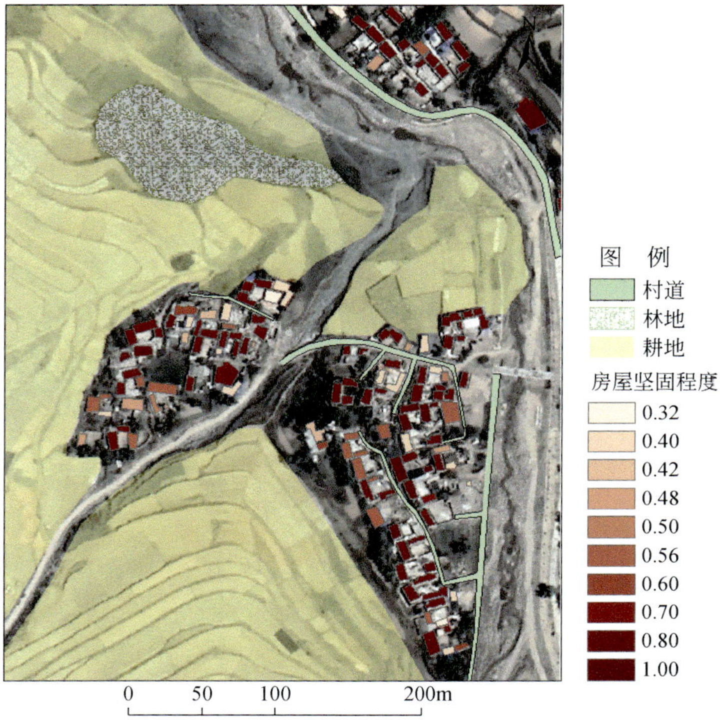

图 9.16　房屋承灾体易损性（坚固程度）评价图

各类承灾体的经济价值，考虑当地的经济情况，采用表 9.13 进行估值。

表 9.13　泥石流承灾体价值估算表

一级分类	二级分类	单价/(元/m^2)
房屋	砖混结构	2000
	砖木结构	1800
	土石结构	250
	彩钢结构	350
	简易结构	100
道路	村道	300
土地	耕地	50
	林地	60

9.3.3.5　泥石流威胁人员易损性评价

泥石流造成人员伤亡的情形，一般都伴随泥石流对房屋的冲击过程，因为房屋是人员休息、居住、生产等活动场所。在房屋的入户调查过程中，详细采集了房屋的人口数量及结构。工作区泥石流威胁人员的分布如图 9.17 所示。

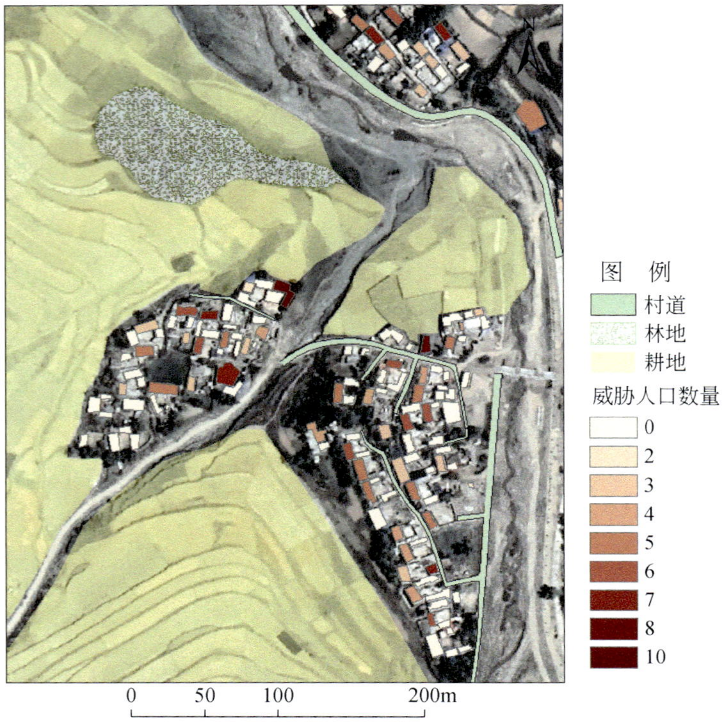

图 9.17 泥石流威胁人员分布图

泥石流灾害对人员施加的风险（人员应对灾害的能力），与人口的性别、年龄、文化程度有关，本次调查仅考虑的年龄构成，未考虑性别和受教育程度因素（表 9.14）。应对泥石流灾害的逃生能力，用以下公式对每个承灾体单元进行评价：（中青年人数+老年人数×0.7+婴幼儿人数×0.5）/总人数（表 9.15），如此即得到了泥石流威胁人员的易损性评价图（图 9.18）。

表 9.14 泥石流威胁人员的应对灾害能力表

人员类型	应对泥石流的能力
成年人	1.0
老人	0.8
儿童婴儿	0.6

表 9.15 接哈沟泥石流威胁人口应对泥石流突发情况的能力评价汇总表

序号	房屋结构	人口数量	老年人数	中青年人数	婴幼儿人数	人口应对灾害能力
8	彩钢结构	2	2	0	0	0.700
10	彩钢结构	10	0	10	0	1.000
11	彩钢结构	8	0	8	0	1.000
15	砖混结构	6	2	3	1	0.817

续表

序号	房屋结构	人口数量	老年人数	中青年人数	婴幼儿人数	人口应对灾害能力
16	砖混结构	5	1	2	2	0.740
19	砖混结构	3	2	0	1	0.633
20	砖混结构	7	3	2	2	0.729
22	砖木结构	5	1	3	1	0.840
24	砖混结构	3	0	2	1	0.833
26	砖混结构	5	2	2	1	0.780
29	砖混结构	3	2	0	1	0.633
31	砖木结构	3	1	2	0	0.900
32	砖混结构	6	0	4	2	0.833
36	砖木结构	7	2	3	2	0.771
38	砖混结构	2	2	0	0	0.700
41	砖混结构	4	2	0	2	0.600
42	砖混结构	5	2	2	1	0.780
45	砖木结构	3	1	1	1	0.733
47	砖混结构	4	2	2	0	0.850
48	砖混结构	6	2	3	1	0.817
51	砖混结构	5	2	2	1	0.780
53	砖混结构	4	1	2	1	0.800
54	砖混结构	3	2	0	1	0.633
57	砖混结构	4	0	2	2	0.750
62	砖混结构	5	2	3	0	0.880
65	砖混结构	6	2	2	2	0.733
67	砖混结构	6	2	3	1	0.817
68	砖混结构	3	2	2	1	1.300
69	砖混结构	5	2	3	0	0.880
71	砖木结构	4	0	2	2	0.750
72	砖木结构	6	2	3	1	0.817
75	砖木结构	5	0	2	3	0.700
76	砖混结构	5	2	2	1	0.780
79	砖混结构	4	1	2	1	0.800
80	砖混结构	4	1	2	1	0.800
82	砖混结构	3	0	2	1	0.833
85	砖混结构	4	1	2	1	0.800
86	砖木结构	6	2	2	2	0.733
91	砖混结构	6	2	3	1	0.817
93	砖木结构	3	2	1	0	0.800

续表

序号	房屋结构	人口数量	老年人数	中青年人数	婴幼儿人数	人口应对灾害能力
96	砖混结构	3	0	2	1	0.833
97	砖混结构	3	2	0	1	0.633
99	砖混结构	3	2	1	0	0.800
102	砖混结构	5	2	2	1	0.780
103	砖混结构	3	2	1	0	0.800
107	砖混结构	5	2	2	1	0.780
108	砖混结构	6	2	3	1	0.817
109	砖混结构	5	1	2	2	0.740
110	砖混结构	7	2	4	1	0.843
111	砖混结构	4	2	0	2	0.600
112	砖混结构	3	2	0	1	0.633
113	砖混结构	7	2	3	2	0.771
118	砖混结构	3	1	1	1	0.733
120	砖混结构	7	2	3	2	0.771

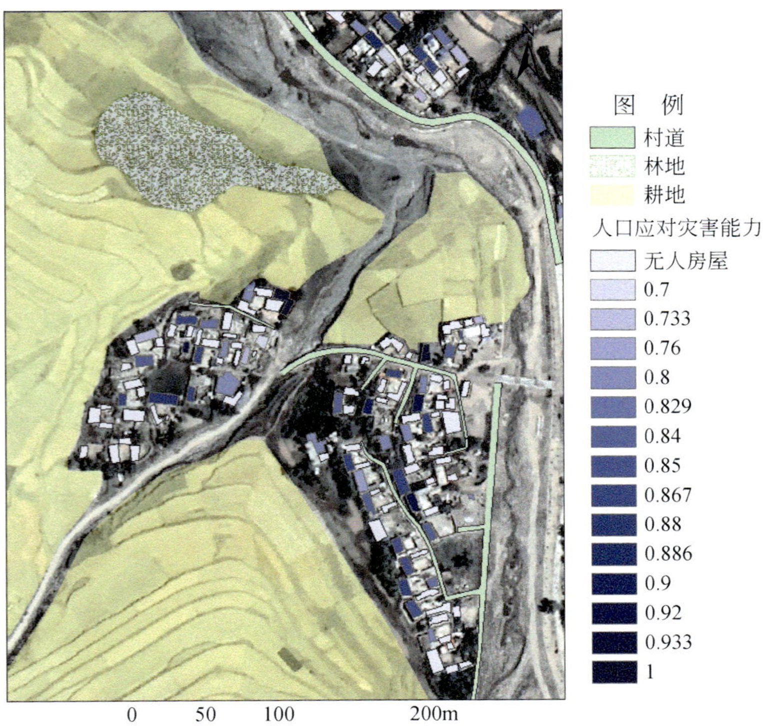

图 9.18　泥石流威胁人员易损性评价图

9.4　耳阳河泥石流风险评价

地质灾害是自然因素和社会因素的耦合体，是自然因素或者社会因素引起的危害人民生命、财产安全的各种灾害的总和。地质灾害风险评价是对风险区遭受地质灾害的可能性和后果进行定量分析与评价，以及采取相应措施来降低风险可能性的一门集自然属性和社会属性并重的交叉学科。

9.4.1　风险评价

基于耳阳河泥石流危险性评价，建立了耳阳河及其主要支流在不同降雨工况下的影响范围和危险性空间分布，并基于高分辨率卫星影像识别出潜在受泥石流严重影响的地段。在本节中，以接哈沟沟口为例，开展了泥石流承灾体调查和易损性分析，对人员、房屋、基础设施分别统计了承灾体的分布、特征及抵抗灾害冲击的能力。在上述工作的基础上，考虑泥石流暴发的可能性、冲击力相对大小，以及承灾体的数量、价值及易损性，进行泥石流风险评价。

承灾体财产风险的评价采取以下方法和步骤，如表 9.16 所示，通过对 137 处房屋的入户进行调查，得到了房屋相对坚固程度（列 C）和包含屋内物品价值的房屋总价值（列 D）（图 9.19）的数值。通过对耳阳河、接哈沟三个工况的数值进行模拟，综合考虑房屋位置、房屋海拔等因素，得到了泥石流对每个房屋对象的破坏程度分级（列 B）。

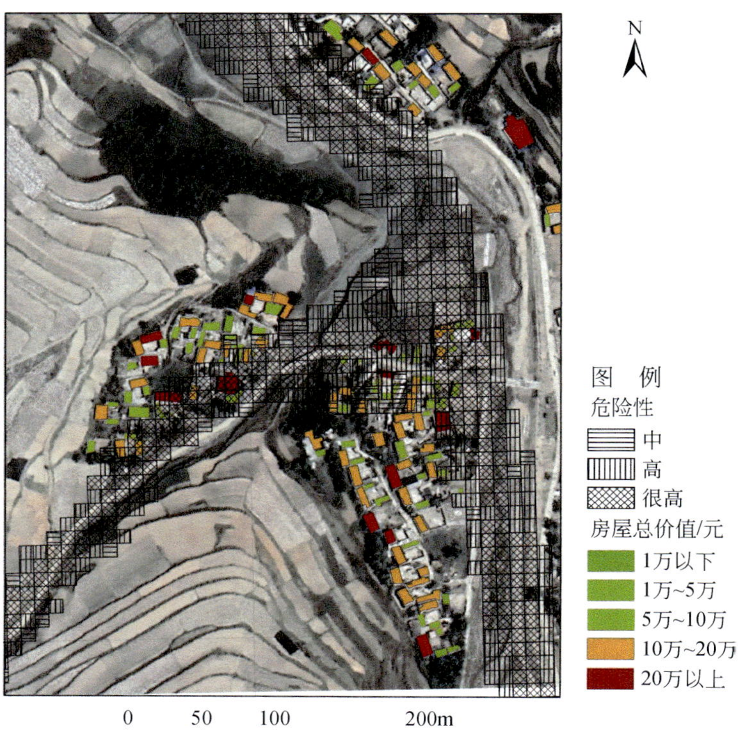

图 9.19　接哈沟泥石流承灾体价值与危险性叠加图

泥石流综合破坏程度分级（列 B）是损失概率的量度，因此，通过历史灾情的调查走访，指定破坏等级 0、1、2、3 分别对应坚固房屋价值全部灭失的概率分别为 0.00001、0.0001、0.0005 和 0.001，据此，计算出冲击致损的概率（列 E）。

可以用列 F=列 D×列 E/列 C，计算出如表 9.16 中列 F 所示的各对象的期望损失（风险）。

表 9.16　耳阳河接哈沟沟口房屋承灾体财产风险评价表

序号(列 A)	泥石流破坏程度分级(列 B)	相对坚固程度(列 C)	房屋总价值/元(列 D)	冲击致损概率/(1/a)(列 E)	期望损失/(元/a)(列 F)
0	0	0.60	189000.00	0.001	315.00
1	3	0.80	54500.00	0.00001	0.68
2	3	0.80	62000.00	0.001	77.50
3	3	0.80	157500.00	0.001	196.88
4	0	1.00	86500.00	0.001	86.50
5	0	0.80	91000.00	0.00001	1.14
6	0	0.80	72500.00	0.00001	0.91
7	3	0.80	74000.00	0.00001	0.93
8	2	0.80	138000.00	0.001	172.50
9	3	0.80	226000.00	0.0005	141.25
10	0	0.80	113000.00	0.001	141.25
11	0	0.42	64400.00	0.00001	1.53
12	1	0.80	71000.00	0.00001	0.89
13	3	0.80	42500.00	0.0001	5.31
14	0	0.80	136000.00	0.001	170.00
15	2	1.00	129000.00	0.00001	1.29
16	3	0.48	2850.00	0.0005	2.97
17	2	0.48	75250.00	0.001	156.77
18	0	1.00	220000.00	0.0005	110.00
19	3	0.80	56000.00	0.00001	0.70
20	0	1.00	70000.00	0.001	70.00
21	2	0.80	128000.00	0.00001	1.60
22	2	0.40	16700.00	0.0005	20.88
23	3	0.50	2800.00	0.0005	2.80
24	3	0.80	98800.00	0.001	123.50
25	3	0.80	112000.00	0.001	140.00
26	1	0.80	167000.00	0.001	208.75
27	1	0.80	59000.00	0.0001	7.38
28	1	0.80	144000.00	0.0001	18.00
29	3	0.50	5000.00	0.0001	1.00
30	1	0.80	86000.00	0.001	107.50

续表

序号 (列 A)	泥石流破坏程度分级(列 B)	相对坚固程度 (列 C)	房屋总价值/元 (列 D)	冲击致损概率/(1/a) (列 E)	期望损失/(元/a) (列 F)
31	0	1.00	38600.00	0.0001	3.86
32	0	1.00	135000.00	0.00001	1.35
33	3	0.48	2350.00	0.00001	0.05
34	0	0.40	25200.00	0.001	63.00
35	0	0.48	10500.00	0.00001	0.22
36	0	0.60	8400.00	0.00001	0.14
37	0	0.48	11700.00	0.00001	0.24
38	0	0.80	112500.00	0.00001	1.41
39	0	0.80	175000.00	0.00001	2.19
40	0	0.40	12850.00	0.00001	0.32
41	0	1.00	48900.00	0.00001	0.49
42	0	1.00	174000.00	0.00001	1.74
43	0	0.80	168000.00	0.00001	2.10
44	0	0.80	142000.00	0.00001	1.78
45	0	1.00	300000.00	0.00001	3.00
46	0	0.42	189800.00	0.00001	4.52
47	0	0.56	203400.00	0.00001	3.63
48	0	1.00	295000.00	0.00001	2.95
49	0	1.00	156000.00	0.00001	1.56
50	0	1.00	166000.00	0.00001	1.66
51	1	0.56	286200.00	0.00001	5.11
52	3	0.80	75000.00	0.0001	9.38
53	3	0.80	91000.00	0.001	113.75
54	3	0.80	129000.00	0.001	161.25
55	3	0.80	234000.00	0.001	292.50
56	3	0.80	194000.00	0.001	242.50
57	0	0.56	38000.00	0.001	67.86
58	0	0.80	88700.00	0.00001	1.11
59	2	0.80	238000.00	0.00001	2.98
60	2	0.40	67700.00	0.0005	84.63
61	0	0.40	174700.00	0.0005	218.38
62	0	0.32	32400.00	0.00001	1.01
63	0	0.80	235000.00	0.00001	2.94
64	0	0.80	131000.00	0.00001	1.64
65	0	0.80	138500.00	0.00001	1.73
66	3	0.80	67000.00	0.00001	0.84

续表

序号 (列 A)	泥石流破坏程度 分级(列 B)	相对坚固程度 (列 C)	房屋总价值/元 (列 D)	冲击致损概率/(1/a) (列 E)	期望损失/(元/a) (列 F)
67	0	0.80	125000.00	0.001	156.25
68	0	0.40	13200.00	0.00001	0.33
69	0	0.80	135000.00	0.00001	1.69
70	0	0.80	228000.00	0.00001	2.85
71	0	0.80	89000.00	0.00001	1.11
72	0	0.56	156600.00	0.00001	2.80
73	0	0.40	13700.00	0.00001	0.34
74	0	0.80	151000.00	0.00001	1.89
75	3	0.80	154000.00	0.00001	1.93
76	1	0.48	27500.00	0.001	57.29
77	0	0.56	45600.00	0.0001	8.14
78	2	0.56	252600.00	0.00001	4.51
79	1	0.56	48600.00	0.0005	43.39
80	0	0.56	60000.00	0.0001	10.71
81	1	0.80	36000.00	0.00001	0.45
82	2	0.80	106600.00	0.0001	13.33
83	0	0.80	65000.00	0.0005	40.63
84	3	0.80	400000.00	0.00001	5.00
85	0	1.00	664000.00	0.001	664.00
86	0	0.80	144000.00	0.00001	1.80
87	0	0.80	164000.00	0.00001	2.05
88	2	0.40	3200.00	0.00001	0.08
89	0	0.80	164000.00	0.0005	102.50
90	0	0.80	203000.00	0.00001	2.54
91	0	0.80	178000.00	0.00001	2.23
92	3	0.40	1400.00	0.00001	0.04
93	0	0.80	198000.00	0.001	247.50
94	0	0.80	170000.00	0.00001	2.13
95	2	0.40	82400.00	0.00001	2.06
96	0	0.80	77000.00	0.0005	48.13
97	0	0.80	151000.00	0.00001	1.89
98	3	0.40	7200.00	0.00001	0.18
99	3	0.56	111600.00	0.001	199.29
100	0	0.40	7000.00	0.001	17.50
101	0	0.70	80000.00	0.00001	1.14
102	0	0.56	31000.00	0.00001	0.55

续表

序号 (列 A)	泥石流破坏程度 分级(列 B)	相对坚固程度 (列 C)	房屋总价值/元 (列 D)	冲击致损概率/(1/a) (列 E)	期望损失/(元/a) (列 F)
103	2	0.80	68000.00	0.00001	0.85
104	0	0.56	141800.00	0.0005	126.61
105	0	0.42	92000.00	0.00001	2.19
106	2	0.80	20500.00	0.00001	0.26
107	0	0.80	117000.00	0.0005	73.13
108	1	0.40	37100.00	0.00001	0.93
109	0	0.56	39000.00	0.0001	6.96
110	0	0.80	115000.00	0.00001	1.44
111	0	0.32	93300.00	0.00001	2.92
112	0	0.56	136400.00	0.00001	2.44
113	0	0.80	109000.00	0.00001	1.36
114	0	0.56	173600.00	0.00001	3.10
115	0	0.80	36200.00	0.00001	0.45
116	0	1.00	90600.00	0.00001	0.91
117	0	0.48	18150.00	0.00001	0.38
118	0	1.00	59000.00	0.00001	0.59
119	0	0.80	152000.00	0.00001	1.90
120	0	0.56	117200.00	0.00001	2.09
121	0	0.80	73000.00	0.00001	0.91
122	0	0.40	5900.00	0.00001	0.15
123	0	0.56	78400.00	0.00001	1.40
124	0	0.40	6800.00	0.00001	0.17
125	0	0.80	168000.00	0.00001	2.10
126	0	1.00	75500.00	0.00001	0.76
127	0	0.80	150000.00	0.00001	1.88
128	0	1.00	189000.00	0.00001	1.89
129	0	0.80	124000.00	0.00001	1.55
130	0	0.80	156500.00	0.00001	1.96
131	0	0.80	172000.00	0.00001	2.15
132	0	0.80	128800.00	0.00001	1.61
133	0	0.32	12200.00	0.00001	0.38
134	0	1.00	88000.00	0.00001	0.88
135	0	0.80	274000.00	0.00001	3.43
136	0	0.60	8350.00	0.00001	0.14

从评价结果看，137 处房屋的期望损失（风险）在 0.04～664.00 元，其中 100 元以上的有 23 处、10～100 元的有 16 处，98 处的期望损失在 10 元以下。

综上所述，以耳阳河流域为例完成了基于数值模拟的泥石流危险性评价、承灾体调查与易损性评价、风险评价（图 9.20）三个层次的工作，对泥石流的威胁进行了定量描述，能够更好地支撑防灾减灾工作。

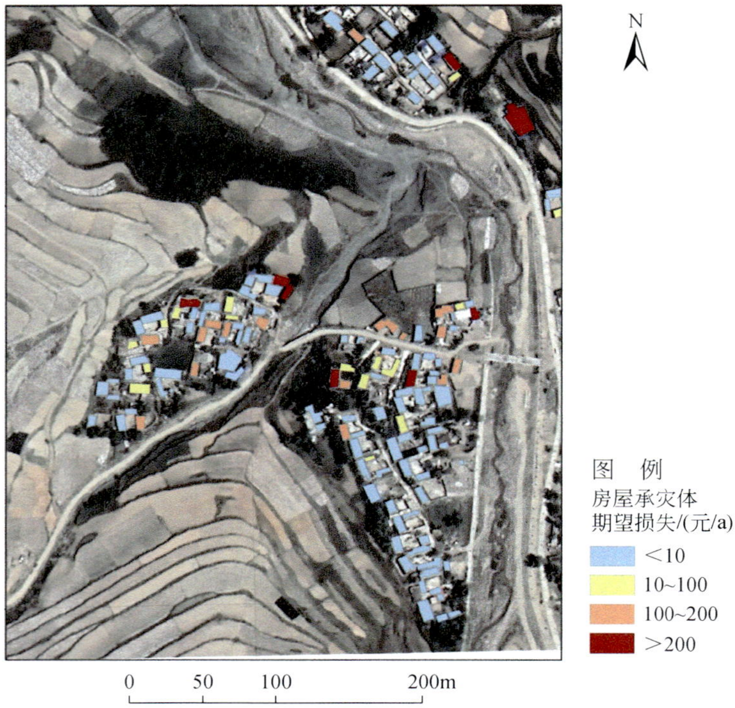

图 9.20　接哈沟泥石流房屋承灾体风险分布图

9.4.2　接哈沟泥石流风险管理措施建议

在接哈沟泥石流沟口的 137 栋房屋中，有 39 处泥石流灾害的期望损失大于 100 元/a，其风险在贫困山村还是不能接受的。根据评价结果，针对接哈沟泥石流地灾防治提出如下建议。

（1）对接哈沟泥石流开展工程治理。治理工程将大大降低泥石流暴发的概率，以及泥石流暴发时冲击房屋及基础设施的概率，从而降低泥石流风险。泥石流威胁财产 1541 万元，不实施治理的话期望损失（风险）为 5487 元/a。

（2）实施生态综合治理，改善流域的植被、水土环境，减小泥石流暴发的规模、降低泥石流暴发的概率。

（3）对期望损失超过 100 元/a 的 23 户（其中 7 户超过 200 元/a）实施搬迁。可按照期望损失数值大小制定搬迁避让的顺序，有效降低泥石流威胁区域的总体风险。

（4）引入保险金融企业，开展地质灾害保险。保险费与保险额可以参照表 9.16 的列 F

和列 D 分别确定。

9.5　单体泥石流风险评价技术流程适用性评述

本章以岷县耳阳河小流域泥石流为例，探索了基于动力学的泥石流风险评价技术流程，是基于动力学过程的单体地质灾害风险评价有益探索。

（1）相对于区域 GIS 分析及基于矩阵单体地质灾害风险评价，数值模拟分析可以充分考虑不同工况条件，考虑地质灾害运移路径和影响范围，从而实现地质灾害精细评价。其评价结果有直接服务于地方政府防灾减灾。

（2）相对于 1∶50000 和 1∶10000 承灾体调查评价，基于动力学过程的评价，可根据危险区范围确定承灾体对象，通过设计人员、财产等承灾体调查表，充分考虑人员的性别、年龄，建筑的结构、类型和年份等指标，真正实现了承灾体的精准调查和易损性评价。

（3）单体泥石流精细评价，提出了地质灾害保险的承保范围、保费和保额的测算建议思路。

（4）探索形成的单体泥石流风险评价技术流程，其工作思路不仅适用于泥石流灾害，同样对滑坡、崩塌灾害的精细风险评价具有重要的参考价值。

第 10 章 地质灾害风险评价

依据自然资源部试行《地质灾害调查评价技术要求》，开展了区域 1∶50000 和 1∶10000 调查评价示范，并编制示范图件。

一般流域内 1∶50000 评价工作采用基于统计学的证据权模型，以 25m×25m 的栅格单元，选取坡度、坡形、坡向、地质构造（断层）、岩土类型等影响因子，基于地质灾害编录的面元要素，开展地质灾害易发性评价；结合日极值降雨，采用危险性系数法，开展不同降雨工况下的地质灾害危险性评价；基于建筑与人口分布、交通干线等级与重要性等完成承灾体易损性评价；通过危险性评价与易损性评价图层叠加，利用风险评价矩阵，通过碎斑整理等方法形成地质灾害风险评价结果；综合地质灾害易发性、危险性与风险评价结果，考虑国土空间规划与用途管制，开展地质灾害风险区划与防治区划。上述工作与以往地质调查项目中的评价技术方法及流程类似，按技术要求完成，因此不再阐述。

重点流域内 1∶10000 评价工作，以兰州市皋兰山重点区为例，总结基于斜坡单元的滑坡风险评价技术体系。该工作依托中-德合作框架协议，中-德地学合作项目是自然资源部重点国际合作项目之一，自 1979 年签订协议至今已持续 37 年。为贯彻落实国土资源部与德国经济和能源部签署的地学合作协议，以及 2011 年和 2013 年双年度会晤纪要精神，经过科学论证，确定与中国地质环境监测院合作开展“兰州地质灾害风险评价（LHARA）”国际合作项目，并签署了合作备忘录。德国联邦地球科学和自然资源研究所（BGR）与中国地质调查局-中国地质环境监测院在2015年度共同拟定和签署了LHARA项目合作协议，第一阶段于 2016 年 1 月启动、2017 年 12 月结束，第二阶段于 2018 年 1 月启动、2021 年 12 月结束。根据“中国甘肃省兰州市地质灾害风险评估和管理”第二阶段实施协议要求与年度目标，2018～2021 年，中德双方进行了两次联合工作会议、六次视频会议和若干次电子邮件交流。在第二阶段研究过程中，以第一阶段成果为基础，基于 GIS 系统，研究论证了简化的地质灾害易发性评价证据权法，采用曲率水文分析方法合理划分了斜坡（带、段），基于皮尔逊三型曲线计算了不同重现周期日降水量，利用考虑降雨量的水动力瞬态物理模型开展了地质灾害危险性定量化评价，建立基于标准地理国情数据的地质灾害承灾体经济易损性评价体系，完成基于斜坡单元的滑坡风险评价示范。

对于一般调查点的单体地质灾害风险评价，仍采用风险评价技术要求，采用活动性与危害性叠加的方法开展风险等级划分。

10.1 地质灾害易发性评价方法

地质灾害易发性是指一定区域内由孕灾地质条件控制的地质灾害发生的可能性，主要从一定地区的地质背景条件，分析地质灾害从极易发到低易发的条件组合特征和分布范围。易发性评价重点分析评价一个地区地质灾害已经发生的程度，并预测未来将要发生地质灾害的倾向性；强调静态地质灾害易发条件和灾害发生的空间概率统计分析评价，是进行危险性和风险评价的基础。核心内容包括：地质灾害特征、空间密度、易发条件和潜在易发区预测评价。分析评价的主要因素和指标包括：地形地貌、地质构造、工程岩土性质、斜坡结构和斜坡水文地质条件。

10.1.1　证据权法原理与工作流程

基于 GIS 系统的定量统计分析评价，是目前国际上地质灾害区划的主要途径之一。证据权法采用统计分析模式，通过对一些与滑坡形成相关的地学信息的叠加复合分析，进行滑坡易发性分区。其中的每一种地学信息都被视为滑坡易发性分区的一个证据因子，而每一个证据因子对滑坡易发性分区的贡献则是由这个因子的权重值来确定的。一般将各证据因子图层网格化为不连续的二值化图层：1 代表因子对灾害发生的证据存在，0 代表不存在；通过证据权模型给出该二值化的证据因子图层的权重，最终叠加多元图层，实现地质灾害易发性评价。采用证据权法进行评价因子权重计算与易发性评价，一般采用以下工作流程。

10.1.1.1　先验概率

先验概率（prior probability）是指根据以往经验和分析得到的概率，如全概率公式，它往往作为“由因求果”问题中的“因”出现的概率。在贝叶斯统计推断中，不确定数量的先验概率分布是在考虑一些因素之前表达对这一数量的置信程度的概率分布。例如，先验概率分布可能代表在将来的选举中投票给特定政治家的选民相对比例的概率分布。未知的数量可以是模型的参数，或者是潜在变量。地质灾害易发性评价中的先验概率主要由灾害的分布概率与评价因子的分布概率。

灾害的分布概率可用以下公式计算：

$$P_{\mathrm{f}}=A_{\mathrm{f}}/A_{\mathrm{t}}$$

式中，A_{f}为所有灾害所占面积；A_{t}为评价区面积。

评价因子的分布概率为

$$P_j=T_j/A_{\mathrm{t}}$$

式中，T_j为某评价指标 i 的某评价因子 j 的面积。

评价指标是指所选取的对灾害发生具有影响的因素，如坡度、坡向、断层距离等；评价因子是在定性与定量分析的基础上，采用阈值对评价指标进行分类，坡度可划分为 0°～15°、15°～30°和 30°～45°和＞45°。

10.1.1.2　后验概率

后验概率（posterior probability）是指在得到“结果”的信息后重新修正的概率，是“执果寻因”问题中的“果”。先验概率与后验概率有不可分割的联系，后验概率的计算要以先验概率为基础。根据贝叶斯定理，某评价因子中发生灾害的概率：

$$P\left\{A_{\mathrm{f}} \mid T_j\right\}=P\left(T_j \cap A_{\mathrm{f}}\right)/P_j=P\left\{T_j \mid A_{\mathrm{f}}\right\}\times P_{\mathrm{f}}/P_j$$

某评价因子中不发生灾害的概率：

$$P\left\{\overline{A_{\mathrm{f}}}\mid T_j\right\}=P\left(T_j\cap\overline{A_{\mathrm{f}}}\right)/P_j=P\left\{T_j\mid\overline{A_{\mathrm{f}}}\right\}\times\overline{P_{\mathrm{f}}}/P_j$$

非某评价因子（其他评价因子）中发生灾害的概率：

$$P\left\{A_{\mathrm{f}}\mid\overline{T_j}\right\}=P\left(\overline{T_j}\cap A_{\mathrm{f}}\right)/\overline{P_j}=P\left\{\overline{T_j}\mid A_{\mathrm{f}}\right\}\times P_{\mathrm{f}}/\overline{P_j}$$

10.1.1.3　几率

几率是指发生概率和不发生概率的比值，比概率更好地表示事件发生的可能性大小。几率的公式表达为

$$O=P/\left(1-P\right)=P/\overline{P}$$

相应地，某评价因子中灾害发生的后验几率为

$$O\left\{A_{\mathrm{f}}\mid T_j\right\}=\frac{P\left\{T_j\mid A_{\mathrm{f}}\right\}}{P\left\{T_j\mid\overline{A_{\mathrm{f}}}\right\}}\times O_{\mathrm{f}}$$

同样地，可以得到非某评价因子中（其他评价因子）发生灾害的后验几率为

$$O\left\{A_{\mathrm{f}}\mid\overline{T_j}\right\}=\frac{P\left\{\overline{T_j}\mid A_{\mathrm{f}}\right\}}{P\left\{\overline{T_j}\mid\overline{A_{\mathrm{f}}}\right\}}\times O_{\mathrm{f}}$$

10.1.1.4　证据权计算

在后验几率公式的两侧取自然对数，则公式可表示为

$$\ln O\left\{A_{\mathrm{f}}\mid T_j\right\}=\ln\frac{P\left\{T_j\mid A_{\mathrm{f}}\right\}}{P\left\{T_j\mid\overline{A_{\mathrm{f}}}\right\}}+\ln O_{\mathrm{f}}$$

$$\ln O\left\{A_{\mathrm{f}}\mid\overline{T_j}\right\}=\ln\frac{P\left\{\overline{T_j}\mid A_{\mathrm{f}}\right\}}{P\left\{\overline{T_j}\mid\overline{A_{\mathrm{f}}}\right\}}+\ln O_{\mathrm{f}}$$

令

$$W_j^{+}=\ln\frac{P\left\{T_j\mid A_{\mathrm{f}}\right\}}{P\left\{T_j\mid\overline{A_{\mathrm{f}}}\right\}}$$

$$W_j^{-}=\ln\frac{P\left\{\overline{T_j}|A_{\mathrm{f}}\right\}}{P\left\{\overline{T_j}|\overline{A_{\mathrm{f}}}\right\}}$$

则以自然对数表示的后验几率可写为

$$\ln O\left\{A_{\mathrm{f}}\mid T_j\right\}=W_j^{+}+\ln O_{\mathrm{f}}$$

$$\ln O\left\{A_{\mathrm{f}}\mid\overline{T_j}\right\}=W_j^{-}+\ln O_{\mathrm{f}}$$

评价因子和地质灾害灾点正相关表示为$W_j^{+}>0$，$W_j^{-}<0$，负相关为$W_j^{+}<0$，$W_j^{-}>0$，不相关时权重为0。证据权计算公式：

$$W_j^+ = \ln\frac{P\{T_j \mid A_f\}}{P\{T_j \mid \overline{A_f}\}} = \ln\left(\frac{\dfrac{T_j \cap A_f}{A_f}}{\dfrac{T_j \cap \overline{A_f}}{\overline{A_f}}}\right) = \ln\left(\frac{\dfrac{\text{评价因子}j\text{中的灾害面积}}{\text{总的灾害面积}}}{\dfrac{\text{评价因子}j\text{中的稳定区面积}}{\text{总的稳定区面积}}}\right)$$

$$W_j^- = \ln\frac{P\{\overline{T_j} \mid A_f\}}{P\{\overline{T_j} \mid \overline{A_f}\}} = \ln\left(\frac{\dfrac{\overline{T_j} \cap A_f}{A_f}}{\dfrac{\overline{T_j} \cap \overline{A_f}}{\overline{A_f}}}\right) = \ln\left(\frac{\dfrac{\text{非评价因子}j\text{中的灾害面积}}{\text{总的灾害面积}}}{\dfrac{\text{非评价因子}j\text{中的稳定区面积}}{\text{总的稳定区面积}}}\right)$$

同时，还可以用相对系数（敏感性系数）反映某评价因子对地质灾害发生的影响，值越大表示影响越大，其计算方法为

$$C = W^+ - W^-$$

10.1.1.5　证据权叠加

对于单一评价指标 i 中的评价因子，T_{i1}，T_{i2}，…，T_{iy} 之间是相互独立，将该评价指标中的所有评价因子的灾害后验几率进行叠加，即

$$O\{A_f \mid T_{i1}^k \cap T_{i2}^k \cap T_{i3}^k \cap \cdots \cap T_{iy}^k\} = \frac{P\{T_{i1}^k \mid A_f\}}{P\{T_{i1}^k \mid \overline{A_f}\}} \times \frac{P\{T_{i2}^k \mid A_f\}}{P\{T_{i2}^k \mid \overline{A_f}\}} \times \frac{P\{T_{i3}^k \mid A_f\}}{P\{T_{i3}^k \mid \overline{A_f}\}} \times \cdots \times \frac{P\{T_{iy}^k \mid A_f\}}{P\{T_{iy}^k \mid \overline{A_f}\}} \times O_f$$

那么，

$$\begin{aligned}
&\ln O\{A_f \mid T_{i1}^k \cap T_{i2}^k \cap T_{i3}^k \cap \cdots \cap T_{iy}^k\} \\
&= \ln\frac{P\{T_{i1}^k \mid A_f\}}{P\{T_{i1}^k \mid \overline{A_f}\}} + \ln\frac{P\{T_{i2}^k \mid A_f\}}{P\{T_{i2}^k \mid \overline{A_f}\}} + \ln\frac{P\{T_{i3}^k \mid A_f\}}{P\{T_{i3}^k \mid \overline{A_f}\}} + \cdots + \ln\frac{P\{T_{iy}^k \mid A_f\}}{P\{T_{iy}^k \mid \overline{A_f}\}} + \ln O_f \\
&= \sum_{j=1}^{y} W_{ij}^k + \ln O_f
\end{aligned}$$

当评价因子存在时，k 取+，不存在时 k 取−。

假设一系列评价指标 T_1，T_2，T_3，…，T_x 之间是相互独立的，那么将所有评价指标中的所有评价因子的灾害后验几率进行叠加，可以得到灾害发生的后验几率：

$$\begin{aligned}
F &= \ln O\{A_f \mid T_{11}^k \cap T_{12}^k \cap T_{13}^k \cap \cdots \cap T_{1x}^k \cap T_{21}^k \cap T_{22}^k \cap \cdots \cap T_{xy}^k\} \\
&= \sum_{i=1}^{x}\sum_{j=1}^{y} W_{ij}^k + \ln O_f
\end{aligned}$$

10.1.1.6　灾害发生后验概率

根据上述公式，按照以下公式计算可以得到地质灾害发生的后验概率：

$$P_F = O_T / (1 + O_T) = \exp(F) / [1 + \exp(F)]$$

以最终概率图层进行地质灾害易发性评价与区划。

10.1.1.7　简化方法

在实际采用证据权法进行评价时，可以采用多种简化方法进行评价。很多文献和实际处理中，一般存在以下几种情况：

（1）后验概率不考虑先验几率；

（2）后验几率仅考虑存在的评价因子（W^{+}）；

（3）采用正权重叠加采用 ROC 分析评价；

（4）利用相对系数叠加采用 ROC 分析评价；

（5）所有权重叠加采用 ROC 分析评价。

其中，（2）、（3）、（5）均偏离了证据权法的原理，因此仅针对方法（1）、（4）的评价结果进行对比。

1）后验概率绝对值

后验概率的公式可以写为 $y=1/[1+\exp(-x)]$（图 10.1）。不考虑先验几率时，相当于 $x=x-\ln(O_{\mathrm{f}})$，其中 $\ln(O_{\mathrm{f}})$ 为负的常数；不考虑不存在的评价因子（W^{-}）时，相当于 $x=x+\sum w^{-}$，其中$\sum w^{-}$可能为正数，也可能为负数。

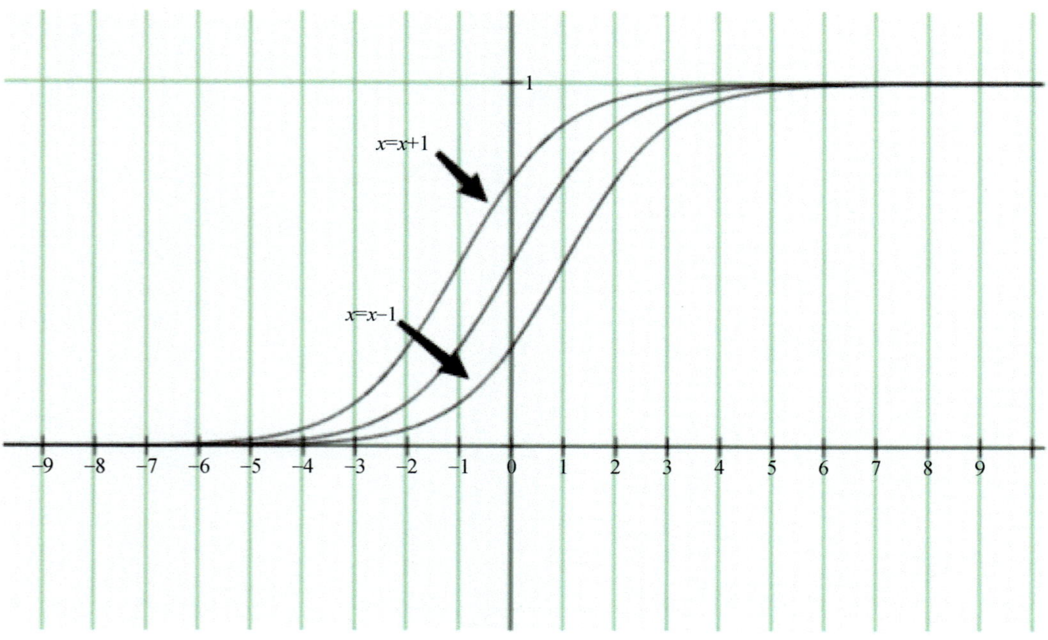

图 10.1　$y=1/[1+\exp(-x)]$ 曲线图

采用后验概率进行评价是基于概率绝对值，因此其划分标准是统一的，不存在因人而异的情况。由图 10.1 可知，不考虑先验概率和不考虑负权，会导致后验概率曲线图发生变化，同一个栅格的后验概率与实际相比可能偏大或偏小，从而导致其易发性等级偏高或偏低。

2）ROC 曲线分析

ROC 分析是把灵敏度和特异度结合起来综合评价诊断准确度或判别效果的一种方法。

ROC 分析，应用曲线下面积（area under curve，AUC）这一综合统计量做定量分析，AUC 介于 1.0 和 0.5 之间，AUC 越接近于 1，说明诊断效果越好。①AUC 介于 0.5～0.7 时，准确性较低；②AUC 介于 0.7～0.9 时，有一定准确性；③AUC 在 0.9 以上时，准确性较高；④AUC=0.5 时，说明诊断方法完全不起作用，无诊断价值。在地质灾害易发性评价中，ROC 曲线是基于灾害在栅格图层值中的概率分布。以表 10.1 为例，假设相对系数栅格图层仅 11 个唯一值，各值的累积灾害栅格、非灾栅格等均符合相应的概率分布。

表 10.1　ROC 曲线示例

C	≥10	≥9	≥8	≥7	≥6	≥5	≥4	≥3	≥2	≥1	≥0
存在灾害	30	58	84	108	130	150	168	183	193	198	200
存在非灾	10	32	66	112	170	240	322	417	527	652	800
不存在灾害	170	142	116	92	70	50	32	17	7	2	0
不存在非灾	790	768	734	688	630	560	478	383	273	148	0
栅格数	40	90	150	220	300	390	490	600	720	850	1000

注：总栅格数=1000；灾害栅格数=200；非灾栅格数=800。

权重叠加图层是在相对系数叠加图层的基础上加上负权值之和，负权之和为常数，相当于表中 C 值均加上一个常数。虽然栅格唯一值发生变化，但是栅格唯一值的数量不变概率曲线仅生平移，形态不变，因此两者的 ROC 曲线仍然是一致的。按照同样的灾害面积比进行易发性等级划分，结果相同。

与权重叠加图层不同，正权重图层可以看作相对系数叠加图层加存在因子的负权值之和，每个栅格存在因子的负权值之和不同，因此栅格唯一值的数量发生变化，灾害的概率分布及其曲线形态发生变化，因此两者的 ROC 曲线不一致（图 10.2）。如果按照同样的灾害面积比进行易发性等级划分，结果会出现偏差，即各易发性等级的面积不同。

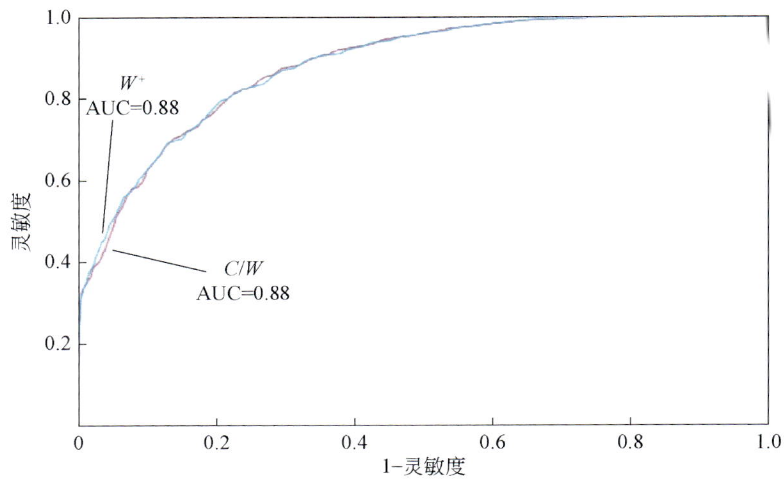

图 10.2　权重图层 ROC 曲线

还有一种少数情况就是利用后验概率图层进行 ROC 曲线分析。根据上述可知，只要灾害的分布概率图的 Y 值不变，X 轴不论是进行平移，还是缩放，只要是有规律的变化，并不会导致栅格唯一值数量的变化，因此 ROC 曲线不会发生变化。所以，利用得到的权重或者相对系数图层进行后验概率计算时，无论考虑与不考虑先验几率，最终得到的 ROC 曲线都会发生变化。而后验几率与后验概率的 ROC 曲线是一致的。

10.1.1.8　工作流程

证据权法由数据驱动，其主要优点在于避免了主观性，不依赖专家经验，数据权重均通过相关性统计分析活动，能够提供可以比较的定量的易发性分区指数，其结果易于验证。采用证据权法和 GIS 空间分析统计方法相结合的工作方法对兰州市开展地质灾害易发性评价，主要技术路线如下。

（1）确定评价指标及其分级因子，建立易发性评级指标体系；

（2）利用证据权法确定各评价因子和指标的权重；

（3）开展评价指标权重分析；

（4）构建评价模型，开展易发性评价。

10.1.2　评价指标与数据

采用统计模型的信息量法开展地质灾害易发性评价，依赖于已有地质灾害调查编录数据，同时地质灾害编录数据也是作为重要的检验数据。因此，必须首先建立区域滑坡编录数据库，编制地质灾害分布图。地质灾害在分布图中采用点图元表征，评价指标信息量计算采用地质灾害点密度作为参数。

地质灾害易发性评价指标（表 10.2）一般分为自然地理、地质条件、斜坡特征、人类工程活动等，具体包括坡度、坡向、岩土体工程地质特性、斜坡结构类型、斜坡水文地质特性、覆被与土地利用等。依据兰州市地质灾害发育分布特征，选取斜坡坡度、坡向、坡型、地层岩性、土地利用类型、灌溉情况等作为地质灾害易发性评价指标。

表 10.2　易发性评价指标体系

类型	分级
坡度/(°)	0～10
	10～20
	20～30
	30～40
	40～50
	50～60
坡形	曲率大于 0 为凸型坡
	等于 0 的为直线型坡
	小于 0 的为凹型坡

续表

类型	分级
地层岩性	全新统风积黄土、冲积砂砾石、亚黏土、冲洪积砂砾石
	上更新统风积黄土、冲积砂砾石、亚黏土
	下更新统风积石质黄土、冲积半胶结砂砾石、砂砾石、亚黏土
	中更新统风积黄土、冲洪积砂砾石、亚黏土
	渐新统野狐城组黏土岩、细砂岩、砾岩、砂岩
	中新统咸水河组黏土岩、砂砾岩
坡向	北
	北东
	东
	东南
	南
	西南
	西
	西北
土地利用类型	耕地
	房屋建筑区
	人工堆掘地
	构筑物
	水域
	道路用地
	园地
	草地
	林地
	荒漠与裸露地表
	水域
灌溉情况	未灌溉区
	灌溉区

采用 GIS 软件提供的基础数据处理和空间分析功能进行指标因子信息的提取，制作相应的评价指标栅格图层，栅格单元尺寸为 10m×10m。利用 DEM，通过表面分析功能与数据分类工程生成地形坡度、曲率、坡向图。土地利用、地层岩性、灌溉等面状要素，采用转换工具将面要素转化为栅格图层即可。

在统计学中，皮尔逊相关系数又称皮尔逊积矩相关系数，是用于度量两个变量 X 和 Y 之间的相关（线性相关），其值介于-1 与 1 之间。在 GIS 平台工具中，对各评价指标进行相关性分析，得到皮尔逊相关系数矩阵如表 10.3 所示。

表 10.3　评价指标相关性分析

相关系数	灌溉	坡度	坡型	坡向	地层岩性	土地利用类型
灌溉	1	0.30482	0.00997	0.09303	0.26457	−0.07164
坡度	0.30482	1	−0.01059	−0.00336	0.56965	−0.3973
坡型	0.00997	−0.01059	1	0.02931	−0.02156	0.05102
坡向	0.09303	−0.00336	0.02931	1	−0.13184	0.06104
地层岩性	0.26457	0.56965	−0.02156	−0.13184	1	−0.24582
土地利用类型	−0.07164	−0.3973	0.05102	0.06104	−0.24582	1

通过相关性分析可以看出，地层岩性与坡度的相关性较强，土地利用、灌溉与坡度相关性中等，其他指标之间相关性较弱或无相关性。

10.1.3　权重分析

基于地质灾害编录与分布图层，采用证据权法及中德合作第一阶段研发的 LSAT（滑坡易发性评价工具）软件，开展评价指标及因子的证据权重计算，并绘制各指标的权重栅格图层（图 10.3～图 10.8）。

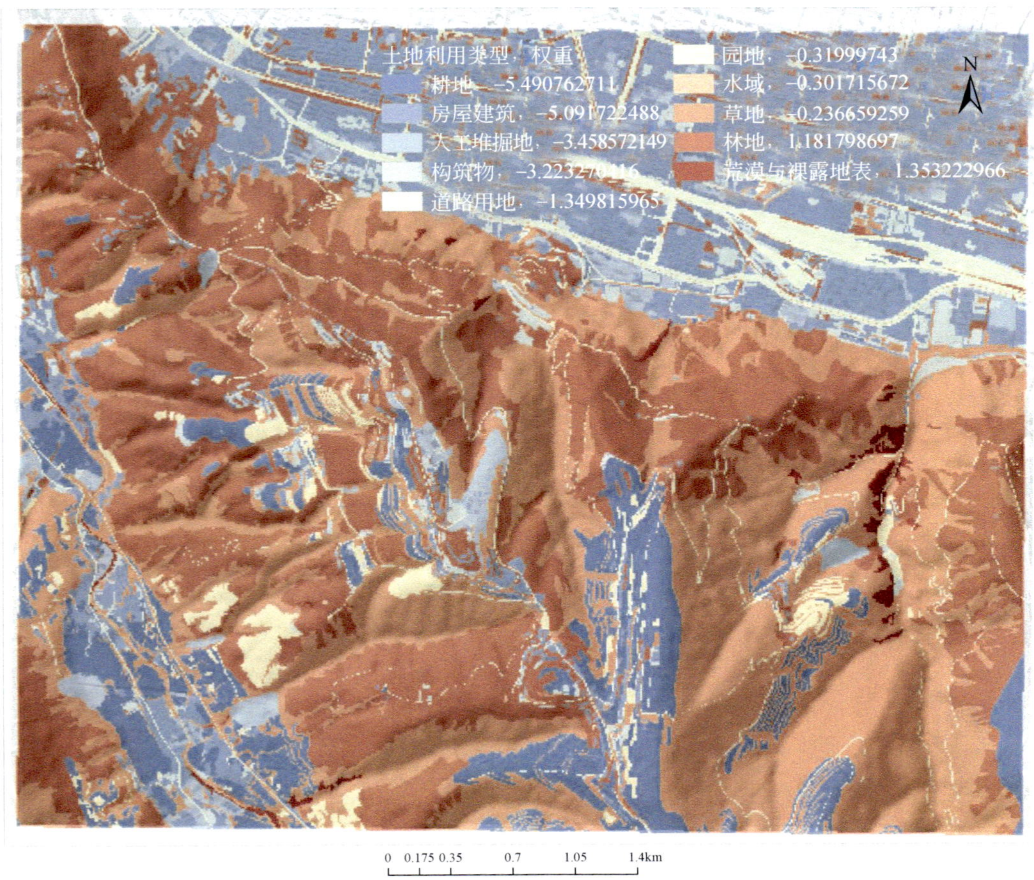

图 10.3　土地利用类型权重图层

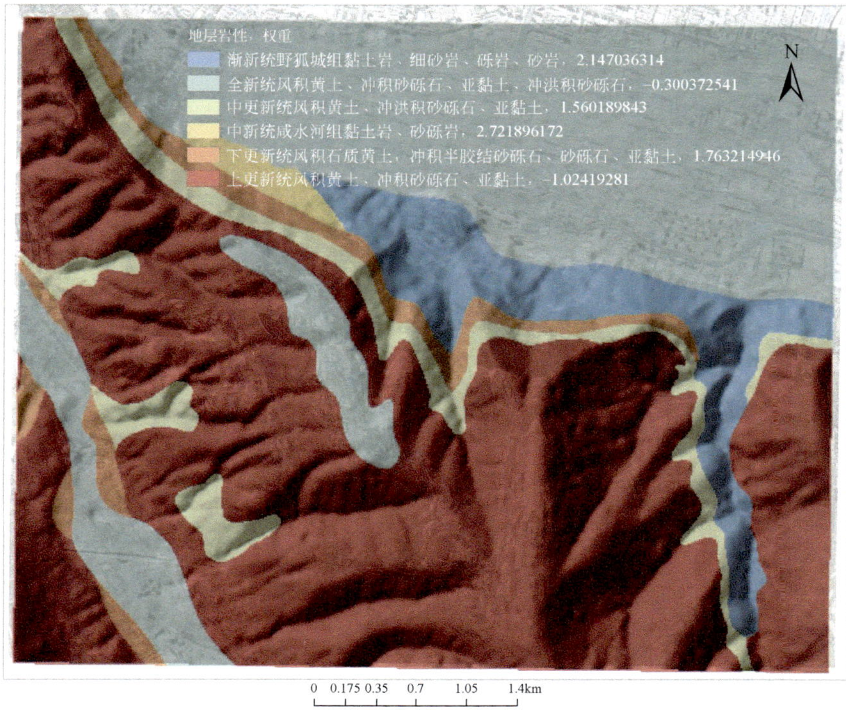

图 10.4　地层岩性权重图层

图 10.5　坡向权重图层

图 10.6　坡型权重图层

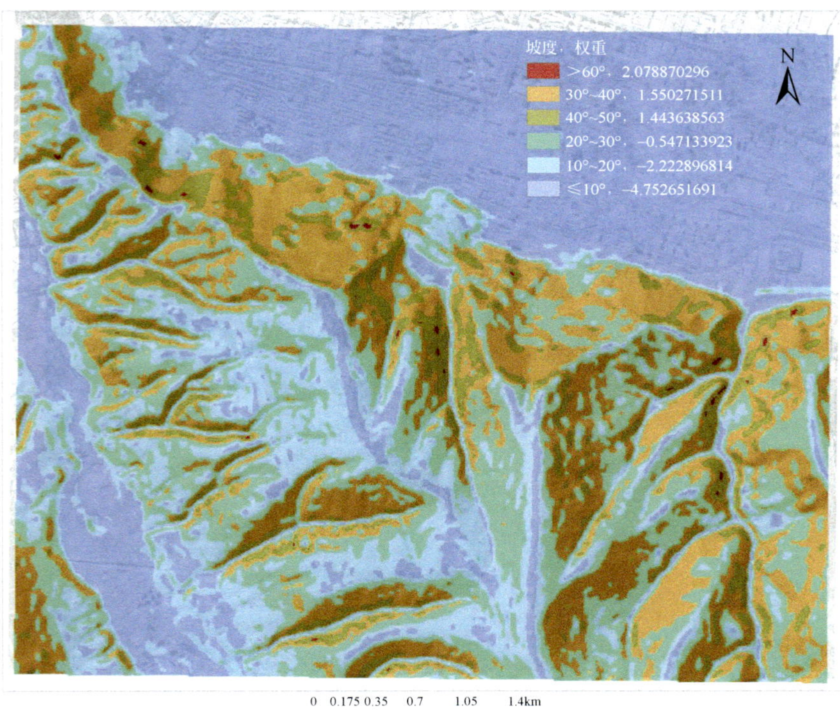

图 10.7　坡度权重图层

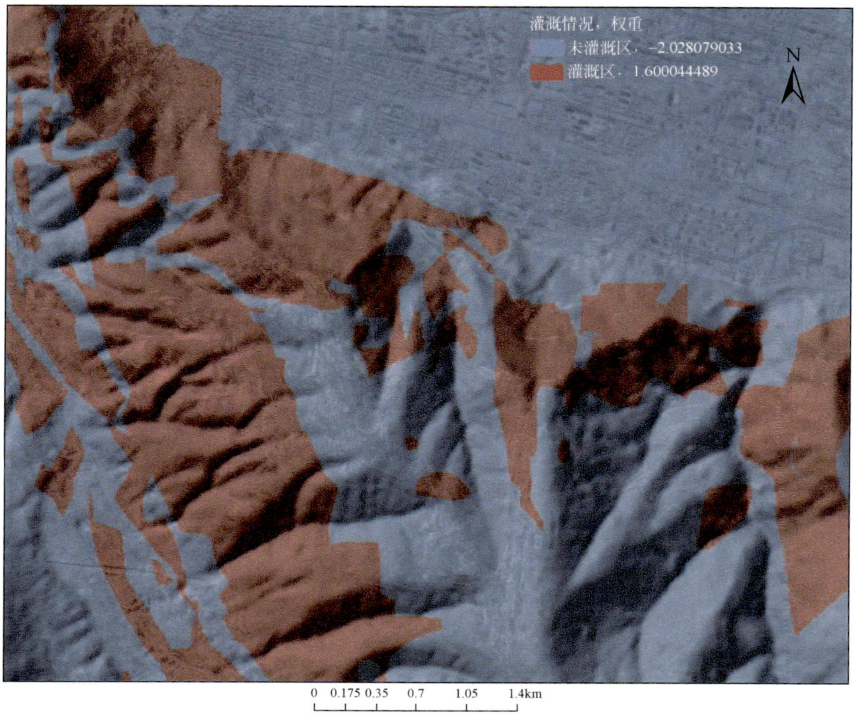

图 10.8　灌溉权重图层

将各评价指标的 AUC 值汇总成表 10.4 可以发现，对地质灾害形成的影响权重大小排序为：坡度＞坡向＞地层岩性＞土地利用类型＞灌溉＞坡型。AUC 值说明，地质灾害分布与坡度、坡向、地层岩性、土地利用类型、灌溉有非常大的相关性，与坡型具有一般相关性。

表 10.4　评价指标 AUC 值排序表

序号	评价指标	AUC 值
1	坡度	0.8
2	坡向	0.77
3	地层岩性	0.76
4	土地利用类型	0.74
5	灌溉	0.7
6	坡型	0.52

10.1.4　基于栅格单元的易发性评价

对评价指标的权重栅格进行不同组合的空间叠加求和，构建不同的评价模型，并得到相应的 ROC 曲线和 AUC 数值。分析各组模型的 ROC 曲线，选取 AUC 值最接近 1、评价指标最少的组合，可认为该模型是在现有数据基础上形成的最适合于该地区地质灾害发育易发性评价模型。通过不同评价指标组合叠加构建模型发现，包含所有六个评价指标的全指标评价模型 AUC 值最大，为 0.93 且最接近 1（图 10.9）。

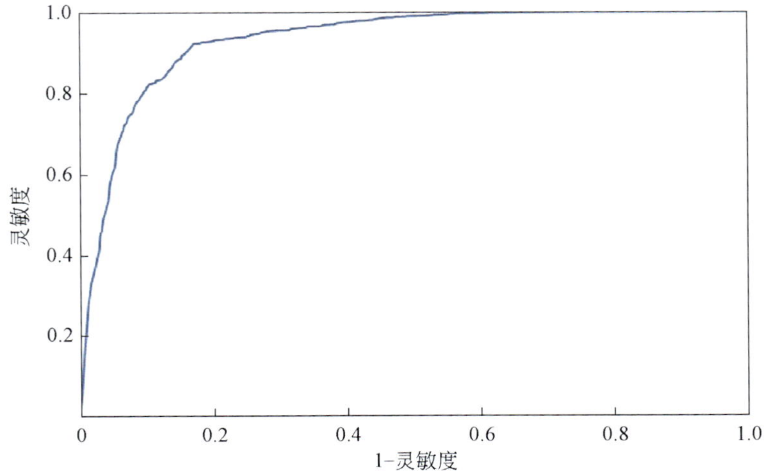

图 10.9　易发性评价模型 AUC 曲线

因此选取全指标评价模型作为易发性评价模型，将评价指标权重图层叠加后形成易发性权重栅格，易发性证据权指数（Si）介于-17.0516～8.5565（图 10.10）。

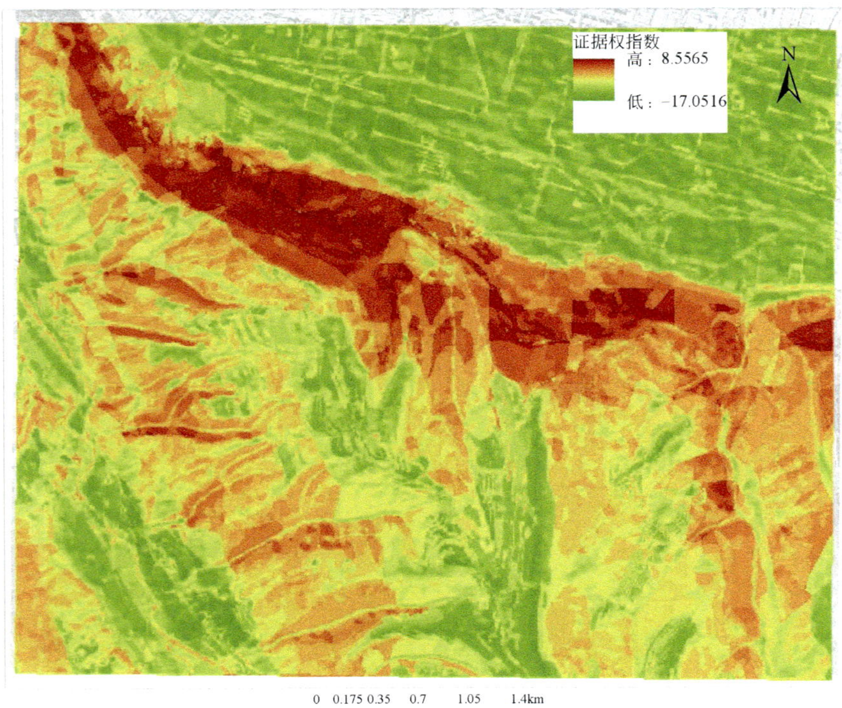

图 10.10　易发性证据权指数图层

基于全组合模型的易发性证据权指数图层与 ROC 曲线，结合频率比（灾害比例除以分级面积比例）分析，按照灾害数量 50%、30%、15%、5%进行划分，将地质灾害易发性等级划分为高易发、中易发、低易发、非易发，形成易发性评价图。兰州市地质灾害高易发、中易发、低易发、非易发的四个等级面积占比分别为 3.8%、5.9%、18.1%、72.2%，各分级灾害的频率比分别为 13.16、5.02、0.83、0.07（表 10.5），形成基于栅格单元的地质灾害易发性评价图（图 10.11）。

表 10.5　各分级灾害的频率比一览表

灾害面积比例/%	分级面积比例/%	频率比	易发性等级
50	3.8	13.16	高易发
30	5.9	5.02	中易发
15	18.1	0.83	低易发
5	72.2	0.07	非易发

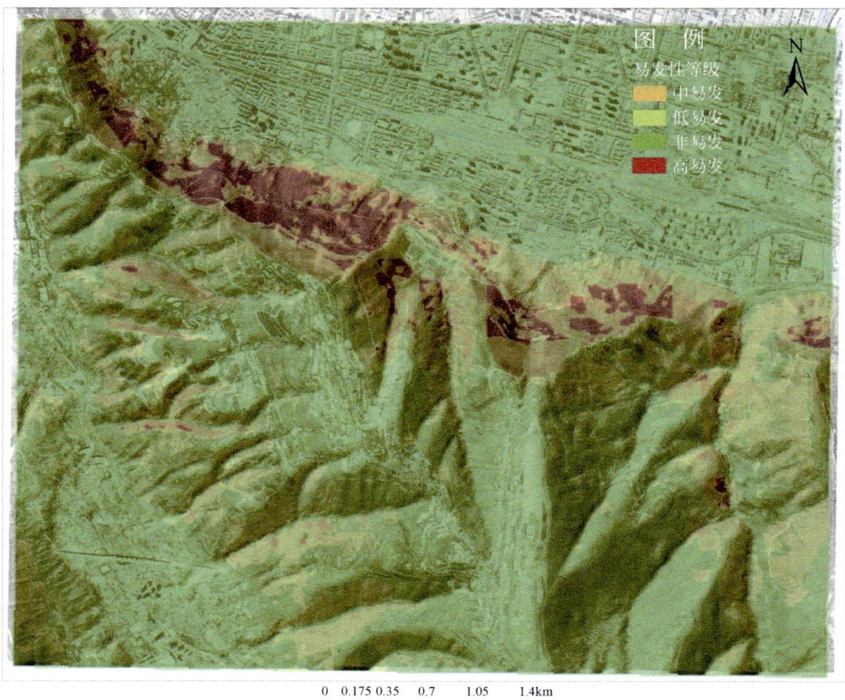

图 10.11　基于栅格单元的地质灾害易发性评价图

10.1.5　基于斜坡单元的易发性评价

《地质灾害风险调查评价技术要求（1∶50000）（试行）》中规定，针对重点区需开展以斜坡单元的风险评价，因此首先需要对评价区进行斜坡单元划分。

斜坡单元划分方法可以分为人工划分和自动提取。当需要采用斜坡单元进行评价的区域较小时，可以参考坡向和流向栅格，采用创建面要素的形式在 ArcGIS 中直接绘制。当评价区域较大时，可以采用 ArcGIS 中的一些工具进行自动提取，主要基于水文分析方法与曲率分析方法，参考坡向、流向，以及进行坡度、地形分析等方法进行人工修正。

基于水文分析的斜坡单元提取的主要步骤包括填洼、地形平滑、流向分析、流量分析、河网提取、河网分级、河流链接、集水区提取、联合等，进行斜坡提取时，需要设置河网分级的流量及流量值的选取，可通过多次调试，从而得到合适的斜坡单元划分结果。 基于水文分析的斜坡单元提取，在处理同流域的长大斜坡方面具有很好的结果，但是在平原及缓坡地带，会出现畸形单元。可以通过 DEM 剔除平地、人工合并及删除等方法进行修正。

采用曲率分水岭法进行斜坡单元提取，主要步骤与水文分析方法类似，均是采用正反 DEM 进行流向、流量计算，采用集水区分析得到斜坡单元。与水文分析方法不同的是，曲率分析法得到的斜坡单元边界更加平滑，与地形更加贴合，形状更加合理，在平地不会出现畸变。但是对长大斜坡的识别能力较差，往往将其划分为众多小单元。对曲率分析法得到的碎斑及细小斜坡单元，通过面积筛选、斜坡坡度统计、碎斑合并、边缘删除等方法进行处理。

利用 ArcGIS 系统分析工具，以兰州市 10m×10m 的 DEM 为基础，通过填洼、流向分析、流量计算、河网分析、集水区分析等技术流程，结合坡向、坡度、地貌特征，通过人工修正后，在兰州市区域划分处 1673 个斜坡（带、段）（图 10.12）。

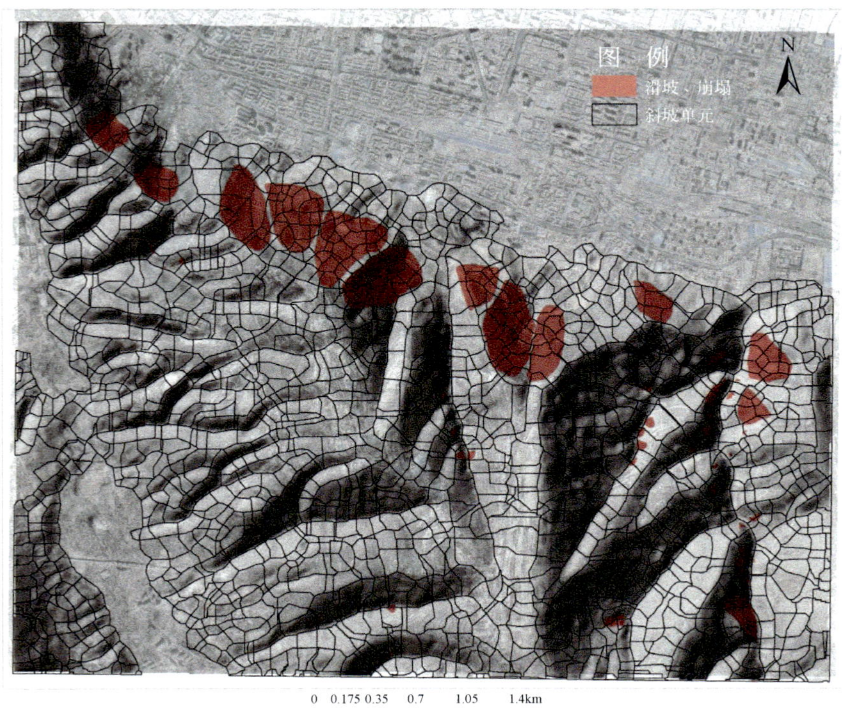

图 10.12　兰州市斜坡单元划分

利用焦点统计、分区统计等 GIS 工具，对斜坡单元内的栅格进行分析，选取栅格单元的中值为斜坡单元赋值，划定斜坡单元的地质灾害易发性等级，形成基于斜坡单元的易发性评价结果（图 10.13 和表 10.6）。

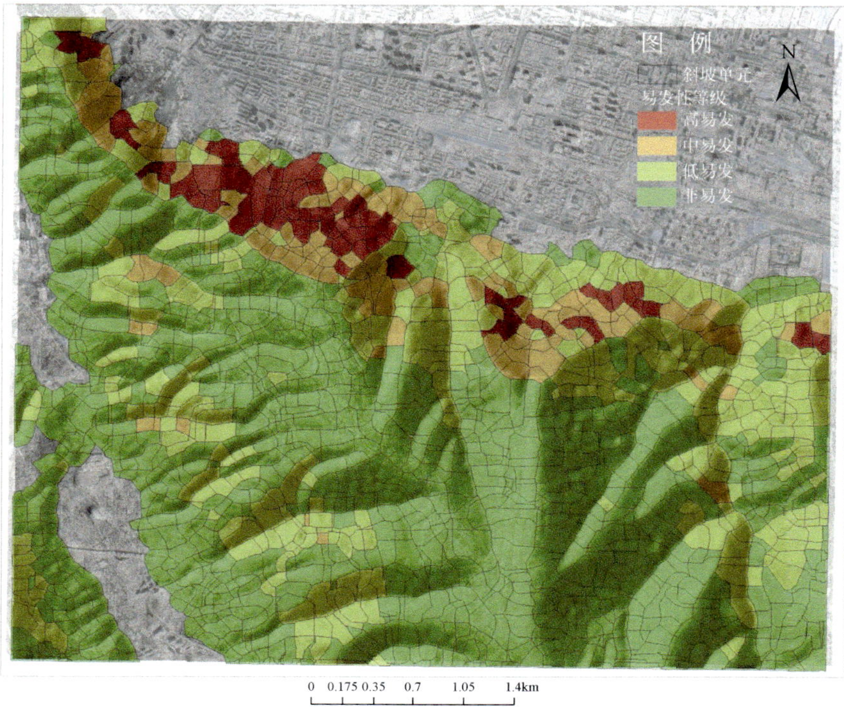

图 10.13　基于斜坡单元的易发性评价图

表 10.6　基于斜坡单元的易发性评价统计表

易发性等级	斜坡单元数/个	斜坡单元面积比例/%
高易发	90	5
中易发	135	8.17
低易发	410	25.18
非易发	1038	61.65

10.2　地质灾害危险性评价方法

地质灾害危险性是指在某种诱发因素作用下，一定区域内某一时间段发生特定规模和类型地质灾害的可能性。地质灾害危险性是在地质灾害易发性评价的基础上，分析评价由于降雨诱发、地震引发、人类工程活动诱发地质灾害的危险程度，即重点评价由于条件概率变化产生的地质灾害发生的时间概率及其扩展影响范围。

《地质灾害风险调查评价技术要求（1∶50000）（试行）》中规定，对重点区应采用物理模型开展风险评价。在目前的地质灾害定量化风险评价中，大部分是基于无限斜坡原理，如 NewMark 法、SINMAP 法、TRIGRS 法等。通过增加各种假设，依据计算得到的斜坡稳定系数进行等级划分。危险性评价中一般要求考虑不同的工况，针对降水，则主要考虑不同概率下的降水量。如何将降水量值与斜坡稳定系数相关联，是工程地质与水文地质专家一直致力于解决的问题，其中应用比较广泛的有 SINMAP 模型和 TRIGRS 模型，而两者主要的区别就是前者基于稳态渗流理论，后者基于瞬态入渗原理。从实用角度而言，SINMAP 法的原理与计算过程相对简单，便于推广应用。本项目采用兰州市历年日极值降水量数据，计算不同重现周期日降水量，结合 SINMAP 法，开展不同工况下的地质灾害危险性评价。

10.2.1　不同重现周期日降水量

通过资料收集发现，兰州市 1955～2014 年历年最大日降水量为 11.2～95mm，平均值为 33.43mm（图 10.14）。

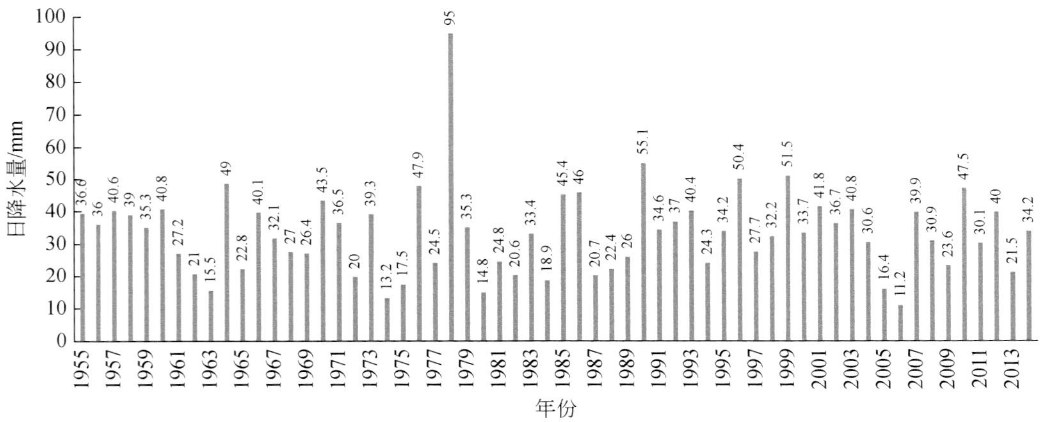

图 10.14　兰州市 1955～2014 年历年最大日降水量

Pearson-III型分布（以下简称 P-III分布）具有广泛的概括和模拟能力，在气象上常用来拟合年、月的最大风速和最大日降水量等极值分布。其概率密度函数为

$$f(x)=\frac{\beta^{\alpha}}{\Gamma(\alpha)}(x-x_0)^{\alpha-1}\mathrm{e}^{-\beta(x-x_0)}$$

保证率分布函数为

$$P(x\gg x_p)=\frac{\beta^{\alpha}}{\Gamma(\alpha)}\int_{x_p}^{\infty}\left((x-x_0)^{\alpha-1}\mathrm{e}^{-\beta(x-x_0)}\right)\mathrm{d}x$$

式中，x_0 为随机变量 x 所能取的最小值；α 为形状参数；β 为尺度参数；$\Gamma(\alpha)$ 为 α 的伽马函数。

三个参数的表达式：

$$\alpha=\frac{4}{C_s^2}$$

$$\beta = \frac{2}{\sigma C_s}$$

$$x_0 = m\left(1 - \frac{2C_v}{C_s}\right)$$

式中，m 为数学期望，σ 为均方差；C_s 为偏态系数；C_v 为变差系数。其估计量分别为

$$\hat{m} = \overline{x} = \frac{1}{n}\sum_{i=0}^{n} x_i$$

$$\hat{\sigma} = s = \sqrt{\frac{1}{n}\sum_{i=1}^{n}\left(x_i - \overline{x}\right)^2}$$

$$\widehat{C_v} = \frac{\hat{\sigma}}{\hat{m}}$$

$$\widehat{C_s} = \frac{\frac{1}{n}\sum_{i=1}^{n}\left(x_i - \overline{x}\right)^3}{\left[\frac{1}{n}\sum_{i=1}^{n}\left(x_i - \overline{x}\right)^2\right]^{\frac{3}{2}}}$$

由以上可知，理论保证率（P）与 x_p 函数关系由三个参数 m、C_v、C_s 所决定，令

$$\varphi = \frac{x - m}{m - C_v}$$

称之为 Pearson-III型分布的离均系数，则有不同重现周期雨量计算公式：

$$x = m\left(\varphi C_v + 1\right)$$

利用兰州市历年最大日降雨量值，计算出 P-III分布的三个参数 m、C_v、C_s 如表 10.7 所示。

根据长江流域规划办公室水文处于 1980 年编写的水文计算图表集，可以查表获得不同概率 P 下的离均系数，计算得到不同重现周期的日降雨量。结果显示，兰州市 10 年一遇、50 年一遇、100 年一遇的日降雨量分别为 50.8mm、67.9mm、75.1mm（图 10.15）。

表 10.7　兰州市日降雨量 Pearson-III分布参数表

量	值
最大值	95
最小值	11.2
平均值（$\overline{x}$）	33.43
标准差（σ）	13.285556
偏态系数（C_s）	0.397375
变差系数（C_v）	0.794749
形状参数（α）	6.332860
尺度参数（β）	0.189418
随机变量（x_0）	0

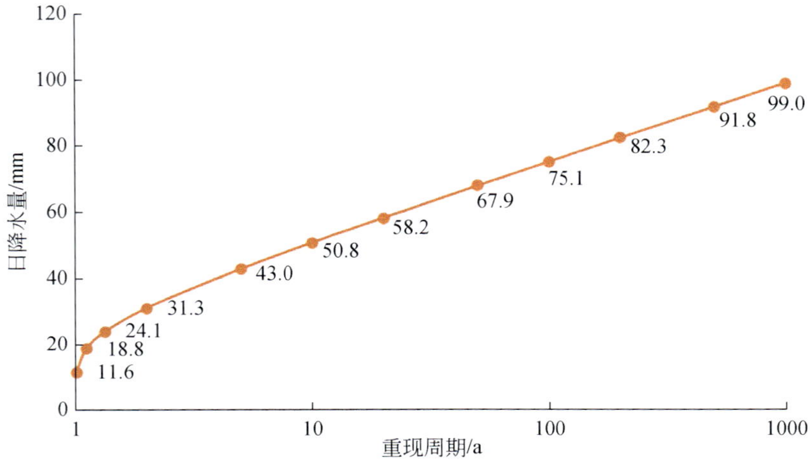

图 10.15　兰州市不同重现周期日降水量曲线

10.2.2　SINMAP 法计算原理

SINMAP2 是基于无限斜坡模型的改进，属于物理力学模型方法的一种，不依赖于历史地质灾害发育状况。与无限斜坡模型一样，SINMAP 模型仅适用于浅表层的平面滑动滑坡，一般滑体厚度取 3～5m，模型示意图如图 10.16 所示。

Hammond 等在 1992 年提出的斜坡安全计算公式：

$$F_s=\frac{c_r+c_s+\cos^2\theta\left[\rho_s g\left(D-D_w\right)+\left(\rho_s g-\rho_w g\right)D_w\right]\tan\varphi}{D\rho_s g\sin\theta\cos\theta}$$

式中，c_r 为植物根系强度，N/m^2；c_s 为土体黏聚力，N/m^2；φ 为土体内摩擦角，(°)；θ 为坡度，与滑动面坡角一致，(°)；ρ_s 为土体饱和密度，kg/m³；g 为重力加速度，9.8m/s^2；D 为土体垂直厚度，m；D_w 为饱和土体的垂直厚度，m。

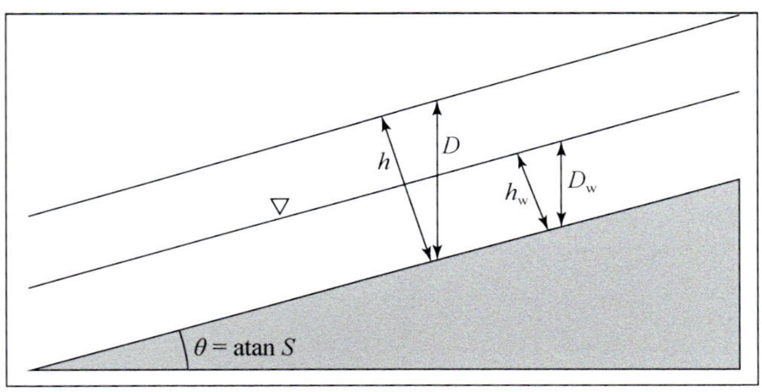

图 10.16　无限斜坡模型示意图

根据无限斜坡模型原理，c_s 和 φ 应为滑动面的抗剪强度，假设认为均值土体组成，因此宜取土体的饱和抗剪强度值。SINMAP 模型将下式简化为

$$F_s = \frac{c + \cos\theta\left(1 - wr\right)\tan\theta}{\sin\theta}$$

式中，w 为地形湿度指数，$w=D_w/D=h_w/h$，$h=D\cos\theta$；$c=(c_r+c_s)/(h\rho_s g)$；$r=\rho_w/\rho_s$。

SINMAP 模型基于平面的 TOPMODEL 模型提出几点假设：

（1）浅层侧向地下水顺地形坡降渗流，即每一个点或栅格的流量都是依据地形由单位汇水面积/比集水区面积（a，specific catchment area，SCA）汇入；

（2）每个点或栅格的侧向排泄量与稳态补给量 R（m/d）相当；

（3）每个点或栅格侧向流通量值为 $T\sin\theta$，其中 T（m^2/h）为土体导水系数，等于土体渗透系数 K（m/d）乘以土体厚度 h（m），即 $T=Kh$。

综合假设 1 与 2，可以认为单宽侧向补给量 q（m^2/d）为

$$q=R\times a$$

SINMAP 模型与 TOPMODEL 模型的区别就在于假设 3，TOPMODEL 模型中假设土体导水系数随着土体后增加呈指数递减，SINMAP 模型则假定滑动面以上土体具有相同的导水系数。此外，SINMAP 模型中地形指数采用的是 $\sin\theta$，而不是 $\tan\theta$。依据假设 3 可以得到相对湿度计算公式：

$$w = \min\left(\frac{Ra}{T\sin\theta}, 1\right)$$

据此我们可以得到降雨量与地形指数、斜坡稳定系数的。依据上述公式，通过 DEM，依次得到斜坡坡度（θ）、单位汇水面积（a）的栅格，结合土体饱和抗剪强度，通过选取不同重现周期降雨量，即可计算得到相应的斜坡稳定系数。

10.2.3　降雨危险性评价

通过文献检索与资料收集，对兰州市出露的各类岩土体进行物理力学参数赋值，包括饱和密度、饱和内摩擦角、饱和黏聚力和渗透率（表 10.8）。

表 10.8　岩土体物理力学参数

地层代号	岩性	饱和内摩擦角/(°)	饱和黏聚力/kPa	饱和密度/(kg/m³)	渗透率/(cm/d)
Q_4	全新统风积黄土、冲积砂砾石、亚黏土、冲洪积砂砾石	15	20	1500	5
Q_3	上更新统风积黄土、冲积砂砾石、亚黏土	18	25	1600	4
Q_1	下更新统风积石质黄土、冲积半胶结砂砾石、砂砾石、亚黏土	25	32	1800	0.4
Q_2	中更新统风积黄土、冲洪积砂砾石、亚黏土	20	30	1700	1
E_3y	渐新统野狐城组黏土岩、细砂岩、砾岩、砂岩	40	40	2300	50
N_1x	中新统咸水河组黏土岩、砂砾岩	32	60	2100	10

选取 10 年一遇、50 年一遇、100 年一遇的日降水量，考虑黄土地区地表水入渗率，基于 10m 分辨率的 DEM 栅格，进行单位汇水面积（图 10.17）、地形湿度指数计算（图 10.18）。

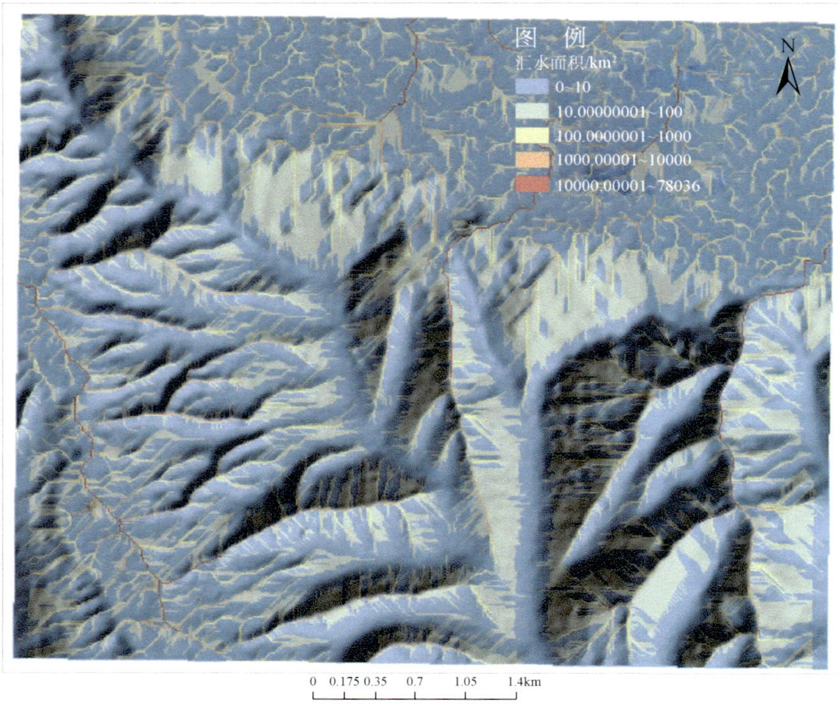

图 10.17　单位汇水面积分布图

(a) 10年一遇降雨

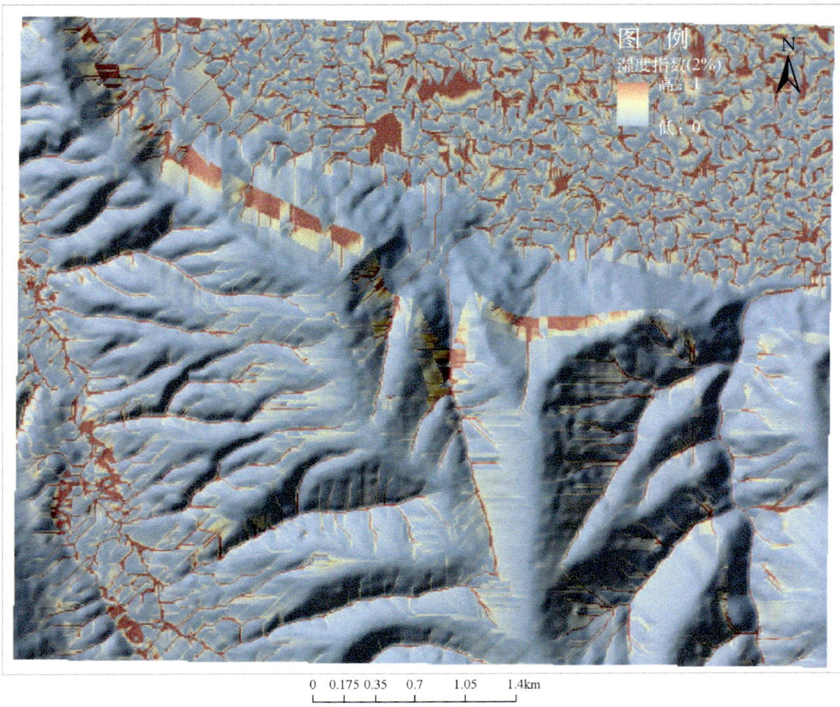

(b) 50年一遇降雨

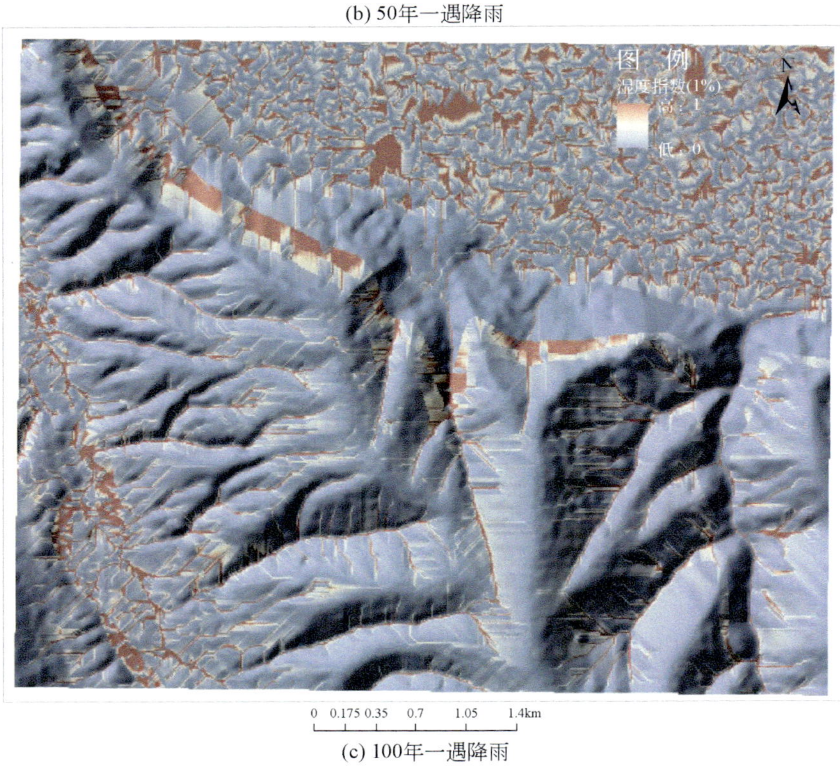

(c) 100年一遇降雨

图 10.18　地形湿度指数

利用饱和密度等岩土体物理力学参数、坡度、单位汇水面积、地形湿度指数栅格，结合不同重现周期日降水量，采用 GIS 的栅格代数计算器，计算得到基于栅格单元的斜坡稳定系数；依据《滑坡防治工程勘查规范》（GB/T 32864—2016）中稳定性系数（FoS）至于稳定性对应关系（表 10.9），划分斜坡危险性等级，利用重分类工具得到危险性评价栅格图层；最后采用焦点统计、分区统计工具，得到基于斜坡单元的危险性评价统计表（表 10.10）与结果（图 10.19）。

表 10.9　地质灾害易发程度分级与稳定性系数

危险性程度	极高危险	高危险	中危险	低危险
稳定性系数	FoS＜1	1≤FoS＜1.05	1.05≤FoS＜1.15	1.15≤FoS

表 10.10　危险性评价结果统计表

危险性等级	10 年一遇降雨		50 年一遇降雨		100 年一遇降雨	
	斜坡单元数/个	斜坡单元面积占比/%	斜坡单元数/个	斜坡单元面积占比/%	斜坡单元数/个	斜坡单元面积占比/%
极高	175	10.77	185	11.19	195	11.89
高	98	6.35	110	7.43	107	7.25
中	242	16.20	256	16.69	256	16.59
低	1158	66.67	1122	64.67	1115	64.27

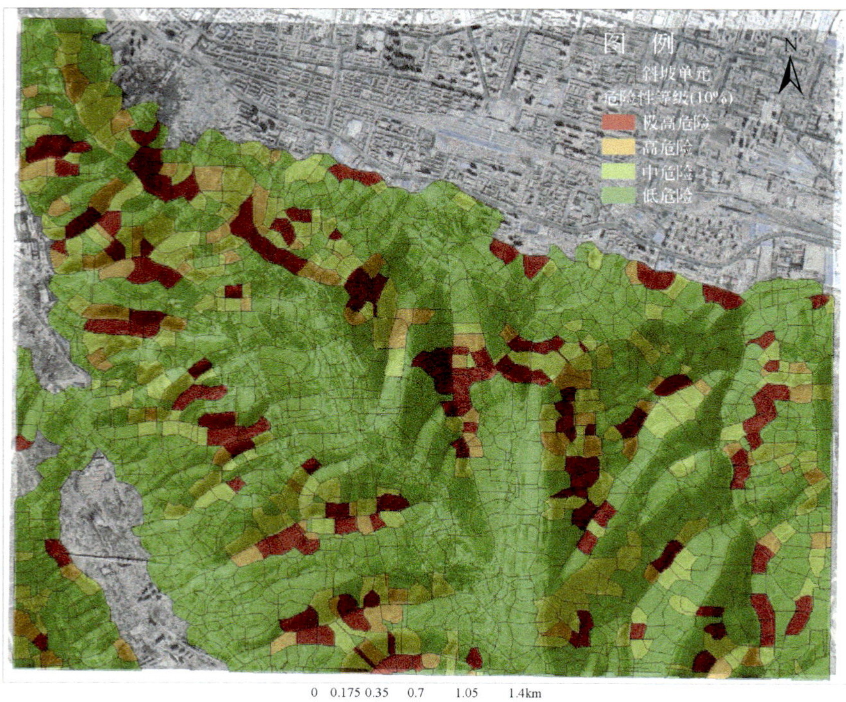

(a) 10年一遇降雨

(b) 50年一遇降雨

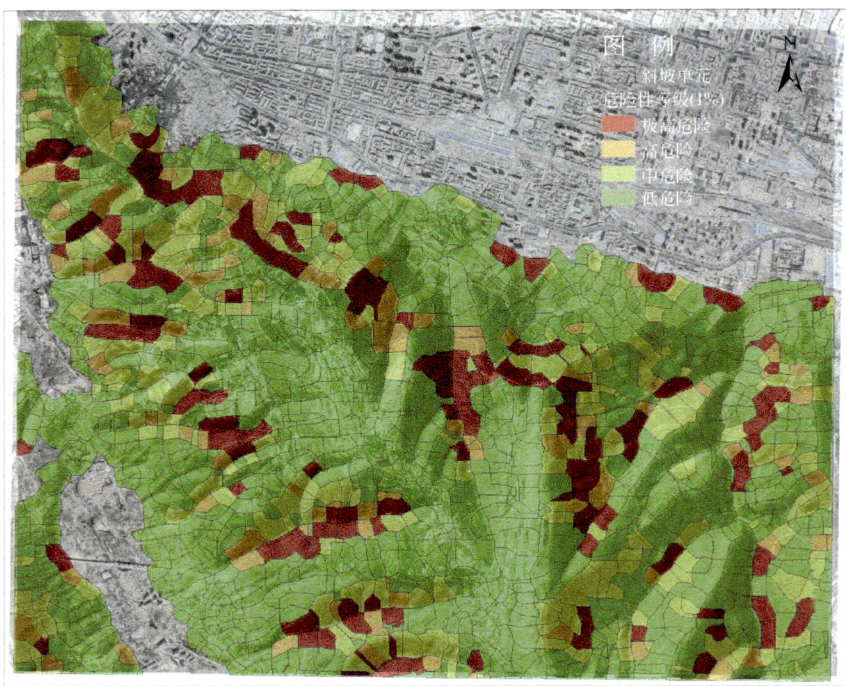

(c) 100年一遇降雨

图 10.19　基于斜坡单元的危险性评价

10.3 地质灾害风险评价方法

10.3.1 承灾体易损性评价

承灾体易损性是指受到地质灾害威胁的人员、基础设施、大规模工程活动等，可能遭受地质灾害破坏的严重程度。根据评价区范围，以兰州市地理国情普查数据为基础，将兰州市地质灾害承灾体主要按照地理国情分类，主要包括各类农业用地、建筑用地、林地园地等面状承灾体，以及铁路、公路等各类线状承灾体，编制了相应的承灾体分布图（图 10.20）。

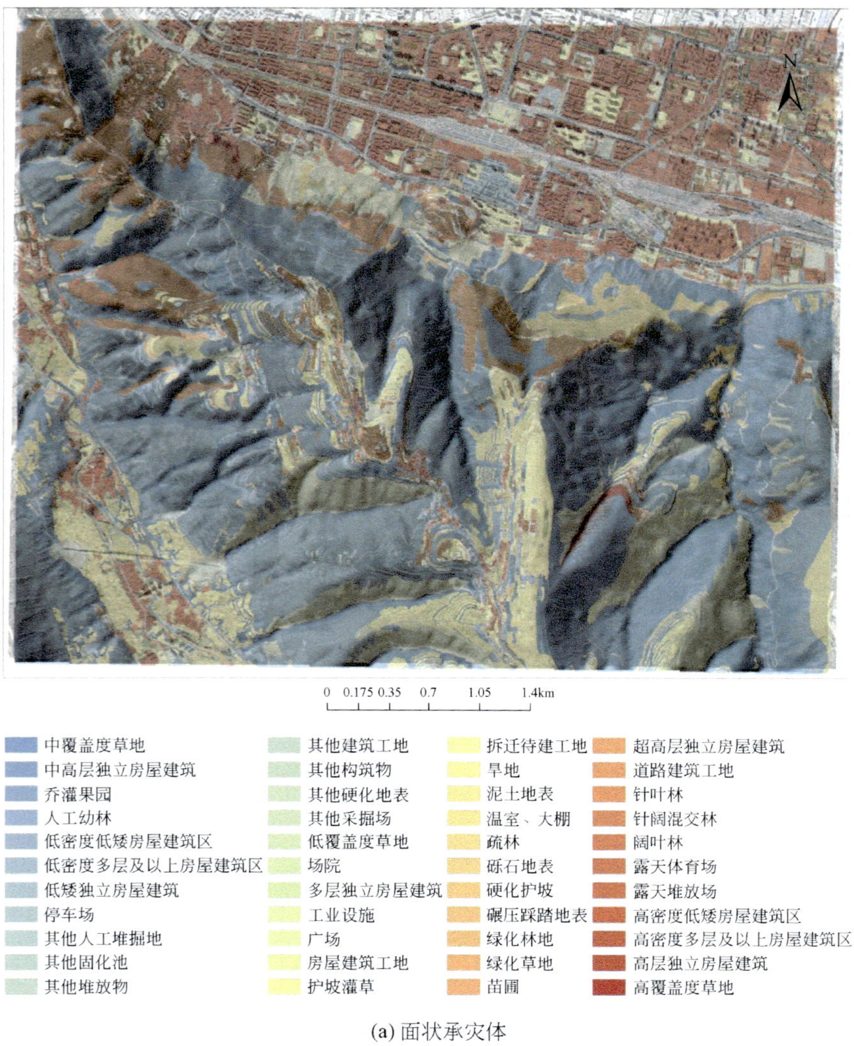

(a) 面状承灾体

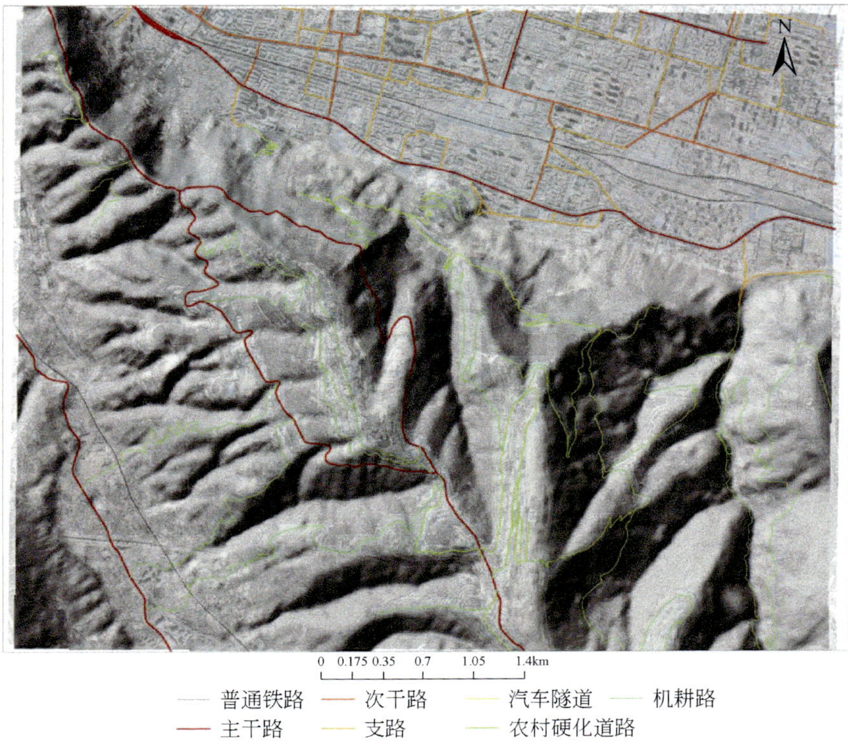

(b) 线性承灾体

图 10.20　承灾体分布图

通过收集，获取了《甘肃省征收农用地区片综合地价标准》（甘政发〔2022〕41 号）、《甘肃省征地补偿区片综合地价及甘肃省征地补偿统一年产值标准》（甘政发〔2017〕17 号）、《2021 年兰州市国民经济和社会发展统计公报》等社会经济资料，对各类承灾体的经济价值进行了汇总（表 10.11、表 10.12）。单元承灾体经济总价值计算公式如下：

$$E=E_{area}+E_{line}=A\times(E_{Ar}+E_{pro}\times n+E_{com})+L\times E_{con}$$

式中，E_{area} 为土地价值；E_{line} 线性工程价值；A 土地面积；E_{Ar} 为农业地价；E_{pro} 为农业综合产值；n 为年限，一般取三年；E_{com} 为城镇综合地价；L 为线性工程长度；E_{con} 为线性工程造价。

表 10.11　面状承灾体分类汇总表

序号	类别	农业地价/(元/亩)	综合产值/(元/亩)	综合地价/(元/亩)	建筑层数/层	建筑造价/(元/m^2)
1	旱地	47107	41283	0	0	0
2	乔灌果园	47107	41283	0	0	0
3	苗圃	47107	41283	0	0	0
4	阔叶林	18139	37577	0	0	0
5	针叶林	18139	37577	0	0	0

续表

序号	类别	农业地价/(元/亩)	综合产值/(元/亩)	综合地价/(元/亩)	建筑层数/层	建筑造价/(元/m^2)
6	针阔混交林	18139	37577	0	0	0
7	疏林	18139	37577	0	0	0
8	绿化林地	18139	37577	0	0	0
9	人工幼林	18139	37577	0	0	0
10	高覆盖度草地	16488	37577	0	0	0
11	中覆盖度草地	16488	37577	0	0	0
12	低覆盖度草地	16488	37577	0	0	0
13	绿化草地	16488	37577	0	0	0
14	护坡灌草	16488	37577	0	0	0
15	高密度多层及以上房屋建筑区	0	0	57249	5	2000
16	低密度多层及以上房屋建筑区	0	0	57249	5	2000
17	高密度低矮房屋建筑区	0	0	57249	2	1500
18	低密度低矮房屋建筑区	0	0	57249	2	1500
19	多层独立房屋建筑	0	0	57249	5	2500
20	中高层独立房屋建筑	0	0	57249	5	2500
21	高层独立房屋建筑	0	0	57249	10	3000
22	超高层独立房屋建筑	0	0	57249	30	4000
23	低矮独立房屋建筑	0	0	57249	2	1500
24	广场	0	0	57249	1	500
25	露天体育场	0	0	57249	1	500
26	停车场	0	0	57249	1	500
27	硬化护坡	0	0	57249	1	500
28	场院	0	0	57249	1	500
29	露天堆放场	0	0	57249	1	500
30	碾压踩踏地表	0	0	57249	1	500
31	其他硬化地表	0	0	57249	1	500
32	温室、大棚	0	0	57249	0	0
33	其他固化池	0	0	57249	0	0
34	工业设施	0	0	57249	0	0
35	其他构筑物	0	0	57249	0	0
36	其他采掘场	0	0	57249	0	0
37	其他堆放物	0	0	57249	0	0
38	拆迁待建工地	0	0	57249	0	0

续表

序号	类别	农业地价/(元/亩)	综合产值/(元/亩)	综合地价/(元/亩)	建筑层数/层	建筑造价/(元/m^2)
39	房屋建筑工地	0	0	57249	0	0
40	道路建筑工地	0	0	57249	0	0
41	其他建筑工地	0	0	57249	0	0
42	其他人工堆掘地	0	0	57249	0	0
43	泥土地表	0	0	13998	0	0
44	砾石地表	0	0	13998	0	0

表 10.12　线状承灾体分类汇总表

序号	类型	名称	宽度/m	线性工程造价/(万元/km)
1	主干路	大豁岘—头营公路	7	175
2	主干路	伏龙坪—直沟门公路	7	175
3	主干路	兰州—夏官营公路	7	175
4	次干路	—	4	100
5	次干路	—	6	150
6	次干路	—	7	175
7	次干路	—	8	200
8	次干路	和政路	14	350
9	次干路	和政路	16	400
10	次干路	和政路	20	500
11	次干路	火车站东路	18	450
12	次干路	火车站东路	28	700
13	次干路	火车站南路	14	350
14	次干路	火车站西路	18	450
15	次干路	火车站西路	28	700
16	次干路	火车站西路	31	775
17	次干路	金昌南路	17	425
18	次干路	排洪南路	8	200
19	次干路	排洪南路	12	300
20	次干路	平凉路	18	450
21	次干路	瑞德大道	9	225
22	机耕路	—		5
23	机耕路	备战路—红沟村		5
24	机耕路	备战路—民族村		5

续表

序号	类型	名称	宽度/m	线性工程造价/(万元/km)
25	机耕路	红山跟一卓家沟村		5
26	机耕路	民族村一卓家沟村		5
27	农村硬化道路	—		15
28	农村硬化道路	X127-民族村二社		15
29	农村硬化道路	备战路一民族村		15
30	农村硬化道路	红泥沟一皋兰山造林站		15
31	农村硬化道路	红山跟一卓家沟村		15
32	农村硬化道路	民族村一头营村		15
33	农村硬化道路	民族二社一民族一社		15
34	普通	兰阿线		2000
35	普通	兰新线		3000
36	普通	陇海线		3000
37	汽车隧道	—		10000
38	支路	—		75
39	支路	—	4	50
40	支路	—	5	62.5
41	支路	—	6	75
42	支路	—	7	87.5
43	支路	—	8	100
44	支路	—	9	112.5
45	支路	—	10	125
46	支路	—	12	150
47	支路	定西二支路	10	125
48	支路	定西南路	14	175
49	支路	定西三支路	10	125
50	支路	定西一支路	10	125
51	支路	和政东街	10	125
52	支路	红泥沟	8	100
53	支路	红山根东路	10	125
54	支路	红星巷	12	150
55	支路	排洪南路	14	175
56	支路	瑞德大道	8	100

续表

序号	类型	名称	宽度/m	线性工程造价/(万元/km)
57	支路	天平街	9	112.5
58	支路	五泉西路	10	125
59	主干路	定西路	28	700
60	主干路	嘉峪关西路	31	775
61	主干路	南山路	10	250
62	主干路	南山路	28	700
63	主干路	天水南路	38	950

采用 GIS 的要素联合、属性连接等工具，汇总计算得到各斜坡单元内的承灾体总价值。参照《滑坡崩塌泥石流灾害调查规范（1∶50000）》（DZT 0261—2014）中对灾情的规定（表 10.13），根据经济价值划分承灾体易损性等级（图 10.21）。

表 10.13　承灾体经济易损性等级划分表

经济价值	≤100 万元	100 万～500 万元	500 万～1000 万元	＞1000 万元
易损性等级	低	中	高	极高

图 10.21　地质灾害承灾体经济易损性评价图

10.3.2　风险评价

将地质灾害危险性和承灾体易损性评价结果叠加，按照矩阵判断进行风险等级划分（表 10.14），形成地质灾害风险评价结果（图 10.22）。利用分区统计、属性连接等工具，得到不同降雨重现周期的地质灾害风险评价结果统计表（表 10.15）。

表 10.14　地质灾害风险等级划分表

危险性	极高	高	中	低
易损性极高	极高	极高	高	中
易损性高	极高	高	中	中
易损性中	高	高	中	低
易损性低	高	中	低	低

(a) 10年一遇降雨

(b) 50年一遇降雨

(c) 100年一遇降雨

图 10.22　基于斜坡单元的地质灾害风险评价

表 10.15 风险评价结果统计表

风险等级	10 年一遇降雨			50 年一遇降雨			100 年一遇降雨		
	斜坡单元数/个	斜坡单元面积占比/%	经济价值/百万元	斜坡单元数/个	斜坡单元面积占比/%	经济价值/百万元	斜坡单元数/个	斜坡单元面积占比/%	经济价值/百万元
极高	1	0.08	8.87	1	0.08	8.87	1	0.08	8.87
高	206	13.33	238.9	219	14.23	258.3	233	15.22	275.9
中	196	13.96	534.0	214	15.01	553.1	204	14.21	540.0
低	1270	72.63	931.3	1239	70.67	879.8	1235	70.49	875.3

10.4 单体地质灾害风险评价

10.4.1 评价要求

针对重大地质灾害隐患点，如已开展勘查及地形测绘工作，可采用定量或数值模拟方法开展隐患点的稳定性和风险评价，确定风险等级；而对于未开展地质灾害勘查、资料或数据较少的地质灾害调查点，根据规范要求在地质灾害活动性（表 10.16）、危害性（表 10.17）和风险定性评价（表 10.18）的基础上，确定单体地质灾害调查点风险等级。

表 10.16 地质灾害活动性等级划分建议表

活动性等级	特征		
	崩塌	滑坡	泥石流
极高	临空，坡度陡且常处于地表径流的冲刷之下，存在进一步变形发展趋势，并有季节性泉水出露，岩土潮湿、饱水。坡面上有多条新发展的裂缝，贯通性强，其上建筑物、植被有新的变形迹象。结构面发育，存在软弱结构面或易滑组合块体。可见裂缝或明显位移迹象，有积水或存在积水地形。裂隙水和岩溶水发育，具多层含水层	滑坡前缘临空，坡度较陡且常处于地表径流的冲刷之下，有季节性泉水出露，岩土潮湿、饱水。坡面上有多条新发展的滑坡裂缝，贯通性强，其上建筑物、植被有新的变形迹象。后缘壁上可见擦痕或有明显位移迹象，后缘弧形裂缝和两侧羽状剪切裂缝发育	泥石流流域内斜坡变形强烈，新增物源丰富，主要来自崩塌、滑坡等，沟谷片蚀、侧蚀发育。属于泥石流灾害旺盛期，山坡从凸型坡转为凹形坡，沟槽堆积和堵塞现象严重，形成区扩大，流通区向上延伸，堆积区扇面新鲜，漫流现象严重。泥石流发生频率极高
高	临空，坡度较陡，受地表径流冲刷，有一定变形发展趋势，并有少量季节性泉水出露，岩土较潮湿，局部饱水。坡面上有少量新发展的裂缝，具有一定贯通性，其上建筑物、植被有少量新的变形迹象，裂隙较发育或存在易滑软弱结构面。可见裂缝或明显位移迹象，有积水或存在积水地形，裂隙水和岩溶水较发育，地下水排泄条件好	前缘临空，有间断季节性地表径流流经，岩土较潮湿，坡面上发育有新生裂缝，具有一定贯通性，其上建筑物、植被有较明显的变形迹象。后缘一定数量裂缝发育，后缘壁上较为明显变形迹象	泥石流流域内斜坡变形较强烈，新增物源较丰富，多见新生沟谷，有少量滑坡、崩塌等。山坡以凸型为主，形成区分散，并逐步扩大，流通区较短，堆积区扇面新鲜，淤积较快。以淤为主，淤积速度增快，泥石流发生频率高
中	临空，有间断季节性地表径流流经，岩土体较湿，坡面上局部有小的裂缝，其上建筑物、植被无新的变形迹象，裂隙较发育或存在软弱结构面，有小裂缝，无明显变形迹象，存在积水地形，裂隙发育，地下水排泄条件好	前缘临空，有少量间断季节性地表径流流经，岩土体较干燥，坡面上局部有小的裂缝，其上建筑物、植被少量变形迹象。后缘有断续的小裂缝发育，后缘壁上有不明显变形迹象	泥石流流域内斜坡变形较小，新增物源中等，以沟槽搬运及侧蚀供给为主。山坡以凹型为主，形成区减少，流通区向上延伸，堆积区扇面陈旧，生长植物，植被较好。有冲有淤，淤积速度减小，泥石流发生频率中等

续表

活动性等级	特征		
	崩塌	滑坡	泥石流
低	斜坡较缓，临空高差小，无地表径流流经和继续变形的迹象，岩土体干燥，坡面上无裂缝发展，其上建筑物、植被没有新的变形迹象，裂隙不发育，不存在软弱结构面。无位移迹象，无积水，也不存在积水地形，隔水性好，无富水地层	前缘斜坡较缓，临空高差小，无地表径流流经和继续变形的迹象，岩土体干燥。坡面上无裂缝发展，其上建筑物、植被未有新的变形迹象。后缘壁上无擦痕和明显位移迹象	泥石流流域内斜坡变形小，新增物源少。全沟下切，沟槽稳定，形成区基本消失，逐渐变为普通洪流，植被良好，山坡块体运动基本消失，堆积区以冲刷下切为主。泥石流发生频率低

表 10.17　地质灾害危害性等级划分建议表

危害等级		极高	高	中	低
危害对象	城镇	威胁人数≥1000 人，潜在经济损失≥5000 万元	威胁人数 100～1000 人，潜在经济损失 1000 万～5000 万元	威胁人数 10～100 人，潜在经济损失 500 万～1000 万元	威胁人数＜10 人，潜在经济损失＜500 万元
	交通道路	一级铁路，高速公路	二级铁路，省级以上公路	三级铁路，县级公路	铁路支线，乡村公路
	大江大河	大型以上水库，重大水利水电工程	中型水库，省级重要水利水电工程	中小型水库，市级重要水利水电工程	小型水库，县级水利水电工程
	矿山	特大型及重要大型矿山	大型矿山	中型矿山	小型矿山

注：只需其一达到标准即可判定相应的级别。

表 10.18　单体地质灾害调查点风险定性评价建议表

活动性	极高	高	中	低
危害性极高	极高	极高	高	中
危害性高	极高	高	中	中
危害性中	高	高	中	低
危害性低	高	中	低	低

10.4.2　单体地质灾害风险性定性评价

洮河流域中游重点地区现有的地质灾害隐患点共 132 处，其中滑坡 44 处，占地质灾害点总数的 33%：泥石流沟 79 条，占地质灾害点总数的 60%；崩塌 9 处，占地质灾害点总数的 7%。可见在洮河流域中游重点地区地质灾害发育中泥石流灾害占主要部分，滑坡灾害体次之，崩塌灾害体的数量最少。

单体地质灾害的风险性评价以定性评价为主，根据 10.4.1 节评价要求中的单体地质灾害评价方法，参考典型地质灾害点定量评价结果，采用地质地貌分析法、工程地质类比法等方法确定风险等级，划分为极高风险、高风险、中风险和低风险四个等级。由此对洮河流域中游重点地区 132 处地质灾害点进行了单体定性评价，评价结果中仅有 1 处极高风险的滑坡隐患点；高风险隐患点有 7 处，包括流域内的 1 处崩塌、1 处泥石流和 5 处滑坡；中风险隐患点和低风险隐患点分别占地质灾害点总数的 58%和 36%。单体地质灾害风险性统计如表 10.19 和图 10.23 所示。

表 10.19　洮河流域中游重点地区地质灾害风险等级统计表　　（单位：处）

灾种	极高风险数量	高风险数量	中风险数量	低风险数量	合计
滑坡	1	5	15	23	44
崩塌	0	1	2	6	9
泥石流	0	1	59	19	79
合计	1	7	76	48	132

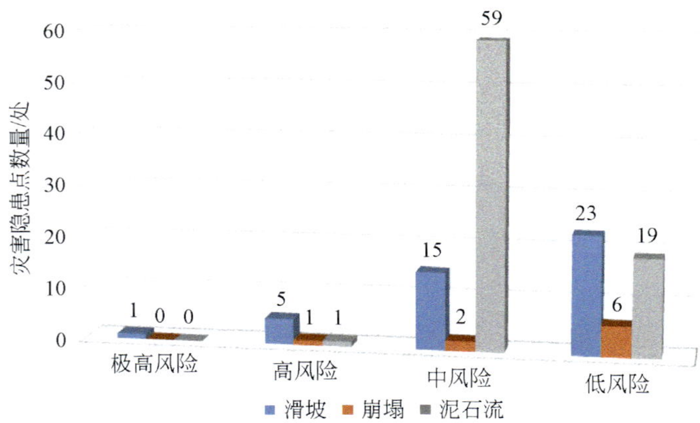

图 10.23　洮河流域中游重点地区地质灾害风险等级划分柱状图

本次对单体地质灾害风险性进行定性排序主要依据其风险性等级划分结果，即单体地质灾害风险性由高到低依次为极高风险、高风险、中风险、低风险。在同等级的风险性排序中，依照地质灾害点的地质环境条件、规模、稳定性、灾害史、威胁对象（人和财产）、工程治理情况等综合对比确定其风险等级的高低。

通过上述方法，并根据灾害点具体特征进行微调后，得出此次调查的 132 处单体地质灾害风险性排序结果，如表 10.20 所示。

表 10.20　单点地质灾害风险性定性评价排序表

序号	名称	威胁人数/人	规模等级	风险等级
1	卓尼县柳林镇上卓铺滑坡	65	中型	高
2	卓尼县柳林镇怕公隆滑坡	15	大型	中
3	卓尼县柳林镇草岔沟村麻路五组	30	小型	中
4	卓尼县柳林镇烈士陵园不稳定斜坡（潜在滑坡）	5	小型	中
5	卓尼县柳林镇气象局家属院不稳定斜坡	138	小型	中
6	卓尼县柳林镇草岔沟滑坡	35	小型	中
7	卓尼县柳林镇草岔沟四组滑坡	16	小型	中
8	卓尼县柳林镇下所藏滑坡	78	中型	中
9	卓尼县柳林镇尼格隆滑坡	0	中型	低

续表

序号	名称	威胁人数/人	规模等级	风险等级
10	岷县中寨镇中寨镇古城村毛家山社滑坡	28	小型	低
11	岷县梅川镇店子村滑坡	80	小型	低
12	岷县中寨镇雪洼里南侧滑坡	0	中型	低
13	岷县梅川镇立地村滑坡	0	中型	低
14	岷县梅川镇大水泉滑坡	0	中型	低
15	岷县梅川镇哈里村滑坡	0	小型	低
16	岷县西江镇照天坡滑坡	12	中型	低
17	岷县梅川镇根那湾公路滑坡灾害点	0	小型	低
18	岷县梅川镇牛儿寺滑坡	100	小型	中
19	岷县中寨镇雪洼里滑坡	0	中型	低
20	岷县中寨镇中寨镇兴峪村 2、3 社大谷阳山滑坡	5	小型	低
21	岷县中寨镇盖子社滑坡隐患点	58	大型	极高
22	岷县中寨镇中寨镇古城村一社滑坡隐患点	195	大型	中
23	岷县中寨镇扎哈山滑坡	35	中型	低
24	岷县梅川镇白家山滑坡	130	中型	低
25	岷县梅川镇他路村滑坡	0	小型	低
26	岷县梅川镇白阳坡滑坡	0	小型	中
27	漳县石川镇坡跟村滑坡灾害点	1	小型	低
28	岷县梅川镇永光村东南公路滑坡灾害点 2	0	小型	中
29	岷县中寨镇韩家台滑坡	4	小型	低
30	岷县梅川镇修娃路滑坡	2	小型	低
31	岷县梅川镇支支路滑坡	0	小型	中
32	岷县梅川镇红泥岗滑坡	125	小型	低
33	岷县中寨镇中寨镇小寨村五六社中小学滑坡 2	0	小型	低
34	岷县中寨镇一路阳滑坡	0	中型	低
35	岷县梅川镇红土窑滑坡	15	大型	中
36	岷县中寨镇中寨镇小寨村三社滑坡	0	小型	低
37	岷县梅川镇店子村一社不稳定斜坡	20	小型	高
38	岷县梅川镇马场滑坡	90	中型	高
39	岷县梅川镇杏林村二社不稳定斜坡	25	小型	高
40	岷县西江镇草眼滑坡	6	小型	中
41	岷县梅川镇永光村东南公路滑坡灾害点 1	0	小型	中
42	岷县中寨镇中寨镇小寨村五六社中小学滑坡	0	小型	低
43	岷县梅川镇文斗学校滑坡	500	中型	高

续表

序号	名称	威胁人数/人	规模等级	风险等级
44	岷县梅川镇西西路滑坡	0	中型	低
45	卓尼县柳林镇多架山崩塌	30	中型	低
46	卓尼县柳林镇塘尕川 1#不稳定斜坡	105	中型	高
47	卓尼县柳林镇塘尕川 2#不稳定斜坡	30	中型	中
48	卓尼县柳林镇尕那山不稳定斜坡（潜在崩塌）	45	小型	中
49	卓尼县柳林镇岷合公路不稳定边坡	0	小型	低
50	岷县中寨镇小寨村十二社崩塌	1	小型	低
51	岷县中寨镇他路沟沟内崩塌	0	大型	低
52	岷县中寨镇小寨村十二社崩塌 2	0	小型	低
53	岷县中寨镇兴峪村 9、10 社一路山崩塌	0	小型	低
54	卓尼县柳林镇坡角沟泥石流	0	小型	低
55	卓尼县柳林镇大湾沟泥石流	356	小型	中
56	卓尼县柳林镇上湾沟泥石流	123	小型	中
57	卓尼县柳林镇冰角沟泥石流	400	小型	中
58	卓尼县柳林镇羊永沟泥石流	647	特大型	中
59	卓尼县柳林镇上卓泥石流	23000	中型	高
60	卓尼县柳林镇上河沟泥石流	900	小型	低
61	卓尼县柳林镇上所藏沟泥石流	40	小型	中
62	岷县梅川镇大战沟泥石流	400	小型	中
63	岷县梅川镇双龙磨巷沟泥石流	75	小型	中
64	岷县梅川镇峰瓦沟泥石流	150	小型	中
65	岷县梅川镇八路沟泥石流	30	小型	低
66	岷县茶埠镇庙沟泥石流	45	小型	中
67	岷县西江镇红城沟泥石流	1200	小型	低
68	岷县梅川镇大沟泥石流	15	小型	中
69	岷县中寨镇角里湾沟泥石流	75	小型	中
70	岷县梅川镇板子沟泥石流	26	小型	中
71	岷县梅川镇红泥沟泥石流	375	小型	中
72	岷县西江镇河沟泥石流	120	小型	中
73	岷县梅川镇卜子沟泥石流	1600	小型	中
74	岷县梅川镇松树沟泥石流	67	小型	低
75	岷县西江镇阿吉沟泥石流	600	小型	低
76	岷县梅川镇扎里沟泥石流	136	小型	中
77	岷县中寨镇阿路坡沟泥石流	80	小型	中

续表

序号	名称	威胁人数/人	规模等级	风险等级
78	岷县乔驮镇乔巴沟泥石流	275	小型	低
79	岷县梅川镇岩石沟泥石流	0	小型	中
80	岷县梅川镇 s306k231+150m 处泥石流	80	小型	低
81	岷县梅川镇泥树沟泥石流	2	小型	中
82	岷县梅川镇大白杨沟泥石流	78	小型	低
83	岷县梅川镇阴坡沟泥石流	30	小型	中
84	岷县西江镇牛儿沟泥石流	16	小型	低
85	岷县中寨镇麻那沟泥石流	350	小型	中
86	岷县西江镇西西沟泥石流	128	小型	中
87	岷县西江镇油房场沟泥石流	0	小型	中
88	岷县梅川镇拉西沟泥石流	100	小型	中
89	岷县中寨镇峪谷沟泥石流	50	小型	中
90	岷县梅川镇多西沟泥石流	500	小型	低
91	岷县梅川镇陈家沟泥石流	45	小型	低
92	岷县梅川镇大沟泥石流	0	小型	中
93	岷县梅川镇上碱沟泥石流	110	小型	中
94	岷县梅川镇板银沟泥石流	20	小型	中
95	岷县梅川镇寨上沟泥石流	182	小型	中
96	岷县梅川镇他路沟泥石流	430	小型	中
97	岷县梅川镇鹿扎沟泥石流	295	小型	中
98	岷县梅川镇世知沟泥石流	26	小型	中
99	岷县梅川镇大寨沟泥石流	352	小型	中
100	岷县中寨镇刘尕湾沟泥石流	86	小型	中
101	岷县西江镇中古沟泥石流	1000	小型	低
102	岷县梅川镇西坝沟泥石流	300	小型	中
103	岷县中寨镇大足沟泥石流	250	小型	中
104	岷县梅川镇所里沟泥石流	500	小型	低
105	岷县梅川镇红水沟泥石流	1000	小型	中
106	岷县中寨镇他路沟泥石流	125	小型	中
107	岷县梅川镇三岔沟泥石流	40	小型	中
108	岷县梅川镇毫哈沟泥石流	50	小型	中
109	岷县梅川镇都路沟泥石流	300	小型	中
110	岷县中寨镇谷谷沟泥石流	51	小型	中
111	岷县中寨镇令布沟泥石流	0	中型	低

续表

序号	名称	威胁人数/人	规模等级	风险等级
112	岷县中寨镇上湾沟泥石流	50	小型	中
113	岷县梅川镇红桥沟泥石流	143	小型	中
114	岷县中寨镇寺扎沟泥石流	40	小型	中
115	岷县中寨镇小寨沟泥石流	180	小型	中
116	岷县中寨镇水沟泥石流	120	小型	低
117	岷县梅川镇马路沟泥石流	290	小型	中
118	岷县中寨镇阴山沟泥石流	85	小型	中
119	岷县梅川镇蔴地沟泥石流	0	小型	中
120	岷县梅川镇马场沟泥石流	20000	小型	低
121	岷县梅川镇他路沟泥石流	460	小型	中
122	岷县梅川镇寺沟泥石流	61	小型	中
123	岷县中寨镇接漏沟泥石流	62	小型	中
124	岷县梅川镇素主沟泥石流	75	小型	中
125	岷县茶埠镇 s306k231+730m 处泥石流	50	小型	低
126	岷县梅川镇兴文小学西侧泥石流	1250	小型	中
127	岷县中寨镇哈漏沟泥石流	20	小型	中
128	岷县梅川镇学沟泥石流	1100	小型	中
129	岷县梅川镇黄水泉沟泥石流	473	小型	中
130	岷县乔驮镇那泥沟泥石流	60	小型	低
131	岷县梅川镇茶固沟泥石流	54	小型	中
132	岷县梅川镇录守沟泥石流	25	小型	中

第 11 章 结论与建议

11.1 结 论

（1）查清洮河流域中下游地质灾害发育规律，提高区域地质灾害调查精度。

洮河流域中下游位于甘南高原、陇南山地、陇西黄土高原等地貌单元交汇地带，本轮调查共发现地质灾害 384 处。其中泥石流 240 处，滑坡（及隐患点）110 处，崩塌 34 处。地质灾害发育类型以泥石流和滑坡为主，两者数量占地质灾害总数的 90.91%。

从空间看，泥石流主要沿洮河、巴谢河、迭藏河、纳纳河、耳阳河、西河等河流两岸分布。但在洮河东西流向的河段，以及以东西向为主的西河、纳纳河流域，南北两岸泥石流分布不对称，泥石流在北岸更为密集；地质灾害受断层等地质构造的控制，并与人类经济活动密切相关。从时间分布分析，流域内滑坡、崩塌和泥石流的发生与降水的周期基本一致，5～9 月降水多的年份、月份，地质灾害的发生频率也明显偏高；地质灾害有周期性、反复性特征。丰水年滑坡、泥石流灾害暴发多，枯水年灾害发生少。另外，多条泥石流沟均多次反复发灾，造成多次灾害，普遍具有反复性；滑坡、崩塌、泥石流灾害突发性强，人员及财产往往来不及撤离，易造成灾害。

（2）总结了洮河流域中下游地质灾害孕灾条件。

地貌控制着地质灾害的发育与分布。地形地貌对泥石流灾害的控制影响主要表现在主沟纵坡降、沟岸山坡坡度、泥石流流域面积。流域内斜坡形态可以划分为四个基本类型：即凸形、阶梯形、直线形和凹形。滑坡及不稳定斜坡成群出现的地带多分布于天然坡度较大的地区，沟谷多呈“V”形，相对切割深度大，斜坡高、陡，临空条件好。

按照组成斜坡的岩土体类型可将成灾斜坡结构总结归纳为单一黄土斜坡结构、黄土-泥岩复合斜坡结构、阶地冲洪积层-基岩复合斜坡结构、残坡积层-基岩复合斜坡结构及单一基岩斜坡结构。流域内的崩塌、滑坡灾害集中发育在这五类典型斜坡结构中。

工程地质岩组对地质灾害的控制主要表现以下三个方面；泥石流发育区多沿洮河呈线性展布，地层成岩较早，经过漫长地质年代演化和多次地质构造运动，新构造运动强烈，断裂发育，致使岩体非常破碎；滑坡活动关系密切的易滑岩土体主要有第四系黄土体、中—古生界板岩岩体等。流域内易发生崩塌的岩土体类型有第四系黄土及碎石土，泥盆系与三叠系砂岩、灰岩岩体。

（3）构建地质灾害风险评价技术指标体系。

根据中德合作框架协议，开展基于斜坡单元的滑坡灾害风险评价技术研究。易发性评价重点分析评价一个地区地质灾害已经发生的程度。静态地质灾害易发条件和灾害发生的空间概率统计分析评价是进行危险性和风险评价的基础，核心内容包括：地质灾害特征、空间密度、易发条件和潜在易发区预测评价。根据研究，工作区易发性评价的主要因素和指标包括：地形地貌、地质构造、工程岩土性质、斜坡结构和斜坡水文地质条件，而基于GIS 系统的证据权法进行评价因子权重计算与易发性评价是国际上地质灾害区划的主要途径之一。

地质灾害危险性是在地质灾害易发性评价的基础上，分析评价由于降雨诱发、地震引发、人类工程活动诱发地质灾害的危险程度，即重点评价由于条件概率变化产生的地质灾害发生的时间概率及其扩展影响范围。从实用角度而言，SINMAP 法的原理与计算过程相对简单，便于推广应用。本项目采用兰州市历年日极值降雨量数据，计算不同重现周期日降雨量，结合 SINMAP 法，开展不同工况下的地质灾害危险性评价。

按照地理国情分类，主要考虑各类农业用地、建筑用地、林地园地等面状承灾体，以及铁路、公路等各类线状承灾体，采用 GIS 的要素联合、属性连接等工具，根据经济价值划分承灾体易损性等级后，将地质灾害危险性和承灾体易损性评价结果叠加，按照矩阵判断进行风险等级划分形成地质灾害风险评价结果。

（4）提出了小流域泥石流风险评估技术流程。

以岷县耳阳河流域为例，开展了单体地质灾害的风险评价的研究工作。运用 FLO-2D 模拟重现了“5·10”泥石流运动和堆积特征，得到了泥石流堆积范围、堆积深度、发展过程；划分了不同降雨频率场景下的泥石流危险区，在此基础上圈定了易于受泥石流威胁的房屋、财产等潜在受灾对象；开展了承灾体的精细化调查和易损性评价，按照地形地貌、房屋和基础设施分布、泥石流状况，在高分辨率遥感图上圈定了房屋和财产对象，逐一进行实地调查，对房屋进行入户调查，并填写调查表格，开展承灾体的编目；根据致灾体（泥石流）威胁等级及范围、承灾体价值及坚固程度分别进行了定量赋值，获得了 137 处房屋的遭受泥石流灾害的期望损失，并据此提出了风险管理措施建议。

（5）探索了基于机载 LiDAR 技术的黄土区滑坡隐患识别技术方法。

机载 LiDAR 技术考虑不同飞行高度、不同采集频率下获取典型滑坡高精度点云数据，通过建立地表植被点云数据模型，去除植被，从而获取滑坡形态特征、变形特征，最后结合光学遥感、现场核查等综合手段发现地质灾害隐患。

研究表明，采集点云密度和有效点云密度直接决定了机载 LiDAR 航测结果精度，点云密度越高越有利于黄土滑坡的解译识别；变高飞行比平高飞行更有利于点云密度的均匀采集，能够保证机载 LiDAR 航测数据均匀性，更有利于斜坡变形特征的解译；航飞高度决定了机载 LiDAR 的点云采集密度，航飞高度越低采集点云密度越高，考虑机载 LiDAR 的经济性与实用性，航飞高度设置在 150～200m 较为合适；在高密度植被覆盖区，利用机载 LiDAR 技术获得的 DEM 山体阴影图可以清晰地识别一定规模的滑坡轮廓边界，解决了光学数据受植被影响识别不够精确的问题，突破了以往由于数据精度不高导致对灾害体认识不够全面的阻碍；机载 LiDAR 技术获得的 DEM 可提取滑坡灾害的坡度图、地表粗糙度图，清晰反映滑坡后缘、滑坡体、滑坡侧缘在坡度与地表粗糙度上的变化特征，为地质灾害识别与分析提供定量的地貌参数，为滑坡边界的圈定提供科学依据；在地表裸露区，无人机正射影像对浅表裂缝的识别效果要优于机载 LiDAR 航摄数据，同时其识别精度相对于机载 LiDAR 数据有明显的提高；另外，机载 LiDAR 点云数据基于不同地物类型开展单独的滤波方式，能够有效规避整体滤波导致滤波不均匀的情况，能够更清晰地反映微地貌的特征，更有利于拉裂缝或拉裂陡坎的解译识别。

（6）开展地质灾害普适型监测设备试验应用，指导重大地质灾害防治及工程治理。

项目组选取甘肃岷县梅川乡马场村滑坡、岷县文斗学校滑坡和兰州市城关区九州开发区石峡口滑坡，安装普适型 GNSS、裂缝计、含水率监测仪、雨量计以及声光报警器，通过三个汛期的试验应用，验证了监测设备对滑坡形变及环境因素进行监测、实时上传监测数据情况，能够达到支撑监测预警的效果。特别是主汛期，在降雨影响下滑坡出现较大变形的情况下，三个监测点均及时发布预警信息，共制作 54 次蓝色以上预警产品转发地方政府。通过普适型监测试验应用，探索了普适型地质灾害预警的国家-省-县-群测群防员四级联动机制，探索了预警发布和响应的流程。同时，鉴于三处监测点变形明显，且险情严重，地方政府充分利用监测点的勘查及监测数据完成了马场村滑坡、文斗学校滑坡的治理工程立项。截至目前马场村滑坡和文斗学校滑坡治理工程已完成。

11.2　存在的主要问题

在项目实施过程中，密切结合地质灾害调查工作部署需求，以落实隐患点在哪里、地质结构如何、什么时候发生目标为引领，完成了重点地区地质灾害调查及风险评价工作。但在技术和管理工作层面仍存在以下不足；一是工作精度未完全适应经费调整幅度较大改变不足，前人的研究成果利用程度仍有欠缺；二是专题研究深度不够，受限于经费减少，钻探、测试及新技术新方法探索采用手段单一；三是以图幅为基本调查评价单元，其成果的使用与地方政府的需求契合度不够；四是大比例尺区域地质资料不足，地质环境条件调查成果支撑孕灾条件评价分析深度不够。

11.3　下一步工作建议

为进一步落实党中央关于从灾后救援到灾前防范的防灾减灾要求，自然资源部持续开展 1∶50000 地质灾害调查和重点区域 1∶10000 地质灾害调查，集中解决“隐患在哪里”“结构是什么”关键问题。为进一步推进地质灾害精细调查，根据 2019～2021 年洮河项目工作经验提出以下建议。

（1）加强已有各类资料的收集和分析利用。

充分收集气象水文资料、隐患台账、自动化监测点数据资料；在分析收集资料和野外踏勘的基础上，确定不同比例尺专项环境地质调查、地质灾害调查的范围；在充分收集已有资料的基础上，以遥感、机载雷达、无人机调查、地面调查、工程地质勘查等为主要手段，以地质灾害高发、易发区域为调查对象；结合区域内近期开展的工作及地质灾害隐患台账，按精度要求开展孕灾地质环境调查工作，主要是地质灾害现状与主要环境地质问题调查工作。本项目仅完成三个 1∶50000 图幅及柳林镇新一轮的调查，为全面反映洮河流域中游地质灾害发育现状及演化规律，项目组将强化工作区已有地质灾害调查、评价、治理等成果资料应用，系统收集研究区地质灾害成灾模式和演化机理科技文献，尤其是区域岩土体特性及力学参数试验结果。通过新旧资料对比，提升洮河流域中游地质灾害调查评价

精度和研究深度

（2）野外调查强化不同层次和功能的遥感先进技术，以提高调查的时效性与成果的可用性。

高原山区常见泥石流沟流域面积达几十平方千米，主沟长数千米至一二十千米，堆积区与形成区高差常达千米以上，有的形成区处于森林茂密带甚至达到雪线以上，人烟稀少，交通困难，地面填图调查组很难完成全程的追索。根据地质灾害高发的广大山区，地域辽阔、地质灾害点多面广、地质灾害隐患新增和变化快的特点，应用不同层次和功能的遥感先进技术，提高高山、中山峡谷区地质灾害的观测识别能力，动态追踪人类工程活动的行迹，引导开展地面排查核查，实时更新地质灾害隐患数据库，动态调整各项防灾减灾工作部署。

（3）地质灾害精细调查工作部署内容应以不同精度的地质灾害调查评价工作为主体，辅以基础地质图件修测及专题研究等内容，并加强对人类工程活动的调查。

①工作总体部署应在以往收集资料及踏勘的基础上，以现代地质灾害理论为指导，以机载雷达航测、地质灾害调查、工程地质测绘、工程地质勘查等为主要手段，采用点、线、面相结合，在工作区进行大比例尺地质灾害详细调查工作，详细调查地质灾害形成的地质环境条件，分析地质灾害形成的地质环境条件，阐明其发育、分布规律及形成机理，评价和预测其发展趋势。

②重点流域内、典型勘查点的部署应以中国地质调查局“五问”对接地方相关政府部门需求。重点流域内目前仅是沿着城镇人口集中区确定了一个矩形的范围，流域内边界缺乏合理性，建议结合当地政府关注点及地质灾害的典型性及危害性去部署重点流域内，流域内边界可结合实际情况沿着冲沟或者分水岭等天然地形划分。工作量布置中的灾害点勘查应分为典型点勘查和实际调查过程中发现的隐患点勘查，进行动态调整。

③加强人类工程活动的调查。如山体斜坡上修路、建房等的挖填工程活动，影响范围应该上至坡顶、下至沟底，可能形成滑坡-泥石流灾害链的，还应沿沟追索调查可能危害范围。

（4）进一步加强 1∶50000 区域地质调查工作部署。

中国地质调查局地质云区域地质调查成果查询显示，目前已开展的 1∶50000 区域地质调查完成面积为 396.12 万 km^2，只占陆域国土面积的 41.1%。

区域地质调查工作为国民经济建设、城市发展、国土规划、防灾减灾等提供必要的区域地质资料，是开展地质灾害风险调查评价的工作基础。

建议根据地域及地质环境条件特点，组织专业技术力量，对于缺少 1∶50000 区域地质调查成果的地区，开展 1∶50000 区域地质调查及接图整合工作。该项工作的实施，不仅可以扩大全国 1∶50000 区域地质调查的覆盖范围，还可为高精度地质灾害风险调查评价工作提供精准的基础地质调查资料支撑。

参 考 文 献

曹炳兰, 陈剑平, 王连俊. 1990. 巴谢河流域滑坡分布特征及谷坡稳定性分析. 水土保持通报, 10(1): 41-52.

曹鹏, 侯圣山, 陈亮, 等. 2021. 基于数值模拟的群发性泥石流危险性评价——以甘肃岷县麻路河流域为例. 中国地质灾害与防治学报, 32(2): 100-109.

常鸣. 2014. 基于遥感及数值模拟的强震区泥石流定量风险评价研究. 成都: 成都理工大学.

常鸣, 窦向阳, 唐川, 等. 2019. 降雨驱动泥石流危险性评价. 地球科学, 44(8): 2794-2802.

陈小歌. 2014. 机载激光雷达技术在高速公路勘测设计中的应用——以河南省登封—汝州高速公路为例. 成都: 成都理工大学.

丛凯, 李瑞冬, 毕远宏. 2019. 基于 FLO-2D 模型的泥石流治理工程效益评价. 西北地质, 52(3): 209-216.

郭富赟, 孟兴民, 尹念文, 等. 2014. 甘肃省岷县耳阳沟“5·10”泥石流基本特征及危险度评价. 兰州大学学报(自然科学版), 50(5): 628-632.

贺成成, 何伟, 张伦宁. 2018. 机载 LiDAR 技术在公路建设中的应用——以喀喇昆仑公路为例. 测绘通报, (8): 160-163.

侯圣山, 李昂, 陈亮, 等. 2020. 基于普适型仪器的甘肃省三处滑坡监测预警研究. 中国地质灾害与防治学报, 31(6): 47-53.

侯圣山, 曹鹏, 陈亮, 等. 2021. 基于数值模拟的耳阳河流域泥石流灾害危险性评价. 水文地质工程地质, 48(2): 143-151.

黄克城, 宋时文, 阎凤霞. 2016. 机载 LiDAR 技术在地形图测绘中的应用. 地理空间信息, 14(4): 99-101.

李鸿琏, 曾思伟. 1982. 甘肃泥石流. 北京: 人民交通出版社.

季佳, 方爱. 2018. 基于机械 LiDAR 点云数据的数字高程模型精度分析. 山西建筑, 44(16): 184-185.

李清泉, 李必军, 陈静. 2000. 激光雷达测量技术及其应用研究. 武汉大学学报·信息科学版, 25(5): 387-392.

刘圣伟. 2012. 机载激光雷达技术在长江三峡工程库区滑坡灾害调查和监测中的应用研究. 中国地质, 39(2): 507-517.

马洪超, 姚春静, 张生德. 2008. 机载激光雷达在汶川地震应急响应中的若干关键问题探讨. 遥感学报, 12(6): 925-932.

梅乐, 陈丽霞, 曾斌, 等. 2018. 西藏边境亚东口岸崩塌灾害危险性评估//中国地质学会. 2018 年全国工程地质学术年会论文集. 中国地质学会: 《工程地质学报》编辑部: 7.

沈永林, 李晓静, 吴立新. 2011. 基于航空影像和 LiDAR 数据的海地地震滑坡识别研究. 地理与地理信息科学, (1): 16-20.

宋兵, 沈军辉, 李金洋, 等. 2018. RAMMS 在泥石流运动模拟中的应用: 以白沙沟泥石流为例. 泥沙研究, 43(1): 32-37.

汤国安. 2005. 数字高程模型及地学分析的原理与方法. 北京: 科学出版社.

王宁. 2017. 机载三维激光扫描仪在农业中的应用. 河北农机, (3): 27.

王士天, 张倬元, 詹铮, 等. 1988. 甘肃洒勒山成速滑坡的基本特征及其形成的动力学机制. 成都地质学院学报, 13(2): 61-66.

王裕宜, 詹钱登, 韩文亮, 等. 2003. 粘性泥石流体的应力应变特性和流速参数的确定. 中国地质灾害与防治学报, 14(1): 9-13.

王玢佳, 王涛, 孙进忠, 等. 2027. 基于环剪试验的湟水河流域大型泥岩滑坡滑带剪切特征初探. 工程地质学报, 25(1): 123-131.

薛永祺, 李树楷. 2000. 高效三维遥感集成技术系统. 北京: 科学出版社.

杨涛, 唐川, 常鸣, 等. 2018. 基于数值模拟的小流域泥石流危险性评价研究. 长江流域资源与环境, 27(1): 197-204.

张小红. 2002. 机载激光扫描测高数据滤波及地物提取. 武汉: 武汉大学.

张小红. 2007. 机载激光雷达测量技术理论与方法. 武汉: 武汉大学出版社.

周学文. 2010. LiDAR 技术在电力线路工程中的应用. 测绘科学, 35(5): 83-85.

Allen S K, Zhang G, Wang W, et al. 2019. Potentially dangerous glacial lakes across the Tibetan Plateau revealed using a large-scale automated assessment approach. Science Bulletin, 64(7): 435-445.

Ardizzone F, Cardinali M, Galli M, et al. 2007. Identification and mapping of recent rainfall-induced landslides using elevation data collected by airborne Lidar. Natural Hazards and Earth System Sciences, (7): 637-650.

Fan W F, Zhu E Q, Wang H Y. 2018. Research on rapid updating of geomorphic elements based on LiDAR point cloud data. Geomatics & Spatial Information Technology, 41(4): 47-50.

Fang C, Sun X M, Kang H, et al. 2015. Application of remote sensing technology to geological environment investigation in the Caofeidain coastal zone. Hydrogeology & Engineering Geology, 42(3): 119-127.

Fruneau B, Achache J, Delacourt C. 1997. Observation and modelling of the Saint-Etienne-de-Tinee landslide using SAR interferometry. Tectonophysics, 265(3-4): 181-190.

Gabriel A K, Goldstein R M, Zebker H A. 1989. Mapping small elevation changes over large areas: differential radar interferometry. Journal of Geophysical Research Solid Earth, 94(B7): 9183-9191.

Ge D Q, Dai K R, Guo Z C, et al. 2019. Early identification of serious geological hazards with integrated remote sensing technologies: thoughts and recommendations. Geomatics and Information Science of Wuhan University, 44(7): 949-956.

Glenn N F, Streutker D R, Chadwick D J, et al. 2006. Analysis of LiDAR-derived topographic information for characterizing and differentiating landslide morphology and activity. Geomorphology, (73): 131-148.

Hou S S, Cao P, Chen L, et al. 2021. Debris flow hazard assessment of the Eryang River watershed based on numerical simulation. IOP Conference Series: Earth and Environmental Science, 861: 062002.

Jiang H Y, Liang L H, Wang M C. 2018. Land surface geometric feature extraction and cartography using LiDAR point cloud data. Geomatics & Spatial Information Technology, 41(4): 47-50.

Kang Y K. 2017. Application of Airborne LiDAR technology in geological disaster monitoring. Geomatics & Spatial Information Technology, 40(9): 117-119.

Miao C, Shi S W, Zhang Y, et al. 2019. Recognition and deformation redbed landslide in eastern Sichuan based on time series InSAR technology. Science Technology and Engineering, 19(18): 245-252.

Petzold B, Reiss P, Stossel W. 1999. Laser scanning-surveying and mapping agencies are using a new technology for deviation of digital terrain models. ISPRS Journal of Photogrammetry and Remote Sensing, 54(2-3):

95-104.

Schulz W H. 2007. Landslide susceptibility revealed by LiDAR imagery and historical records, Seattle, Washington. Engineering Geology, 89(1): 67-87.

Sekiguchi T, Sato H P. 2004. Mapping of micro topography using airborne laser scanning. Landslides, 1(3): 195-202.

She J X, Cheng D X, Liu F, et al. 2018. Application of Airborne LiDAR technology in geological disaster investigation—taking the Jiuzhaigou M_S 7.0 Earthquake in Sichuan province as an example. Earthquake Research in China, 34(3): 435-444.

Xie M W, Liu X Y, Wang Z F, et al. 2011. A 3-D remote sensing system based on assessment of debris flow and impact area simulation. Hydrogeology & Engineering Geology, 38(3): 115-119.

Xu Q. 2020. Understanding and consideration of related issues in early identification of potential geohazards. Geomatics and Information Science of Wuhan University, 45(11): 1651-1659.

Xu Q, Dong X J, Li W L. 2019. Integrated space-air-ground early detection, monitoring and warning system for potential catastrophic geohazards. Geomatics and Information Science of Wuhan University, 44(7): 957-966.

Yao X L, Zhao F S, Wang Y L, et al. 2016. Discussion on investigation and identification of geological hazards in Qinba Mountains in the Southern of Shaanxi—a case study in Zhashui County. Journal of Catastrophology, 31(3): 230-234.

Zhang L, Liao M S, Dong J, et al. 2018. Early detection of landslide hazards in mountainous areas of west China using time series SAR interferometry—a case study of Danba, Sichuan. Geomatics and Information Science of Wuhan University, 42(12): 2039-2049.

Zhang X D, Liu X N, Zhao Z P, et al. 2017. Survey of geological hazards by RS and the spatial distribution characteristics in Yanchi County. Hydrogeology & Engineering Geology, 44(1): 164-170.